甘蔗根系概论与研究

赵丽萍　覃　伟　刘家勇　等编著

科学出版社
北　京

内 容 简 介

根系作为甘蔗重要的组成部分，参与甘蔗体内物质的合成和转化过程，对甘蔗正常生理活动起着至关重要的作用。本书对甘蔗根系形态与结构、根系的生长、发育与分布、根系的功能、根系发育调控机理、根系遗传改良及甘蔗根系研究方法等进行论述。本书力求反映国内外甘蔗根系的研究成果，对甘蔗根系研究具有较强的参考价值。

本书通俗易懂，可供甘蔗根系及蔗糖科技研究人员参考使用，也可作为甘蔗糖业的培训教材。

图书在版编目(CIP)数据

甘蔗根系概论与研究 / 赵丽萍等编著. — 北京：科学出版社，2017.12
ISBN 978-7-03-054604-3

Ⅰ.①甘… Ⅱ.①赵… Ⅲ.①甘蔗-根系-研究 Ⅳ.①Q949.71

中国版本图书馆 CIP 数据核字 (2017) 第 238186 号

责任编辑：张 展 孟 锐/责任校对：王 翔
封面设计：墨创文化 / 责任印制：罗 科

科学出版社出版
北京东黄城根北街16号
邮政编码：100717
http://www.sciencep.com

成都锦瑞印刷有限责任公司印刷
科学出版社发行 各地新华书店经销
*
2017年12月第 一 版 开本：787×1092 1/16
2017年12月第一次印刷 印张：11.5
字数：270 千字

定价：79.00 元

资助项目：

云南省重大科技专项（2015ZA001）

国家现代农业产业技术体系专项资金项目（CARS-170101）

云南省甘蔗遗传改良重点实验室开放课题（2015DG015-11）

完成单位：

云南省农业科学院甘蔗研究所

云南省甘蔗遗传改良重点实验室

编 委 会

前　言

甘蔗是禾本科甘蔗属多年生植物，是世界上重要的糖料作物及能源植物，甘蔗糖约占世界食糖总量的75%，而在我国占90%以上，生产上通常以蔗茎为种苗进行无性繁殖。甘蔗根系属纤维根须根系，包括种根(临时根)和苗根(永久根)。种根指从种苗根点萌发出的根，一般较纤细、分支较多、入土力弱、寿命较短；随着甘蔗生长出1～2片叶，自新植蔗株基部节根点长出的根称为苗根，一般较粗壮、色白、富肉质、分支少，入土力强、寿命长，但老苗根会随着甘蔗的生长和培土作用，逐渐被从蔗株基部新长出的新苗根所取代，故甘蔗的整个根系会随甘蔗的生长不断衰老与更新，进而保持旺盛的吸收能力，促进蔗株的生长和发育。正因为甘蔗根系的这个特性，甘蔗根系的生长和分布情况受环境条件影响较大，甘蔗根系不仅是蔗株对水分、氮、磷、钾等养分吸收的基础，还是甘蔗多年宿根的重要保证。甘蔗根系决定了甘蔗的生长和发育，从植物学、分子生物学和植物生理生化等不同水平上研究不同品种间甘蔗根系的差异，分析根系与甘蔗产量、宿根性、抗逆性等的关系，对甘蔗产业的可持续发展具有重要的现实意义。目前，国内出版的甘蔗类书籍已经包含甘蔗栽培技术、甘蔗种质资源、甘蔗原料管理、甘蔗杂交育种技术、甘蔗品种、甘蔗病虫草害的诊断及防治等，而研究甘蔗根系方面的书籍还比较少。因此，本书是根据作者近5年来的研究结果，并参考国内外有关最新研究成果编撰而成。

全书共九章，分别是甘蔗概论、甘蔗根系的基本形态与结构、甘蔗根系的生长与发育、甘蔗根系的功能、甘蔗根系发育的调控机理、甘蔗根系与植株生长、甘蔗根系杂种优势、甘蔗根系的遗传改良及甘蔗根系研究方法。

本书可作为甘蔗技术人员的参考用书。由于时间及水平有限，书中可能存在欠妥和错漏之处，恳请读者批评指正，以便进一步修改完善。

目　录

第一章 甘蔗概论

第一节 甘蔗的起源

甘蔗(*Saccharum* spp.)是我国最主要的糖料作物，在生物学上属于种子植物门(Spermatophyta)单子叶植物纲(Monocotyledoneae)颖花目(Glumiflorae)禾本科(Poaceae)黍亚科(Panicoideae)蜀黍族(Andropogoneae)甘蔗亚族(Saccharinae)甘蔗属(*Saccharum* L.)。在甘蔗亚族中还有一些亲缘关系较近、与甘蔗属关系密切、对甘蔗育种有重要利用价值的植物。印度学者 Mukherjee(1957)在对印度野生甘蔗及其近缘植物进行采集和研究后，证明甘蔗属、蔗茅属(*Erianthus* Michaux.)、硬穗茅属(*Sclerostachya* A.)和河八王属(*Narenga* Bor)是与甘蔗起源密切相关的近缘内交群，于 1957 年创用了“甘蔗属复合体”(*Saccharum* complex)这一术语来代表这些植物，并把这几个属看成是一个较大的“育种库”(breeding pool)，根据这个“库”的特点，Daniels 等(1975)建议将芒属(*Miscanthus* Anderss.)也归入甘蔗属复合体，统称为甘蔗复合体。除此之外，在性质上与甘蔗属有密切联系的近缘植物还有白茅属和高粱属(文颖，1998)。

目前，关于甘蔗的地理起源，学术界尚无统一定论，一直存有争议。根据甘蔗资源调查研究结果显示，甘蔗极有可能起源于印度、南太平洋新几内亚以及中国，这 3 个国家或地区具有极为丰富的甘蔗野生资源，应是甘蔗起源的中心地带(林国栋等，1995)。有文献资料显示，国内关于甘蔗的最早记载来自《诗经》，当中记载我国公元 12 世纪之前就已经进行甘蔗的栽培和利用，而国外最早的关于甘蔗的记载发生在公元前 327 年亚历山大大帝东征印度期间(彭世奖，1985)。此外，国内许多古籍还记述了甘蔗不同名称、品种、用途、栽培方法以及制糖工具等，这些都表明甘蔗的种植栽培起源于中国，种蔗和制糖是由中国直接或间接向世界各地传播的(周可涌，1984)。一些专家学者还通过对史实资料以及语言学等方面的研究发现，中国甘蔗的栽培与制糖技术最早是由波斯人从印度引入西亚，继而传播到阿拉伯帝国统治的各地区，然后是西方人通过阿拉伯又将它引进欧洲，之后随着西方人的对外扩张，甘蔗种植及制糖业才传入大西洋诸岛屿以及美洲大陆(徐善伟，1998)。18 世纪，甘蔗栽培开始遍及全世界，广泛分布于 32° N～30° S 的地区。但骆君骕所著的《甘蔗学》介绍，甘蔗制糖技术发源于印度，印度是甘蔗的原产地，文字上有明确的记载，可以追溯两三千年的历史，更重要的是印度由孟加拉国经阿萨姆至锡金一带，遍地是野生甘蔗，中国的甘蔗也是从印度引进的。甘蔗的近缘植物在我国分布很广，类型也相当多，甘蔗亚族中 9 个属我国都有。主要的甘蔗属割手密(*Saccharum spontaneum* L.)，北自秦岭，南至海南岛都有分布，尤其是华南、西南南部一带分布最多，澳大利亚的科学工作者分析了甘蔗的异构酶和黄酮类化合物，对甘蔗物种间的亲缘关系进行了判断，准确地追溯到甘蔗的祖先是甘蔗属的割手密和芒属的五节芒(*miscanthus floridulus*)，认为中国南部和西南部是世界上甘蔗野生种割手密和五节芒的一个重要分布中心。由此推断，中国华南和西南南部一带为甘蔗的原产地之一。我国是早期的制糖中心，并有一种土著甘蔗(*S.sinense*)。南中国/台湾起源中心从两方面被提出。一些史前历史学家和语言学家认为甘蔗是奥斯特尼西亚语人的一种原始栽培作物，他们确定原始的奥斯特尼西亚人的居住地在南中国或台湾。从这一点可以推断甘蔗起源于南中国/台湾。另一方面，Huang 等(1983)认为有必要回顾中国甘蔗的历史，认为印度和中国是甘蔗起源中心的候选者。周可涌教授(1984)也认为，甘蔗起源于中国。

20 世纪 80 年代，中国多家科研单位联合进行野生蔗调查证明，广东、广西、福建、云南、贵州、四川、西藏均有野生蔗分布，尤其是云南省南部野生蔗分布更广，遗传多样性更多，初步证明云南甘蔗细茎野生种可能起源于云南南部低海拔、低纬度地区，而后逐渐向高海拔、高纬度的西北和东北部演化、扩散，提出云南南部可能是野生甘蔗起源中心之一的观点。

第二节　甘蔗的进化

甘蔗属(拉丁语的意思是糖)最早由卡尔·林奈(Carl Linnaeus)在 1753 年创立，1925 年由荷兰植物学家和育种家 Jeswiet 界定，Brandes 等(1958)进行完善。关于甘蔗的起源和进化，最流行的假说是由 Brandes 等(1958)提出的高贵种(热带种)由新几内亚的大茎野生种(*S. robustum*)经过长期的自然选择和驯化衍生而来，然后由于人口迁移等活动将这些栽培的高贵种传播至太平洋和亚洲大陆，并与当地的割手密种自然杂交，进而产生了印度种和中国种。对于这一假说，Grivet 等(2004)结合当时最新的地理学知识和分子遗传学知识分析论证认为可能在很大程度上是正确的。

甘蔗属的分类目前存在争议。学术界较普遍的分类方法认为甘蔗属有 6 个种，其中有 4 个种可用于栽培，分别是热带种(*S.officinarum*)、印度种(*S.barberi*)、中国种(*S.sinense*)和肉质花穗种(*S.edule*)，它们构成了世界上最古老、最原始的甘蔗栽培种；其余 2 个种被认为是野生种，分别是大茎野生种(*S.robustum*)和割手密种(*Saccharum spontaneum* L.)(杨翠凤等，2014)(表 1-1)。热带种直接由大茎野生种驯化演变形成，印度种和中国种已被证实是热带种与割手密的天然杂交后代。世界各地的甘蔗品种基本上出自热带种、割手密、印度种、大茎野生种和中国种中 3～5 个种的种间杂交后代，最初热带种与野生种的杂交是为了克服热带种病害的爆发，后来通过热带种多次回交使热带种高糖分的特性得到恢复，不断扩大新野生种血缘是为了提高抗病性和适应性。

表 1-1　甘蔗属内 6 个种的基本概况

种名	类别	蔗糖分	染色体数目
S. spontaneum	野生种(割手密种)	无	$2n$= 40～128(x=8)
S. robustum	野生种(大茎野生种)	无	$2n$= 60～170(x=10)
S. officinarum	高贵蔗(热带种)	高	$2n$= 80(x=10)

续表

种名	类别	蔗糖分	染色体数目
S. barberi	古老的杂交种（印度种）	低	$2n$= 111～120
S. sinense	古老的杂交种（中国种）	低	$2n$= 81～124
S. edule	古老的栽培种（肉质花穗种）	无	$2n$= 60～80

一、热带种的进化及特点

热带种（*S. officinarum*）（$2n$=80）又名高贵种，目前主要分布在东南亚和新几内亚。发源于南太平洋、大洋洲诸岛。随着甘蔗分子生物学研究的不断深入，热带种由大茎野生种进化而来的说法已逐渐被接受。Williams 等（1974）研究表明，所有的热带种无性系（除了拔地拉）都与大茎野生种的类黄酮素模式相似。Irvine（1999）基于形态学、细胞学和分子生物学研究结果表明，热带种与大茎野生种绝大部分特征极为相似，种内关系亲近。Glaszmann 等（1989）用同工酶分析发现大茎野生种和热带种之间没有差异，分歧最小。RAPD（random amplified polymorphic DNA，随机扩增变态性 DNA 标记）、SSR（simple sequence repeats，简单重复序列）、AFLP（amplified fragment length polymorphism，扩增片段长度多态性）分子标记研究结果均表明大茎野生种与热带种亲缘关系非常近，从而支持了热带种由大茎野生种进化而来的说法。Brown 等（2007）采用 SSR 分子标记技术分析研究了甘蔗属内印度种、大茎野生种、热带种、中国种和割手密种 5 个种的种内和种间的关系，同样也支持了大茎野生种是热带种的祖先这一假说。热带种适宜于热带、亚热带高温多雨地区栽培，是现代甘蔗品种商业性状和黑穗病抗性的重要来源，在生产和育种上主要具有为蔗茎粗大、汁多、高糖分、低纤维等特点，因而被广泛栽培，但分蘖力弱，根系不发达，抗瘠、抗旱和抗寒能力弱。

热带种是生产上主要的杂交育种材料之一，又是早期的栽培品种。典型的热带种染色体数目为 $2n$=80。在甘蔗育种上做出重要贡献的热带品种有拔地拉（Badila）、班扎马新黑潭（Bandjarmasin Hitan）、拉海拉（Lahaina）、斐济（Fiji）、黑车里本（Black Cherbon）、克里斯塔林娜（Crystalina）、路打士（Loether）、条纹毛里求斯（S.Mauritius）、维来伊（Veillai）、白透明（White Transparent）和卡路打布挺（Kaludai Boothan）等，目前世界各国的主栽品种都含有上述多个品种的血缘。甘蔗热带种较多，仅美国迈阿密保存的热带种就多达 325 份，但杂交利用的很少，随着分子生物技术和开花杂交技术的提高，加强热带种资源的收集、商业性状和抗逆性鉴定评价的深入研究，有目的地进行基础杂交、优良基因的 QTL（quantitative trait locus，数量性状座位）定位和克隆，更多热带种质的利用将不断拓宽现代甘蔗品种的遗传基础，甘蔗品种的产量、糖分等商业性状将被不断突破。

二、割手密种的进化及特点

割手密种（*Saccharum spontaneum* L.）（$2n$=40～128）亦称细茎野生种，是最重要的种质资源，长期处于野生状态，经受各种自然灾害和不良环境的选择，具有抗逆性强、适应性广、宿根性好、分蘖多、耐淹、耐盐碱、耐衰老等优良特性，不仅是甘蔗属野生种质资源中用于甘蔗杂交育种最早、最有价值的种质，同时也是甘蔗属中种类最丰富的野生种(常丹等，2011)。割手密分布广泛，南北纬40°内均有发现，植株丛矮小、无茎、丛生至大茎(0.3～1.5 cm)，株高为0.5～5m的各种类型都有，除形态特征变化极大外，染色体数量范围极广，染色体数目类型十分丰富。割手密种相比热带种具有更丰富的遗传变异特性，对于热带种可以解释为在进化过程中受到人类及一些动物对糖分的偏好选择而致，而割手密显示的极大变异性与其染色体数目变化、地理分布和宽泛的基因型有关，这已被RAPD、RFLP(restriction fragment length polymorphism，限制性内切酶片段长度多态性)、SSR分子标记和DNA序列、叶绿体基因组研究结果证实。

近年来，国内加大了对割手密的研究力度，形态学(黄忠兴等，2012)、细胞学(蔡青等，2002)和分子标记(张革民，2007)的研究结果表明中国极有可能也是割手密种起源和多样性中心之一，而且推论出中国割手密的起源演化方式为：起源于云南，然后由云南→四川→贵州→广西→广东→海南→福建→江西(陈辉等，2003)。对于割手密种的进化，众多假说均把割手密种作为甘蔗属进化的源头。Waldron等(1972)的酯酶同工酶研究结果表明，甘蔗属内的所有种均来源于割手密种，这一化学分类结果为甘蔗起源和进化研究提供了新的论据，支持了许多把割手密作为甘蔗进化起点的假说。

不少育种家认为割手密是甘蔗属及其近缘属种中最有育种价值和研究价值的野生种之一，它比甘蔗的其他野生种质更易于杂交利用(骆君骕，1984；彭绍光，1990)。文建成等(2001)对来自云南、四川、福建、广东、贵州、江西的106份甘蔗野生种割手密无性系的染色体进行观察计数，发现割手密染色体数目类型十分丰富，有$2n$=60、64、70、72、78、80、90、92、96、104和108等11种类型，其中以$2n$=64、80和96这3种类型出现频率最高，说明我国的割手密资源十分丰富。陈能武等(1995)对四川甘蔗野生资源的酯酶(EST)同工酶进行分析，结果表明不同种属材料的酶带有明显差异，尤其细茎野生种多样性丰富。

割手密在育种上的价值是适应性极强，根系发达，耐瘠、耐旱、早生快发、分蘖多、生势强，抗逆性强，宿根性强，早熟，纤维多，早开花，易开花，是世界上甘蔗有性杂交育种中最重要的野生资源。但该种糖分低，空心、蒲心多，一般需要反复杂交回交3代以上才能克服不良缺点，培育出优良品种。目前的主栽品种都含有爪哇细茎野生种和印度细茎野生种的血缘，中国育成的部分品种还含有海南崖城、陵水及云南蛮耗等细茎野生种的血缘。现代甘蔗改良的最大进展源于20世纪初，印度尼西亚(爪哇)和印度最早利用割手密与甘蔗热带种进行杂交以及回交利用，后来分别育成世界甘蔗育种史上著名的POJ2878(为爪哇割手密的BC_2)、Co419(为印度割手密的BC_2和爪哇割手密的BC_3)等。POJ2878、Co419不但一度成为世界范围广泛推广的甘蔗品种，而且是许多甘蔗育种机构常用的成效卓著的杂交亲本。20世纪60年代，美国路易斯安那州利用割手密选育出CP65-357等早熟、高糖、耐寒性强的品种(Fanguy，1974)；20世纪中后期，我国台湾利用POJ2878与Co290杂交育成F134，利用台湾割手密选育出ROC16、ROC23、ROC24等推广品种(陈玉水，2006)。在中国大陆，割手密利用比较成功的无性系是崖城割手密和云割75-2-11，分别创造了基础杂交种质崖城58-47、崖城58-43和崖城82-108。继续杂交和回交利用育成不少甘蔗优良品种或育种材料，利用云南割手密也获得了很多优异的材料，云南省农业科学院甘蔗研究所瑞丽育种站利用云南蛮耗割手密选育出云蔗99-155，并通过审定(安汝东等，2007)。目前培育的甘蔗品种细胞质均来自少数热带种，使品种的抗病性与抗逆性随种植年限的增加而减弱；随着分子标记技术的不断发展，SSR标记在甘蔗细胞质遗传方面的研究也不断取得新进展(Pan et al.，2004；Takahashi et al.，2005)，而很多甘蔗育种家们也开始利用割手密的细胞质探讨培育突破性甘蔗新品种的研究。

三、大茎野生种的进化及特点

大茎野生种(*S. robustum*)($2n$=60～170)为多年生草本植物，是自然分布在印度尼西亚、新几内亚的野生种。植株高大，在湿热、土层深厚的地区生长可高达10 m，蔗茎粗大、花絮大、花穗小。研究发现，大茎野生种群体不仅植株高大，而且形态丰富，这些群体还处于活跃的进化阶段且相对较年轻，在自然和人工选择下不断进化出甘蔗属的明显特征(林国栋等，1995)。Daniels 等(1987)的研究结果表明，大茎野生种在活跃的进化时期与其他类群的物种发生了基因渗透，并认为它是由割手密种和蔗茅属、硬穗茅属和芒属发生了基因渗透进化而来的。D' Hont 等(1998)研究表明，新几内亚地区的割手密无性系染色体$2n$=80，具有一个典型的染色体基数x=8，和其他地区的割手密一样。Besse 等(1997)研究表明，新几内亚地区的割手密无性系表现出与大茎野生种亲缘关系更近，而不是与其他地区的割手密无性系关系相近；当前大茎野生种的地理分布范围有割手密种，而在相同区域的两个野生种却具有截然不同的生态条件适应性(Paijmans，1976)。Grivet 等(2004)针对出现在新几内亚的野生种割手密和大茎野生种的地理分布同域性的现象，提出一个大胆的假设，即认为割手密种和大茎野生种是一对姐妹野生种，最初可能具有一个共同的祖先，是在第四纪冰川时期由于地壳运动而被分散到两个不同的隔离区，并适应各自的生态环境，这样就出现了我们所知的形态差异很大的割手密种和大茎野生种。

大茎野生种在育种上的利用价值主要表现为：生势强、宿根性好、根茎发达，纤维含量高，耐旱性和抗风能力强，但糖分低且易感根腐病和斐济病。利用大茎野生种与热带种杂交，后代继续与商业种回交，选育出一批优良品种，其中ROC10、ROC16、ROC20、ROC22和ROC25在国内表现较突出，并在2000年后被快速推广运用，极大地促进了我国蔗糖产业的发展。

四、印度种的进化和特点

印度种(*S. barberi*)($2n$=111～120)即北印度甘蔗，圆柱形，节间瘦而短，主要分布在北印度，在中国的南方也有分布，Barber(1922)将其分为5个组，分别为：新尼(Surmabile)、芒高(Mungo)、那高利(Nargori)、盘沙鞋(Pansahi)和沙黎打(Saretha)。对于印度种的进化历程，学术界提出了两种不同的假说：一是由割手密种通过自然选择直接进化而来，至少有一部分北印度种是这样形成的，尤其是Saretha组；二是由热带种和蔗茅属内的其中一个种杂交而来，最有可能是*E. elephantinus*(Daniels et al，1987)。Parthasarathy(1946)的研究显示，印度种极有可能由割手密种和热带种进化而来，但是Grassl(1977)质疑这个说法，认为热带种是公元前600年前才出现在印度，它们的杂交是不可能的，他认为印度种无性系来源于蔗茅属和硬穗茅属。Waldron 等(1975)的研究结果显示，一些印度种无性系与蔗茅属和硬穗茅属具有共同的淀粉酶同工酶的条带特征，这暗示了印度种存在一个多样性的起源。印度种为栽培种之一，适合在亚热带和温带地区栽培，在育种上的价值主要表现为早熟、糖分高、纤维含量高、耐旱、耐瘠、耐粗放，根系发达、分蘖多、宿根性好、抗性强，抗萎缩病和赤腐病，中抗根腐病，但易感花叶病和黑穗病。印度种中以春尼(Chunnee，属新尼类群)对甘蔗产生和杂交育种的贡献最大，它既是一个重要的栽培种，又对甘蔗杂交育种产生了重要的影响，POJ213、Co312、Co281、NCo310 和 CP34-120 等一批优良品种和亲本都是它的后代，目前印度的 Co 系列品种和世界各国的很多品种都是春尼的衍生后代种。其他的印度种由于难开花、花粉发育不良、育性低，对甘蔗育种的贡献不大。

五、中国种的进化和特点

中国种(*S. sinense*)($2n$=81～124)，是栽培种之一，具有植株高大、叶片宽、节间呈圆筒形等特点，与印度种的 Pansahi 组相似，广泛分布在中国。中国种的出现目前也存在两种说法：一是认为起源于热带种和芒属作为祖亲本杂交获得中国种基本类型，之后再与割手密发生种质渗透而来(Grassl，1964)；二是通过割手密种或当地一个未知的野生种自然选择进化而来(Daniels et al.，1993)。Hemaprabha 等(2001)的同工酶研究结果表明，中国种的遗传结构比印度种更加复杂。Grassl(1977)修改了 Brandes 等(1958)提出的热带种与割手密种发生基因渗透从而产生中国种的观点，他认为最初与热带种发生基因渗透的是芒属而不是割手密，之后才与割手密种发生种质渗透。Hemaprabha 等(2001)的 RAPD 分析结果则支持了割手密是中国种和印度种的基础来源的观点。

中国种约有 40 个无性系，主要代表品种为育巴(Uba)、竹蔗和芦蔗。根据近 100 年杂交育种过程中中国种的表现，吴才文等(2002)认为中国种 Uba 是热带种和割手密的天然后代，因为分析发现，Uba 既可作父本，也可做母本，且杂交后代及其衍生代均表现出很好的育性；而竹蔗和芦蔗难于开花，即便开花也只能作母本，且经过多年的杂交，至今仍未成功培育出新品种，因此推测竹蔗和芦蔗应属于热带种的远缘杂交后代。中国种在育种上的主要运用价值表现为：抗逆性强，耐粗放栽培，耐旱、耐寒、耐瘠，根系发达，宿根性好，早熟，高糖，纤维含量高，抗根腐病和花叶病，易感赤腐病、条纹病和黑穗病，侧芽易萌发，蔗茎蜡粉较多。

六、肉质花穗种的进化和特点

肉质花穗种(*S. edule*)($2n$= 60～80)，也称食穗种，主要分布在新几内亚至斐济，其花絮可供食用，是美拉西亚人的一种传统蔬菜。基于形态特征和染色体数目，肉质花穗种被认为是由热带种或者大茎野生种与近缘属(如芒属)属间杂交而来，也有可能由大茎野生种直接进化而来(Daniels et al，1987；Guimaraes et al，1998；Irvine，1999)。Grassl(1967)报道，新几内亚的肉质花穗种是由大茎野生种和芒属进化而来的，而斐济的是由热带种和芒属形成的。Lennox(1938)和 Brandes 等(1958)认为肉质花穗种是作为大茎野生种的一个突变体形式。Williams 等(1974)对叶片类黄酮素的研究表明，肉质花穗种最有可能来源于大茎野生种或热带种。D' Hont 等(1993)检测到肉质花穗种线粒体单体型与大茎野生种和热带种的是完全一样的。但到目前为止，肉质花穗种对育种的价值还未被发现。研究甘蔗的起源、进化及发展，可以揭示甘蔗各个种之间的亲缘关系，发掘潜在的优质基因，选育出有价值的甘蔗新品种。

第三节　甘蔗近缘属植物的分类

甘蔗近缘属植物是指与甘蔗亲缘关系较近，与甘蔗杂交育种关系较大的植物。现代甘蔗品种都是由甘蔗属内热带种、印度种、中国种及野生种的割手密和大茎野生种等为数不多的无性系杂交选育而成，这也是现代甘蔗近亲繁殖系数较大和遗传基础狭窄的主要原因。通过从近缘植物中发掘利用具有优异遗传性状的种质资源，扩大甘蔗遗传多样性，创造新变异，提高育种效益，培育更多更好的品种，是甘蔗育种家不断努力的方向。

一、蔗茅属(*Erianthus* Michx)

蔗茅属植物多为高大而粗壮的多年生草本植物，$2n=20$，分布于温带、亚热带和热带的亚洲和大洋洲，蔗茅属植物包括台蔗茅(*E.formosanus* Stapf)、斑茅(*E.arundinaceum*)、蔗茅(*E.fulvus*)和滇蔗茅(*E.rockii*)4 个种，是甘蔗育种者最希望利用的近缘属种之一，美国、印度两个世界甘蔗种质资源保育中心和我国国家种质开远甘蔗资源圃均保存有珍贵的蔗茅属植物。蔗茅属植物主要形态表现为叶长而扁平；圆锥花序延长；小穗有 1 个两性小花，2 个生于总轴的每一节上，一无柄，一有柄，实性，每一个小穗的基部有束毛；总轴脱节；颖近相等；实性外稃有径直或旋钮状的芒，这是与甘蔗属(*Saccharum* L.)最易识别之处。由于蔗茅属植物表现为抗旱、耐瘠、耐寒、耐涝、叶片清秀、抗病性强、宿根性好、分蘖力强、适应性广等优良特性，被各国甘蔗育种工作者广泛杂交利用。

蔗茅是甘蔗亚族蔗茅属中的一个野生种，原产于热带、亚热带和温带，主要分布于我国云南、贵州、四川、湖北、陕西、西藏等地，以及印度北部、尼泊尔和巴基斯坦。

斑茅，多年生单本，无根茎，57 号毛群发达，高大粗壮、生长直立，植株可达 590cm，茎径可达 2.5cm，抗旱耐涝、抗病虫性强、宿根性好、分蘖多、生长快、有较强的生态竞争能力，适应性广。它比割手密更耐涝，在干燥的石崖缝中也能生长。早在 1885 年，Soltwedel 就用甘蔗与斑茅杂交，但没有成功；1996 年，杨清辉等在陕西采集到锤度为 22%的蔗茅无性系，说明该种均有与甘蔗近似的茎秆及蔗糖的遗传基础。根据现有的资料，在甘蔗亚族中，锤度超过 20%的种群只有甘蔗属的热带种、中国种、印度种、食穗种、大茎野生种、割手密野生种和蔗茅属的蔗茅，从进化上看，蔗茅比甘蔗属的各个种都古老，它有可能是为甘蔗属提供高糖分遗传性状的先祖之一。蔗茅分布于印度—缅甸—中国边界的甘蔗亚族多样性起源中心。从染色体数目和核型、花药数目的变异及高锤度的特性来看，它在甘蔗属的起源进化中有一定的作用，值得进一步研究并在育种上给予重视。

二、芒属（*Miscanthus* Anderss）

芒属是多年生高大草本植物，粗壮、直立，有根状茎，茎秆充满白色软髓。全世界约有 20 个种，从太平洋的塔希堤岛经印度尼西亚东部、东南亚、非洲至中国北部、西伯利亚乃至日本均有分布，各地山野间常见，秆可造纸，我国国家种质开远甘蔗资源圃保存有国内收集的 10 个种。植株有很高大的（如芦苇），也有很小的（如具丝状叶的 *M.trandmorrisonensjs* Hayata）；有长的叶片，呈线状披针形，边缘粗糙，中脉白色，基部厚。芒属与甘蔗属和蔗茅属相比具有强韧的花穗轴和具花梗的小穗，与硬穗茅属的区别在于颖托毛更长，第 4 个颖片有 1 个芒。芒属为顶生圆锥花序，花序的特点是总状花序很长，由纤细总状花序组成。小穗有 2 小花，成对，相似，均为两性花，小穗一具短柄，一具长柄，颖片密被银丝长毛。芒属具有一定的经济价值，在日本被当作观赏植物或饲料，在亚洲东南部等一些地方常被用于建造房屋及制成射箭用具。目前芒属已被重新分成 4 种类型：三药芒组（*Trierrhena* Honda）、真芒组（*Eumiscanthus* Honda）、*Kariyasua* Ohwi 和双药芒组（*Diandra* Keng）（彭绍光，1990；张木清等，2006）。

三、硬穗茅属[*Sclerostachya*（Roxb）A.Camus]

硬穗茅属是甘蔗属复合体的中间类型，茎秆中空，长可达3m，主要有3个种：*Sclerostachya fusca*（Roxb）A.Camus，*Sclerostachya milroyi* Bor.，*Sclerostachya ridleyi*（Hack.）A.Camus。代表种为 *Sclerostachya fusca*（Roxb）A.Camus，该属的染色体数包含 $2n$=30、34、48 和 98 等类型。

硬穗茅属遍布印度北部地区，在喜马拉雅山脉的分布可达海拔 1300m。*S.fusca* 分布于印度和中南半岛；*S.ridleyi* 分布于马来半岛。*Sclerostachya* 的主要特征是茎秆中空，成对排列的小穗均有花梗，而甘蔗属和芒属的小穗，一个有花梗，另一个没有。印度以热带种与 *Sclerostachya fusca* 杂交，得到染色体数为 55、70 及 90 的后代材料，认为是 $n+n$、$n+2n$ 和 $2n+n$ 染色体传递的结果（彭绍光，1990；文建成等，2001；于慧等，2004；张木清等，2006）。

四、河八王属（*Narenga* Bor）

河八王属为多年生植物，高大草本，直立，叶片披针形，顶生叶片常退化，广泛分布于东南亚的热带地区和印度北部。河八王属有两个明显的特征，具髯毛的节和一个深黄色到深褐色的花序。河八王属是与硬穗茅属关系比较密切的一个小属，有河八王[*Narenge porpHyrocoma*（Hance ex Trimen）Bor]和金猫尾[*Narenga fallax*（Bal.）Bor]两个种。在甘蔗育种特性研究上只有河八王有报道。

河八王又名草鞋密，原产亚洲，具有耐瘦、耐旱、粗生、早熟、分蘖力强、直立抗倒、抗赤腐病、抗黑穗病、抗花叶病等优良性状。在我国主要分布在长江以南的瘦瘠红壤地区，高的达 2.5 m，矮的有 1.0 m。茎较细，中空，基部更为明显，节间可达 16 cm，上部较粗，有蜡粉，无跟点。芽长三角形，芽鳞厚，难萌发，常以地下茎繁殖。叶片长 100～120 cm，宽 0.7～1.2 cm，基部小，叶上部较大，中脉不发达，叶缘锯齿锋利，叶鞘紧包蔗茎，极难脱落。据研究，河八王糖分低，云南 82-3 为 1.41%，英德河八王为 1.99%。圆锥花序，紧缩，淡紫色，长 22～25 cm，花粉发育好、量大。自交不亲和，但异型杂交可以产生大量种子。有些河八王叶片上表面布满绒毛，花序轴节上有圈毛。河八王染色体较少，$2n$=30（彭绍光，1990）。国家种质开远甘蔗资源圃中保存有河八王无性系，有的无性系 6 月就开始开花，至 12 月仍有花穗，10～11 月开花更为普遍，易交配，与热带种、割手密和大茎野生种杂交均能获得杂交种后代，热带种×河八王出现杂交种按 n+n 遗传。广西壮族自治区甘蔗研究所利用甘蔗品种（川蔗 57-416、ROC1）作母本与河八王杂交获得少量杂交后代；两者杂交亲和性低。研究表明，从获得的实生苗数量看，其亲和性比五节芒、滇蔗茅与甘蔗的属间杂交亲和性高；分蘖多，生长旺，宿根性强，茎多纤维，硬度大，空心或蒲心，汁少；主要性状如茎径、锤度介于双亲之间，株高和节间长度表现“超亲”现象。但其杂交后代茎秆纤维多、汁少、低糖、综合农艺性状低劣，必须与综合性状优良的甘蔗热带种或品种进行回交才能育成新的甘蔗品种。

第四节　甘蔗的形态特征

甘蔗是一种一年生或多年生宿根性植物，是典型的禾本科甘蔗属植物，属 C4 作物，分布于热带和亚热带，因此于 35° N～35° S 都可种植生长，以 10° N～23° N 和 10° S～23° S 为最适宜生长区，在南、北纬 23° 以上或者是 10° 以下，甘蔗产量低或糖分较低。其植株由根、茎、叶、花和种子组成。

一、甘蔗的根系

甘蔗的根系为须根系，根系庞大。它主要由种根、苗根和气根等组成，主要起到吸收和固定作用。种根是指种茎长节部位根带长出的根，种根数量较少，寿命短，约为一个月；苗根是指从甘蔗幼苗和植株基部节长出的根，数量多，根系发达，是甘蔗生长的主要根系；气根是指在地面节间长出的根，由茎节上的根点在空气湿度较大时萌发形成的，也叫气生根。气生根的数量是外观鉴定品种特征之一。

二、甘蔗的茎

甘蔗的茎由主茎和分蘖茎组成，每个蔗茎由若干个蔗节组成，而一个完整的蔗节，则是由节间、节部及连接节间和节部的生长环组成的（图 1-1）。生长环是由薄壁细胞组成的，其宽度仅为 1～2 mm；节部（或根带）具有甘蔗营养生长的全部器官（宽度一般为 8～12 mm），具有侧芽及根源；节部的最下边为叶痕（蔗叶脱落后留下的痕迹）。

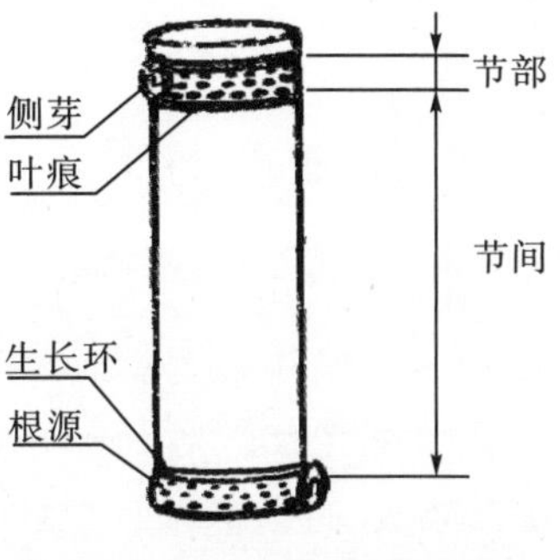

图 1-1　甘蔗节的构造示意图

节间是蔗茎的主体。不同蔗种，其节间的形状不同，而同蔗茎的不同高度位置上，节间的长度及直径也不同。对蔗茎的测定结果表明，在甘蔗一个收获期的生长过程中，蔗茎节间的长度及直径的变化均呈现出规律性，即早生长出的蔗节，其节间长度及直径均较小，随着节序升高，相应的数值逐渐增大，至一定节数时达到最大值(长度及直径并非同时达到最大值)，往后再升高，则各数值逐渐变小。

甘蔗茎秆的最外层为表皮层，表皮层及其外表面上的蜡质有保护蔗茎的作用；接着是一层厚度很小的纤维组织带(称皮下层，仅由数层直径甚小的纤维组成)，由节间通过节部与相邻的节间相连，成为蔗皮的主要组织，具有保护蔗茎正常生长的功能；然后是一薄层薄壁细胞组织带(仅由2层左右的薄壁细胞组成)；再往里便是维管束和基本组织。基本组织是由细胞壁甚薄而胞腔甚大的薄壁细胞所组成的；在甘蔗的生长过程中，薄壁细胞的主要功能就是储存糖分。

甘蔗茎的颜色有黄色、黄绿色、紫色、紫红色等，蔗茎的颜色是品种的主要特征，但易受环境的影响，随株龄的增加、叶鞘脱落时间、暴露时间、光照时间和强度而变化。

三、甘蔗的叶

甘蔗的叶由叶片和叶鞘两部分组成，其外部结构由鞘基、叶梢、叶耳(又分内叶耳和外叶耳)、叶舌、肥厚带、叶中脉和叶片组成。叶鞘长于其节间，鞘口有毛；叶舌极短，生纤毛，叶片长达1m，宽4～6cm，无毛，中脉粗壮，白色，边缘具锯齿状粗糙。根据叶片的形状可分为三种：锐剑形、剑形、带状。叶片的大小、长短是鉴别品种的特征之一。甘蔗叶片的主要作用：光合作用、蒸腾作用、呼吸作用、养分转化作用。

四、甘蔗的花和种子

在生产上，甘蔗一般较少开花，但实际上在适合的环境条件下甘蔗是可以开花结实的。甘蔗的花是由植株顶部生长点通过光周期后进行花芽分化，为圆锥花序。一个花穗上有小穗8000～15000个，每个小穗有1粒子实，甘蔗的种子(其实为果实，但种皮和果皮不易分离)为颖果，极小，大约为1.5×0.5 mm。甘蔗的花和种子的主要作用是繁殖后代。利用甘蔗的开花和结实是人们进行有性杂交选育新品种的主要途径。

甘蔗在南纬10° 和北纬10° 左右的热带地区较易开花结实，纬度过高或过低，甘蔗都不易开花。因此，在我国除少数地区(海南省南部、云南的瑞丽)、少数品种和特殊年份外，甘蔗一般不会孕穗抽穗，即使孕穗抽穗也不会开花结实。

主要参考文献

安汝东，楚连壁，孙有方，等. 2007. 甘蔗新品种云蔗99-155的选育[J]. 甘蔗糖业，(3)：7-10.

蔡青，文建成，范源洪，等. 2002. 甘蔗属及近缘属植物的染色体分析[J]. 西南农业学报，15(2)：16-19.

常丹，鄢家俊，白史且，等. 2011. 割手密种质资源研究进展[J]. 草业科学，28(4)：636-641.

陈辉，范源洪，向余颈攻，等. 2003. 从核糖体DNA ITS 区序列研究甘蔗属及其近缘属种的系统发育关系[J]. 作物学报，29(3)：

379-385.

陈能武，杨荣仲，吴才文，等. 1995. 四川甘蔗野生资源的酯酶同工酶分析[J]. 亚热带农业研究，(1)：7-13.

陈玉水. 2006. 台湾的野生蔗及其在甘蔗杂交育种上的应用[J]. 中国糖料，(4)：48-50.

黄忠兴，周峰，王勤南，等. 2012. 国内外割手密资源农艺性状表型遗传多样性分析[J]. 植物遗传资源学报，13(5)：825-829.

林国栋，陈如凯，林彦铃. 1995. 甘蔗的起源与进化[J]. 甘蔗，2(4)：1-9.

骆君骕. 1984. 甘蔗学[M]. 北京：中国轻工业出版社.

彭绍光. 1990. 甘蔗育种学[M]. 北京：中国农业出版社.

彭世奖. 1985. 关于中国的甘蔗栽培和制糖史[J]. 自然科学史研究，4(3)：247-250. ：

文建成，蔡青，范源洪，等. 2001. 甘蔗属割手密(*Saccharum Spontaneum*)，近缘属斑茅(*Sclerostachya*)及河八王(*Narenga*)的染色体数目研究[J]. 甘蔗糖业，(3)：12-15.

文颖. 1998. 甘蔗近缘植物的属间杂交及其染色体行为[J]. 甘蔗糖业. (3)：1-7.

吴文才. 2002. 云南甘蔗有性杂交育种亲本的使用及效益分析[J]. 甘蔗糖业(4)：1-5

徐善伟. 1998. 甘蔗种植及制糖技术的西传[J]. 历史教学，(10)：43-46.

杨翠凤，杨丽涛，李杨瑞. 2014 . 甘蔗的起源和进化[J]. 南方农业学报. 45(10)：1744-1750. ：

于慧，赵南先. 2004. 甘蔗亚族的地理分布[J]. 热带亚热带植物学报，12(1)：29-35.

张革民，廖江雄，黄宏套，等. 2007. 广西高糖割手密遗传多样性的表型分析和 RAPD 分析[J]. 西南大学学报：自然科学版，29(8)：83-87.

张木清，王华忠，白晨. 2006. 糖料作物遗传改良与高效育种[M]. 北京：中国农业出版社.

周可涌，1984. 中国蔗糖简史·兼论甘蔗起源[J]. 福建农学院学报，13 (1)：69-83.

Barber C A. 1922. The classification of Indian canes[J]. International Sugar Journal，24：18-20.

Besse P，McIntyre C L，Berding N. 1997. Characterization of *Erianthus* sect. *Ripidium* and *Saccharum* germplasm (Andropogoneae-Saccharinae) using RFLP markers[J]. Euphytica，93：283-292.

Brandes E W，Sartoris G B，Grassl C O. 1958. Assembling and evaluating wild forms of sugarcane and closely related plants[C]//Proceedings of 6th the International Society of Sugarcane Technologist Congress：128-154.

Brown J S，Schnell R J，Power E J，Douglas S L，Kuhn D N. 2007. Analysis of clonal germplasm from five Saccharum species：*S. barberi*，*S. robustum*，*S. officinarum*，*S. sinense* and *S. spontaneum*. [J]. Genetic Resources and Crop Evolution，54(3)：627-648.

D' Hont A，Ison D，Alix K，Roux C，Glaszmann J C. 1998. Determination of basic chromosome numbers in the genus *Saccharum* by physical mapping of ribosomal RNA genes[J]. Genome，41(2)：221-225.

D' Hont A，Lu Y H，Feldmann P，Glaszmann J C. 1993. Cytoplasmic diversity in sugarcane revealed by heterologous probes[J]. Sugar Cane，1：12-15.

Daniels J， Daniels C A. 1975. Georgraphical，historical and cultural aspects of the origin of the indian and chinese sugarcanes saccharum barberi and saccharum sinense[J]. Sugarcane Breeders Newsletter，36:4-23

Daniels J，Daniels C. 1993. Sugarcane in prehistory[J]. Archaeologia Oceania，28：1-7.

Daniels J，Roach B T. 1987. Taxonomy and Evolution in Sugarcane Improvement Through Breeding[M]. Amsterdam：Elsevier Press：7-84.

Fanguy H P. 1974. CP65-357，a new sugarcane variety for Louisiana[J]. Proc. ISSCT，(3)：53-55.

Glaszmann J C，Fautret A，Noyer J L，Feldmann P，Lanaud C. 1989. Biochemical genetic markers in sugarcane[J]. Theoretical and

Applied Genetics，78：537-543.

Grassl C O. 1964. Problems relating to the origin of wild and cultivated *Saccharum*[J]. Indian Journal of Sugarcane Research and Development，8：106-116.

Grassl C O. 1967. Introgression with ween Succhurumand African，anthusin New Cuinea and the Pacific Area[C]//Proceeding of International Society of Sugar Cane Technologist，12：995-1003.

Grassl C O. 1977. The origin of sugar producing cultivars of *Saccharum*[J]. Sugarcane Breeding Newsletter，39：8-33.

Grivet L，Daniels C，Glaszmann J C，D' Hont A. 2004. A review of recentmolecular genetics evidence for sugarcane evolution and domestication[J]. Ethnobotany Research and Applications，2：9-17.

Guimaraes C T，Sobral B W S. 1998. The Saccharum complex：relation to other Andropogoneae[M]//Janick J. Plant Breed Reviews. New Jersey：John Wiley & Sons Inc，16：269-288.

Hemaprabha G，SreeRangasamy S R. 2001. Genetic similarity among five species of Saccharum based on isozyme and RAPD markers[J]. Indian Journal of Genetics and Plant Breeding，61(4)：341-347.

Huang Y M，Liu S K. 1983. Sugar in ancient China[J] . Sugar Journal.，46(4)：19 -22 .

Irvine J E. 1999. Saccharum species as horticultural classes[J]. Theoretical and Applied Genetics，98(2)：186-194.

Lennox O G. 1938. Sugarcane collection in New Guinea during[C]//Proceeding of ISSCT Congress，6：171-182.

Mukherjee S K. 1957. Origin and distribution of saccharum[J]. International Journal of Plant Sciences.

Paijmans K. 1976. Vegetation in New Guinea Vegetation[M]. Camberra：Australian National University Press：37-97.

Pan Y B，Wei Q，Cordeiro G M，et al. 2004. New Saccharum hybrids in *S. spontaneum* cytoplasm developed through a combination of conventional and molecular breeding approaches[J]. Plant Genetic Resources，2(2).

Parthasarathy N. 1946. The probable origin of north Indian sugarcanes[J]. Journal of the Indian Botanical Society(MOPI Communiction Volumme)：133-150.

Takahashi S，Furukawa T，Asano T，et al. 2005. Very close relationship of the chloroplast genomes among Saccharum species[J]. Theoretical and Applied Genetics，110(8)：1523-1529.

Waldron J C，Glasziou K T，Daniels J. 1975. Be -amylase isozymes as genetic markers in Saccharum related genera[C]//Proceeding of ISSCT Congress，15：145-152.

Waldron J C，GlaszíouK T. 1972. Isoenzymes as a method of varietal identification in sugarcane[C]//Proceeding of International Society of Sugar Cane Technologist Congress，14：249-256.

Williams C A，HarborneJ B，Smith P. 1974. The taxonomic significance of leaf flavonoids in Saccharum and related genera[J]. pHytochemistry，13：1141-1149.

第二章　甘蔗根系的基本形态与结构

第一节　甘蔗根系的基本形态

植物所有根的总体称为根系(root system)。根据根的发生部位不同，将根分为定根和不定根。定根包括主根和侧根。植物从种子萌发开始，胚根从种皮中伸出并向下生长，这种从胚中长出的根称为主根(tap root)，主根长到一定长度时，在其一定部位上产生分枝，分枝上继续产生分枝，根产生的各级大小分枝，都称为侧根(lateral root 或 branch root)。许多植物除了能产生定根外，还能从茎、叶、老根或胚根上产生许多根，这些根的发生位置不固定，称为不定根(adventitious root)，如植物茎上起攀缘作用的根、根状茎上的根等，生产上扦插、压条等营养繁殖技术就是利用枝条、叶等能产生不定根的习性进行的。

一、甘蔗根系类型

植物种类不同，主根及侧根的生长情况也不一样。按照植物根系形态，一般可将根系分为直根系(tap root system)和须根系(fibrous root system)两种类型，此外还有一些特殊的根系类型。

甘蔗与大部分禾本科植物，如水稻、小麦、玉米和各种杂草相同，根系都是须根系。须根系的特点是种子萌发之后，胚根生长不久就停止了生长，而由下胚轴和茎下部的节上长出许多丛生须状的根，这些根不是来自老根，而是来自茎的基部，是后来产生的，也称为不定根。同时，须根系的特点还有众多的不定根无主次之分，根系呈须状，一般根系分布较浅，而根的分布密度则较大。

二、甘蔗根系分布特点

甘蔗是热带、亚热带长势旺盛、植株高大的单子叶禾本科植物。茎秆上具有节和节间，节上长有环带状根点。甘蔗根系着生于茎部各节根点上，一般密布在表土内，地下根点数量决定主根系数量。根的生长发育与甘蔗的种性或品种有密切的关系。凡根系发达、分布广阔深远的种或品种，对风、旱和瘠等的忍耐性也相应较强，适应性广，宿根性强，为甘蔗栽培打下了良好的生长基础。

三、甘蔗根系形态与生长特性

在甘蔗育种时，实生苗以杂交种子播种的方式进行培育，甘蔗此时的生长类型与大部分禾本科植物相似，由种子发育生长而成。然而，甘蔗的茎节上具有蔗芽环带状根点，因此在生产上，甘蔗以蔗茎为种苗进行繁殖。蔗茎繁殖按照蔗根发生的部位和时期先后出现两种根：种根(临时根)和苗根(永久根)。种根从种茎节上的根点萌发生长，一般较纤细，分枝较多，入土力较弱。种茎栽植后，蔗芽萌发形成的幼苗产生苗根前，幼苗生长所需的水分和养料主要依靠种根吸收供应，但种根的寿命不长，随着甘蔗的生长，种根的机能很快由苗根所代替。苗根指幼苗长出 1～2 片叶时自新植株基部节上的根点长出的根，一般较种根粗壮，色白富肉质，分枝少，生势旺盛(图 2-1)。苗根的寿命有限，随着蔗株的长粗和培土作用，从植株基部不断长出新根，让甘蔗的整个根轴系统持续地更新，使甘蔗植株能适应不断变化的环境条件而生长。但甘蔗的根系生长和分布受环境条件影响很大，一般情况下，栽培在水田或地下水位较高的田地上的甘蔗根系发育不良，伸延不深；相反，在地势高的旱地或水位较低的田地上栽培的甘蔗的根系发育健壮，延伸能力强。

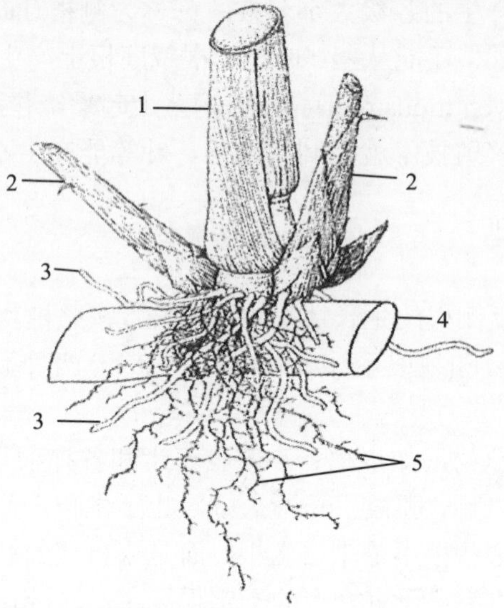

图 2-1 甘蔗的种根和种苗(李杨瑞，2010)

1. 主茎 2. 分蘖茎 3. 根苗 4. 蔗种 5. 种根

在地面蔗节的根点上，常有气根发生，气根发生的数量与甘蔗品种、环境条件及栽培技术措施有关，特别与品种种性关系较大。在表土潮湿及不剥叶情况下，蔗行间因相对湿度大，亦多发生气根。这些气根是消耗养分的，生产上应及时采取措施防止气根的发生，使甘蔗植株能正常生长。

甘蔗初生幼根，原为白色肉质，随着根的长大及衰老，颜色逐渐变为褐色，根皮层也由饱满变为皱缩状，当最老的根皮层死亡而变为黑褐色并松弛后，易从中柱分离，并逐渐失去吸收和支持功能，而需要新根代之。为了促进根系的正常旺盛生长和发挥其重要作用，栽培上必须采取深耕整地、多施有机肥、适时排灌和中耕培土等措施，使土壤环境适于根系的充分生长和发展，以保证甘蔗植株的健壮生长。

第二节 甘蔗根系的结构

一、根的形态构成

尽管植物根系千差万别，但是从个体水平上来看，根系的形态结构却有一定共性，甘蔗也是如此。无论是哪种类型的根系，在个体水平上可分为主根、侧根和不定根三大类。从外观形态来看，主根、侧根和不定根的外部形态表现是基本一样的，一般可分为根尖(root tip)、根体(root body)、根基(root base)等几大区域。

(一)根尖

根尖是指根的顶端到着生根毛的部分，总长 1～5 cm。无论哪种类型的根都有根尖结构，它是每条根生长最活跃的部分。根系的吸收、合成以及分泌等都离不开根尖，根系的伸长以及组织分化也都在根尖进行。根尖损伤将直接影响整个根系的发育。根尖从顶端起依次可分为根冠(root cap)、分生区(meristematic zone)、伸长区(elongation zone)和成熟区(maturation zone)4 个部分，其中，成熟区又称为根毛区(root hair zone)。除根冠外，其他各区的细胞特征逐渐过渡，并无严格的表型界限(表 2-1，图 2-2)。

表 2-1 根尖分区及其细胞特征

分区	外观	细胞特点	功能
根冠	帽状	不规则、外围细胞排列松散，具有丰富的线粒体、质体、高尔基体和内质网	保护、向重性
分生区	圆锥状	等径、排列紧密，细胞质浓、细胞器丰富、核大、分裂能力强	分裂补充新细胞
伸长区	圆柱状	远离分生区的细胞体积较大，细胞沿纵轴方向伸长，液泡化明显，分化程度高	细胞生长和分化
成熟区	柱状具毛	细胞分化成熟，形成不同的组织结构，为了适应对水分等的吸收和运输	吸收水分和无机盐

1. 根冠

根冠(root cap)位于根尖最前端，具有冠状结构，由许多薄壁细胞组成。根冠的主要作用是保护幼嫩生长点。根冠细胞排列不规则，外层细胞排列较疏松，内部细胞小、排列紧密。根冠外壁有黏液，原生质体内含有淀粉和黏性物质。黏液的存在，可有效减少根尖与土壤之间的摩擦力，促进根表离子交换。同时，由于黏液的覆盖，形成了一种吸收表面，对促进离子交换与物质溶解有一定作用。

根冠可以感受重力，与根的向地性生长有关。在生长过程中，根冠外层细胞常常与土壤颗粒摩擦而且不断解体脱落，同时由顶端分生区细胞的不断分裂产生新细胞进行补充。所以，根冠总能保持一定的几何形状和细胞层数，即始终处在一种动态平衡的生长状态，从而能够有效行使保护功能。

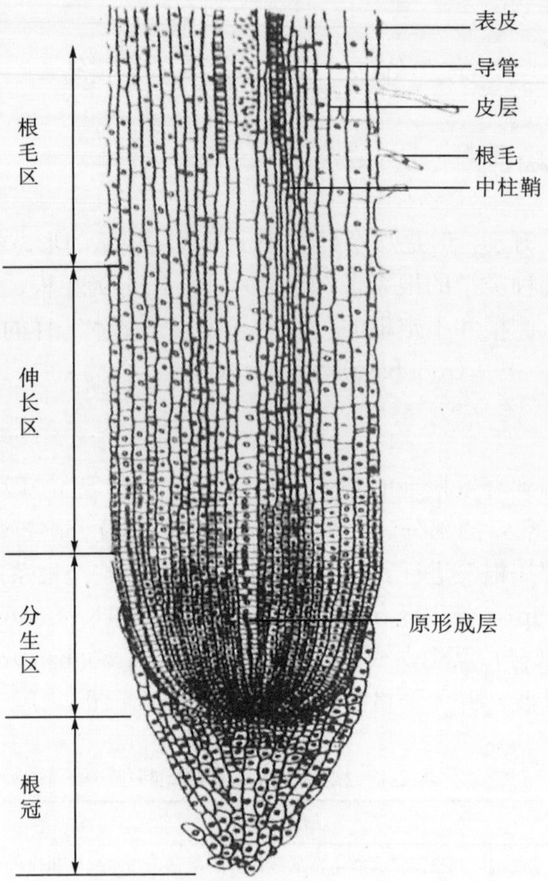

图 2-2 根尖纵切及根尖各分区

2. 分生区

分生区(meristematic zone)又称生长点(growing point)，长 1～3 mm，位于根冠内侧，形状如圆锥。分生区是进行细胞分裂、产生新细胞的主要区域。分生区的顶端分生组织，其细胞较小，形状为多面体，排列紧凑，细胞间隙不明显，细胞壁较薄，细胞核很大，约占整个细胞体积的 2/3，细胞质浓密，液泡较小，透光性不强，分化程度较低，具有较强的分裂能力，外观呈褐黄色。这些细胞一部分用于补充根冠脱落细胞，另一部分用于分化发育为根的各种组织结构。根分生区由顶端分生组织(apical meristem)细胞和其后的相邻细胞组成。

分生区的顶端分生组织位于根冠后，由原分生组织和初生分生组织构成。植物根尖分生区最前端为原分生组织的原始细胞，由胚性细胞组成，它们的分裂活动具有分层特性。原分生组织在分生区后部，分别逐渐形成原表皮、基本分生组织和原形成层三种初生分生组织。原表皮是最外一层细胞，其细胞为扁平的长方形，将来分化为根表。基本分生组织是介于原表皮和原形成层之间的部分，细胞较大，呈短圆筒形，将来进一步分化为根的皮层。原形成层位于中央，其细胞为长梭型，直径较小，密集成束，分化为根的维管组织。与最前端原分生组织相比，这三种初生分生组织的细胞，在形态上稍有伸长，液泡化较明显，初生壁上开始出现了初生纹孔场。

原分生组织细胞分裂活动所出现的分层现象，常因植物种类不同而有差异。在单子叶植物根尖中，其原始细胞的第一层产生原形成层，将来进一步分化为中柱；第二层产生基本分生组织和原表皮，将来进一步分化为皮层和表皮；第三层为根冠原细胞，形成根冠。在双子叶植物根尖中，同样也有三层原始细胞，只是它们分化方向不同于单子叶植物：第一层分化形成中柱；第二层分化形成皮层；第三层分化形成根冠与表皮(图 2-3)。

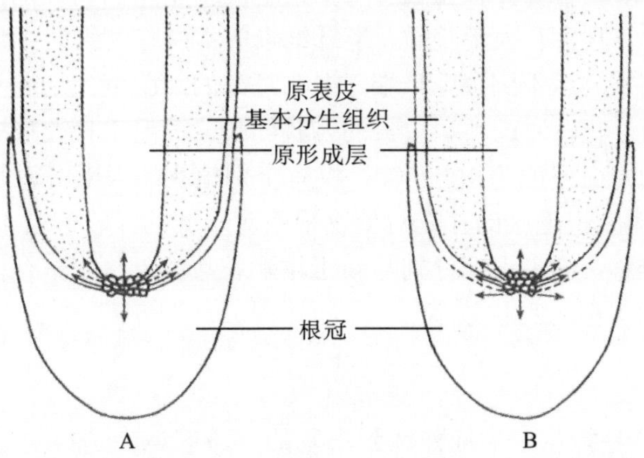

图 2-3　根尖分生区原始细胞的分层现象(邢国芳等，2012)

A.玉米根尖原始细胞的分层活动；B.烟草根尖原始细胞的分层活动

另外，在根尖分生区靠近根冠的地方有一团原始细胞，既不分裂也不分化，基本处于不活动状态，被称为静止中心(quiescent center)。静止中心的细胞除有丝分裂频率很低甚至不分裂外，其细胞内部很少有蛋白质和核酸合成。DNA、RNA 和蛋白质含量较低。线粒体较少，细胞核、核仁、内质网和高尔基体等细胞器较小。静止中心的细胞并非绝对没有分裂能力，在辐射或手术处理使根受到损伤或者去除根冠或冷冻引起休眠时，静止中心可以再次进行分裂而形成新根冠，因此，静止中心被称为根尖再生细胞的后备补充。此外，根尖分生区还是细胞分裂素等一些激素的合成场所。

3. 伸长区

伸长区(elongation zone)位于分生区后方，长 2～5 mm。伸长区细胞伸长迅速，液泡化程度明显，细胞质呈一薄层分布于细胞边缘部分，外观近似半透明状。伸长区细胞除显著伸长外，后端的部分细胞已加速分化，形成原生韧皮部筛管和原生木质部导管，其中，原生韧皮部的分化和成熟均较原生木质部早。在延长生长最剧烈的区域，韧皮部分子开始分化成熟。在显微镜下，透光性较强，与生长点有明显区别。伸长区细胞伸长是根尖入土的主要动力，使根不断达到新的土壤层，便于吸收更多的营养物质，建立强大的根系。此区也是分生区到成熟区的过渡区域。

4. 成熟区

成熟区又称根毛区(root hair zone)，位于伸长区之上，其长度随植物种类和环境条件不同而有所不同，从几毫米到几厘米不等。该区的最大特点是内部细胞已停止分裂活动，分化为各种成熟组织，也称为分化区(differentiation zone)。对于大部分种子植物，成熟区的特征是表皮上有根毛细胞。根毛是表皮细胞外壁向外突出形成的顶端密闭的管状结构。成熟根毛的长度为0.5～10 mm，直径为5～17 μm。极少数植物的根毛可以出现分义，少数植物可形成多细胞根毛。成熟区是根部吸收水分的主要部位，其表面密被根毛，有效增大了根的吸收面积。根毛中的细胞核常位于管状结构最前端，细胞壁薄软并有一定黏性和可塑性，容易与土壤颗粒紧贴在一起，有效进行吸收作用。透射电镜研究发现，根毛尖端分布有丰富的内质网、线粒体和核蛋白体等。根毛的细胞壁由内外两层组成，外层由微纤丝交织而成，薄而软，且含有大量胶质、半纤维素等；内层由纵向排列的微纤丝和少量无定形或颗粒状基质组成，达不到根毛顶端。根毛基部的细胞壁先增厚和钙化变硬，然后向顶端进行，伸长逐渐停止，通过顶端生长的方式伸长。根毛生长数目多，每平方毫米就可达到数百根。根毛的寿命一般为10～20d，仅有个别植物的根毛可以长期存活，但在生长后期经常木质化、变粗。根毛区的存在对植物根系对水肥的吸收非常重要。随着根尖生长，根毛区向土层深处推移。许多根毛分别与新土壤颗粒接触，并分泌有机酸，使土壤中难溶解性盐类溶解，增加了根的吸收效率。

(二)根体

根体(root body)是指从根尖成熟区到根基的一段区域，是根的主体部分。虽然与根尖相比，根体是已经老化的区段，生命活动不如根尖活跃。但是，根体也是根的一个重要组成部分，一方面是由于根体在进行次生生长后，形成木质化组织，成为根系骨架，在土壤中起锚定和支撑作用；另一方面，根体可以通过其上生长的众多根毛和侧根，吸收养分和水分。此外，根体由于木质部和韧皮部组织发达，因此是物质运输和呼吸等生理活动的场所。

(三)根基

根基(root base)是每条根的基部。对于主根而言，根基是根系地下部分与地上部交接的部位，通常在下胚轴的下面。对于侧根而言，根基是侧根与主根或母根交接的部位。对于不定根而言，根基是不定根与胚轴、茎、叶或老根交接的部位。根基对植物的生长发育具有重要作用。作为连接每条根与茎或母根的枢纽，根基可以调节物质的运输。主根根基往往会长出很多侧根，俗称基部侧根(basal lateral root)或基根(basal root)。

二、根的结构

植物分为单子叶植物和双子叶植物，其根系结构有相同之处，也有不同之处。甘蔗属于单子叶禾本科植物，因此根系的结构与禾本科植物，如小麦、玉米、水稻等根的基本结构一样。单子叶植物与双子叶植物一样，根尖成熟横切面自外向内均可分为表皮(epidermis)、皮层(cortex)、中柱(stele)(又称维管柱，vascular cylinder)3个部分，但各部分又各有其特点，尤其是没有维管形成层和木栓形成层，不能进行次生生长，因而没有次生结构(图2-4，图2-5，图2-6)。

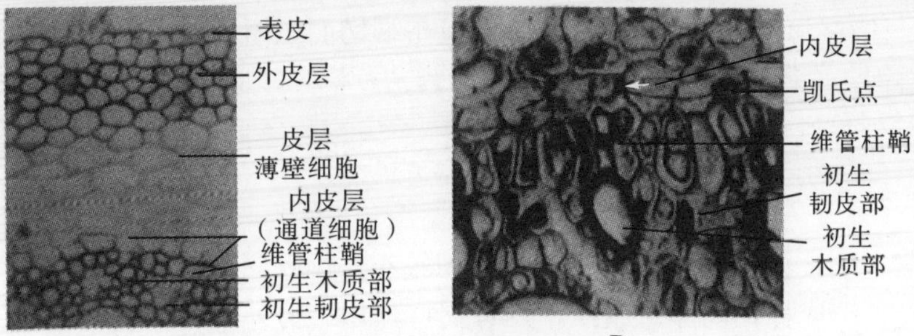

图 2-4 小麦根横切结构(邢国芳等，2012)

A.老根部分横切；B.幼根横切，箭头所示为内皮层上的开始点

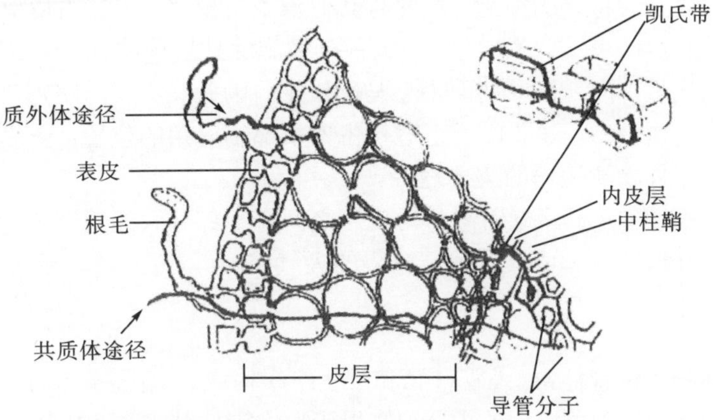

图 2-5 水稻幼根横切部分结构(邢国芳等，2012)

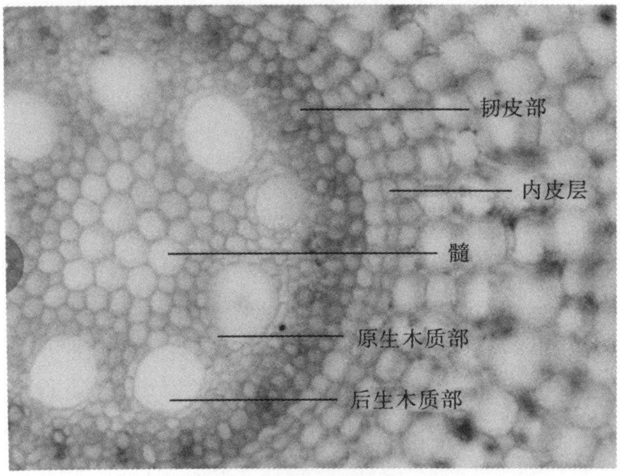

图 2-6 甘蔗幼根横切面

(一)表皮

表皮是位于成熟区最外面的一层细胞，由根的初生分生组织原表皮发育而来。寿命短，

根毛枯死后，往往解体而脱落死亡。表皮细胞在纵切面上看是长方形，横切面上看是正方形，呈砖状结构，长径与根的纵轴平行，排列紧密、整齐，是保护根内部组织的一道屏障，同时，也是与外界进行物质交换的主要通道。

(二)皮层

皮层中靠近表皮的一层或几层细胞，体积较小，排列紧密，称为外皮层。在根发育后期，外皮层往往形成栓化的厚壁组织，具有支持作用。另外，外皮层可以在表皮和根毛枯萎后，代替表皮执行保护作用。

皮层薄壁细胞处在外表皮以内，所以比例较大，细胞间隙大，排列疏松，可能与根系的通气作用有关系。

内皮层是最内一层特化的细胞。甘蔗与其他禾本科植物一样，内皮层初期具有凯氏带的发育和结构(图 2-4，图 2-6)。此后，大部分细胞除外切向壁外，两侧径向壁、上下横壁及内切向壁均次生加厚，在横切面上呈马蹄铁形，因此又称“马蹄形”增厚。少部分没有增厚的细胞为通道细胞，分散位于正对初生木质部辐射角的位置，一般认为它们是根的初生结构部分内、外物质运输的主要途径。

甘蔗较老的根，在介于厚壁组织与内皮层之间有一部分大的薄壁细胞。这些细胞衰老后相互分离解体并崩坏，形成具有薄层分隔的大气腔。

(三)维管柱

皮层以内部分为维管柱，由维管柱鞘和维管组织构成。维管柱鞘位于维管柱的最外层，含有一层薄壁细胞，紧接内皮层的内壁，侧根皆自维管柱鞘发生。当某些维管柱鞘细胞开始分裂活动时，在母根内形成分生组织细胞，逐渐形成具有生长点和根冠的根尖。生长点分泌的水解酶在通过各种组织时将细胞壁溶解，使根尖突破皮层、表皮形成新根。

维管柱为多原型，维管束呈辐射状排列，其中初生木质部和初生韧皮部交互排列。每束初生木质部都由几个导管组成，包括一个属于孔纹导管的后生大导管和一个位于内方或二束原生木质部里面的后生导管。介于初生木质部与初生韧皮部之间的是薄壁组织，分布于根中央的薄壁组织形成了髓部，髓部将大导管包围形成环鞘，包在髓的四周。在甘蔗生长过程中，这些环鞘的细胞会从邻接髓部的细胞开始，以离心力的方向逐渐木质化。

甘蔗渐渐长大时，组织内部发生各种变化，维管柱内除韧皮部外的所有细胞均木质化，壁层变厚，介于厚壁组织和内皮层之间的皮层薄壁细胞解体坏死，形成了大的气腔。气腔之间被薄的放射条状的组织所分离，一端连于外皮层，另一端连于皮层内侧的后壁细胞层。根逐渐衰老后，皮层逐渐柔软皱缩变成褐色，最老的根皮死亡呈黑色。当皮层及其外部组织死亡后，维管柱仍能存活。若中柱干枯，侧根已死亡。皮层死亡后，仍能起保护作用，主要是因为其细胞富含硅质、栓质、木质及胶质等可保护物质(图 2-7)。

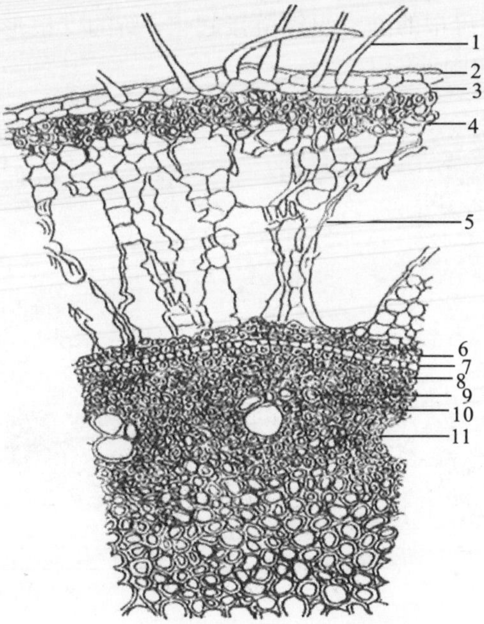

图 2-7　甘蔗老根的横切面(李杨瑞，2010)

1. 根毛 2. 表皮 3. 下皮层 4. 厚壁组织 5. 表皮(破裂) 6. 内部皮层后壁组织
7. 内皮层 8. 中柱鞘 9. 原生木质部 10. 韧皮部 11. 孔纹组织

甘蔗根的主要机能是：固定植株和吸收土壤中的水分、矿质营养与小分子有机物，供植株利用。实践证明，甘蔗栽培要获得高产、稳产，必须有一个发展良好的根系作基础。

第三节　甘蔗侧根的形成

植物的根在伸长过程中除了形成根毛以扩大吸收面积外，无论是主根还是不定根，都不是单独的一条根，总是反复地分支，产生许多支根，即侧根。侧根上又能一次长出各级侧根，以不断扩大植物地下部分的分布范围，吸收更多的营养，并能进一步加强根的固着和支持能力。这些侧根构成了直根系或须根系的主要部分。甘蔗是须根系植物，有多个主根，同时又有发达的侧根结构。主根是从甘蔗节上的根点生长发育而来，随着主根的不断生长，在主根上会长出发达的侧根用来吸收养分，是甘蔗营养吸收的重要部位。

一、侧根的形成

侧根是由侧根原基发育而来的。侧根发生时，维管柱鞘一定部位的细胞脱落分化和恢复分裂后，经几次平周分裂，形成侧根原基(图 2-8)。以后侧根原基细胞继续分裂、生长，逐渐分化出生长点和根冠。随着生长点的细胞继续分裂、增大和分化，增大的侧根原基能够穿透皮层，并分泌水解酶等，将部分皮层和表皮细胞溶解，因而侧根原基能够穿透皮层，突破皮层，伸出母根外，顺利地伸进土壤形成侧根。侧根伸出母根后，各种组织相继分化成熟，侧根维管组织也与母根的维管组织链接起来。新的支根形成，扩大了根的吸收面积，增强了整个根系的吸收和固着能力。

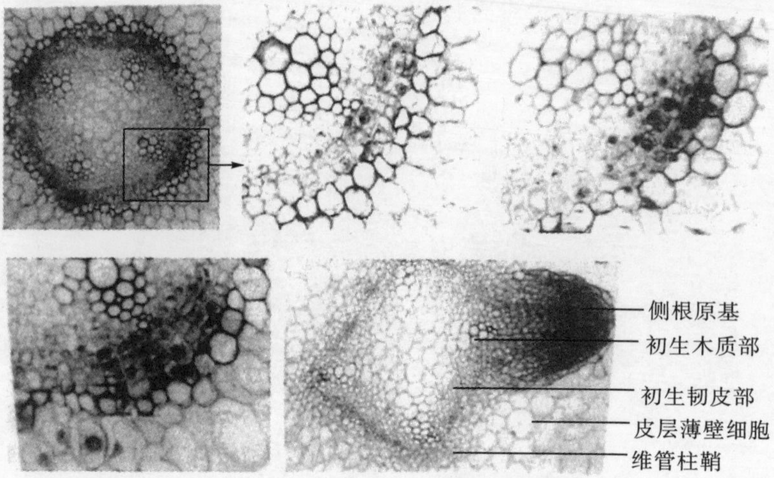

图 2-8　侧根的发生(邢国芳等，2012)

二、侧根的特性

侧根的生长和结构与母根相似，但侧根内初生木质部的束数、侧根的粗细和侧根的密度因植物种类和其生长条件而异。一般侧根中的初生木质部束数少于母根，但也会受栽培条件的影响。如在棉花中，主根初生木质部束数一般为五原型，而侧根则为四原型；蚕豆的主根通常为四原型，但侧根中亦有五原型。侧根的密度因植物种属而异，如玉米常为 8 条/平方厘米，豆类为 5 条/平方厘米。侧根的粗细和长短随侧根级数递减，但也会受到环境条件的影响。主根上的分支可达四级、五级或者更多。由于侧根先端亦即根尖，应具有无限生长的特性，但实际并非全部侧根都如此。树木和某些多年生草本植物的较大侧根可存活数年，一些小侧根寿命则较短，如苹果、木棉[*Gossampinus malabarica*(DC.) Merr.]只存活数周。

主根和侧根有着密切的联系，一般而言，主根顶点对侧根生长有抑制作用。截断主根能促进侧根的发生，将与根冠形成有关的基因启动子转入拟南芥，转基因植株的小柱根冠溶解，主根变短失去向地性，产生大量的侧根。其形成机理可能与生长素信号途径有关。

第四节　影响甘蔗根系发育的因素

植物根系的发育一方面受植物本身的特性影响；另一方面还受其生长环境条件的影响，如土壤水分、肥力、通透性等。

一、品种特性

甘蔗品种因种性的不同，其根系发育的程度也有所不同，这是影响根系发育的一个重要内因。拥有发达根系的甘蔗品种，其生长较好，环境适应性也较强。

二、土壤水分

土壤耕作层的水分含量对苗期根系的发育影响很大。播种前雨量多，耕作层含水量较高，幼苗的根系主要分布在耕作层，纵深分布不大，而成年植物根系分布的状况还取决于土壤含水量的变化。农业生产中“蹲苗”或“烤田”，就是要促进根系的垂直分布。土壤的保水能力，对根系的分布有很大的影响。保水能力强的土壤，水分的分布均匀，根系的纵横分布也比较均匀。

三、土壤肥力

肥沃的土壤促进根的生长。根对土壤中肥料的反应特别敏感，土壤肥沃，根产生侧根的能力强，但根系的总量相对较少，根的长度也较短。所以，在营养丰富的土层中有大量根的分支，换言之，通过施肥可以人为地控制根系的分布状况。根短、分支多，一般可看作是土壤营养条件好的一个土壤学指标。当然也不能认为根量越多越好，因为根的发生和形成同样也要消耗养分。

四、土壤通透性

通透性好的土壤载气充足，促进好气性微生物的活动，增加土壤中可利用养料，满足根的呼吸作用对空气的需求。所以，通气良好的土层中，根分布深且分支多。旱生植物的根要呼吸耗氧，湿生和水生植物的根同样需要进行呼吸，需要游离氧。水湿生植物体内(包括根系)有发达的气隙空腔用以存储空气，满足根系的呼吸作用。例如，水稻的通气组织占植株组织的 20%～30%，旱稻根系中的细胞间隙不足水稻的 1/2，而豌豆的细胞间隙只有植株总体积的 5%。由此可见根呼吸作用的重要性。

五、土壤致密度

在沙丘上生长的植物，它们的根系多集中在沙丘的表层，主根一般不深于 1.5～2.0 m，越来越多的研究证明，这些沙生植物之所以没有发达的垂直根系可能主要受土壤水分分布特点的影响。例如，农业上常用的中耕松土措施，不仅改善根系的通气状况，更改善了土壤的致密度，有利于根系的发育和在不同耕作层中合理分布，相反比较黏重的土壤和板结的土壤往往不利于根系的发育。此外，影响根发育的因素还有根区温度、土壤微生物和根系分泌物及地上部分器官的生长状态等。

主要参考文献

李杨瑞. 2010.现代甘蔗学[M]. 北京：中国农业出版社.

邢国芳，等. 2012.植物根系发育及其激素调控机理[M]. 北京：中国农业科学技术出版社.

第三章　甘蔗根系的生长与发育

根系是甘蔗的重要器官，是生长的基础。根系的生长发育对蔗株的吸收、合成、抗风和防倒起着重要的作用，从而直接影响甘蔗的生长和产量。所以，对甘蔗根系生育特性的了解在甘蔗的育种上具有现实的意义。

第一节　甘蔗根系的发育

一、根系的形成和生长

甘蔗是禾本科作物，它的根系属须根系。用种苗进行无性繁殖的甘蔗，其根系分种苗根(set roots)和株根(shoots roots)两种(苏广达，1981)。

种苗根发自种苗根带上的根点，根点的数量常因节位和品种而异。蔗茎梢端尚未有根点形成，一般自可见的第1节起至第4节，平均约有根点3个，第5至第10节为14～17个，第11节以后约在70个以上。不同品种之间，大茎种的根点较多，但发根率较少，反之，细茎种根点较少，但发根率较多。同一品种同一根带内不同根点其发育情况也各异。一般第一列根点内的皮层厚，中柱的半径大，导管多，第二列次之，第三列根点最小，故第一列发根最快，第二列次之，第三列最慢。此外，靠近蔗芽的根点发根最快，而且较粗壮，根点数目也较少。但是，不管是什么品种，其根带上的根点往往都不是全部发根的，不萌发的根点仍有生活力，呈休眠状态，以后仍可萌发。

初生的种苗根最初是没有分支的，一般长到5～10 cm时即可发生支根，支根可发生4～5次，相互交错生长，成为幼苗初期的重要根系。种苗根比较纤弱，吸收力比较弱，寿命也比较短。一般生长4～6周便先后死亡，吸收作用最旺盛的时间为3～4周，以后逐步为新生的株根所代替。这种苗根的寿命和有效时间之所以比较短，是株根与其竞争的结果。株根发自新株基部的根点，种苗根则发自种苗的根点，种苗的根点比新株根点老，故其活力没有株根强；另外，株根由于直接长自新株，可直接输送水分和养分给新株，新株的光合作用产物也可直接供株根的需要，而种苗根由于长自种苗，因而要通过种苗才能把水分和养分输送到新株，新株的光合作物产物也要经过种苗才能供种苗根利用。所以，随着新株的生长和株根的发育，种苗根也就必然被株根逐步代替。有人曾做过这样的试验：在种苗萌发后、株根长出时，不断把株根除去，强迫蔗株生长全部用种苗根来吸水吸肥，这样，种苗根可以活5～7个月，种苗根长期活着的种苗，也就成为新株的一个组成部分，这样的种苗常常新鲜而有生命力。这个例子进一步证明种苗根的生长与株根的关系。

种苗根的寿命和有效时间虽短，但种苗萌发及幼苗生长所需的水分和养分，除由种苗本身供应外，也由种苗根从土壤中吸收供应，所以种苗根的生长与幼苗的生长是有直接关系的。干旱、积水、病虫害及寄生性瘠草等的危害都将影响种根的生长和生理活动，幼苗的生长必将受抑制，所以栽培上促进种苗根的发育是必要的。

蔗株根系生长总的趋势是：种苗萌发 3～4 周后，种苗根生长旺盛，株根从幼苗基部长出，稍后发生大量的支根和根毛。此时种苗根数量减少，效力减弱，并逐渐死亡。种苗根死亡后，蔗株生长所需水分和养分全靠株根，这时株根生长较快，但所产生的多为表根(superficial roots)，有极强的吸收能力，故栽培时应及时施用大量肥料，以供吸收利用，否则，肥料缺乏，根系就会深入土中觅取养分，就会影响生长和分蘖。蔗株生长 5～6 个月后，部分根系深入土中，成为支持根或称驻扎根(buttress-roots)，以加强蔗株的固定能力，故栽培上应注意配合培土。然后，有一部分支持根继续深生，成为深根群(deep-roots)，蔗株的固定能力进一步增强，生长更加旺盛。蔗株的表根、支持根和深根群是甘蔗的典型根系，如果在土壤湿度大、地下水位高等情况下，这些根系的区分是不明显的。

种苗根的株根都是边生长边吸收的。一般下种后第 1 个月，幼苗所需的水分和养分除由种苗供应外，全靠种苗根吸收供应；第 2 个月为转换期，即由种苗根吸收供应的水分和养分逐步转为株根吸收供应；第 3 个月后，蔗株所需的水分和养分全由株根吸收供应。温度对种苗发根也是有影响的，种根一般在 10 ℃左右开始萌动，20～30 ℃时最适宜。由于发根要求较低，故在低温的条件下，常先发根后发芽。

根的生长发育与甘蔗的品种有密切的关系，凡是根系发达、分布广阔深远的种和品种，对风、旱、瘠和病虫害的抗性也相应较强，适应性广，宿根性强。

商业种甘蔗是以蔗茎为种苗进行无性繁殖，有腋芽的蔗茎种植不久后根系开始发育。最先开始形成的根系是种根，种根从种苗节上的根点首先萌发生长(图 3-1)，一般较纤细，分枝多，尽管不同品种根系的发育时间不同，但种根能在种植后的 24h 内出现，优良的种根和分枝根用于支撑种植第一周芽的萌发和生长。苗根是指幼苗长出 5～7d 时自新植株基本节上的根点长出的根，一般较种根粗壮，色白富肉质，分枝少，生势旺盛。种苗栽植后、苗根形成前，幼苗生长所需的水分和养分主要依靠种根吸收供应，但种根的寿命不长，大多数种根在 60～90d 开始衰老和消失，随着甘蔗的生长，种根的机能由苗根所代替，到 3 个月时，种根的干物质含量低于 2%。苗根的寿命也是有限的，随着蔗株的长粗和培土作用，从植株基部不断长出新根，让甘蔗的整个根轴系统持续地更新。甘蔗根系生长和分布

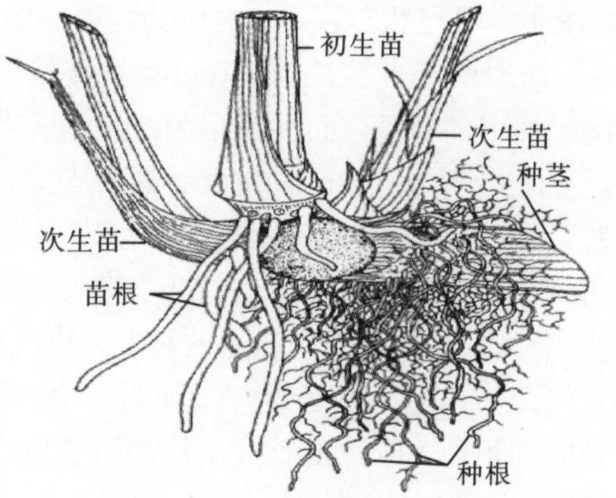

图 3-1 甘蔗的种根和苗根

受环境条件的影响很大，一般情况下，栽培在水田或者是地下水位较高的田地上的甘蔗根系发育不良，伸延不深；在地势高的旱地或者是地下水位低的田地上栽培的甘蔗根系发育健壮，延伸能力强。

赵丽萍等（2014）利用CI-600根系生长监测系统对新台糖22号（ROC22）第一年新植根系生长进行动态监测研究，结果如表3-1所示。

表3-1　甘蔗品种ROC22新植蔗不同土层根系生长发育研究结果（cm）

土层深度/cm	2014年									2015年	
	9月5日	9月17日	9月29日	10月13日	10月27日	11月1日	11月24日	12月8日	12月19日	1月7日	2月9日
0～24	3.71	9.55	11.58	22.15	19.74	23.45	29.46	52.66	41.93	41.15	38.00
24～48	9.37	18.73	19.23	41.60	44.20	54.51	51.59	75.84	57.94	70.06	55.30
48～72	0.02	1.25	10.86	23.28	29.01	35.85	31.75	54.25	39.71	54.20	31.20
72～96	0.00	0.00	0.80	13.06	17.21	23.69	30.54	41.94	29.54	36.40	16.69
96～120	0.00	0.00	0.07	2.53	3.90	8.98	12.36	27.05	22.76	32.20	4.64
120～144	0.00	0.00	0.00	0.40	1.20	3.50	7.94	12.22	13.12	15.54	2.56

注：2014年7月30日种植，2015年2月10日收获。

由表3-1可看出，随着种植时间的延长，根系逐步向下生长，种植3个月后，ROC22根系已经深入120 cm以下，且随着甘蔗的生长，深层根系逐渐增多，到12月8日，72～96 cm土层根系长度达到最大值，与12月8日相比较，到2015年1月7日，72～96 cm土层根系长度减少，96～120cm和120～144cm土层根系长度增加，但到2月9日，120～144 cm各土层根系长度均低于12月和1月份，可能原因是到2月份时老根系已出现部分死亡。

表3-2　甘蔗品种ROC22宿根蔗不同土层根系生长发育研究结果（cm）

土层深度/cm	4月14日	5月6日	6月9日	7月22日	8月25日	9月22日	10月22日	11月25日
0～24	38.00	52.81	62.32	103.75	144.93	119.02	95.71	61.73
24～48	55.30	71.15	87.47	123.48	109.88	127.85	88.05	57.94
48～72	31.20	46.21	50.81	69.44	42.85	64.20	32.91	27.79
72～96	16.69	22.58	23.34	38.38	13.83	16.27	13.01	5.32
96～120	4.64	13.16	13.32	21.18	6.58	6.27	4.12	2.66
120～144	2.56	6.47	13.32	16.91	4.63	4.07	2.25	1.98

注：2015年12月1日砍收。

宿根蔗的根系由老根和新根两部分组成（图3-2、图3-3、图3-4、图3-5），老根系是上茬甘蔗收获后留下来的一个庞大根系，约有2/3的老根在长时间内仍能继续长出新枝根，其上密布根毛，具有很强的吸收功能，是老根系的重要组成部分，老根系的下层新产生的枝根很少，且多呈黑褐色，不具根毛，活力较弱。其特点是：数量庞大，前期有一定的吸收能力，8月份以后迅速死亡，丧失吸收能力。从表3-2也可看出，到7月22日，各土层甘蔗根系仍然继续生长，不断有新的根系长出，到 8 月中旬以后，根系逐步死亡。

图 3-2　宿根蔗根系

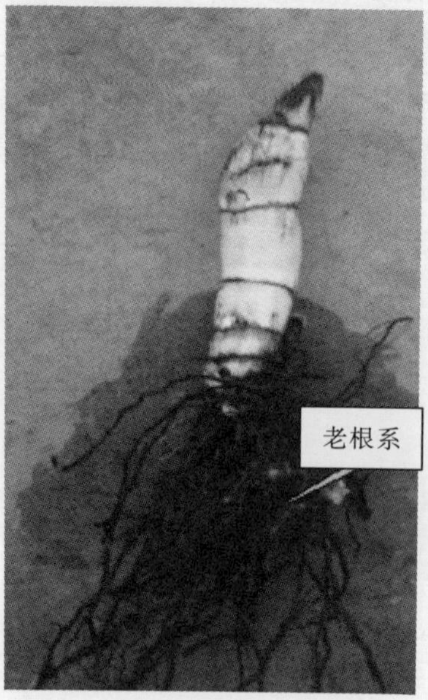

图 3-3　宿根蔗老根系

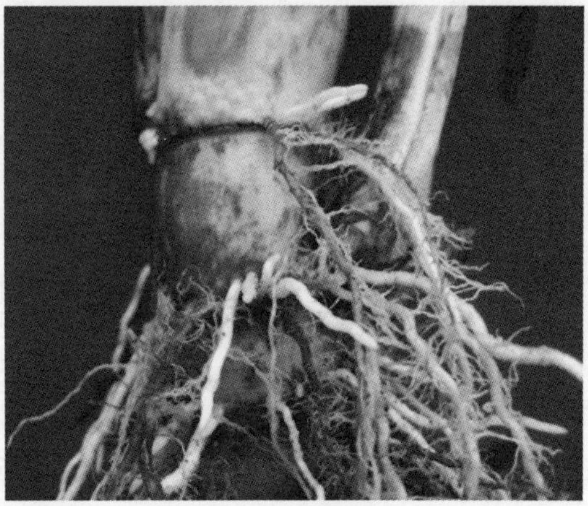

图 3-4　宿根蔗新根系

图 3-5　新植蔗根系

宿根蔗的新生根根系由宿根蔗蔗芽萌发后发生的新根和老蔗头上以前没有萌动的根点重新萌发长成的新根组成，新生根根系发生较早，在蔗芽萌动后、出土前即已长成，并在数量上多于新植蔗，以后随着蔗株的继续生长和新的蔗芽萌发出土，还会产生大量的新根，进而形成庞大的新根系，逐步取代旧根系而起主导吸收的作用。其特点是：在数量上多于新植蔗，7 月前的吸收能力也比新植蔗强；发生早，衰老也早，后期的吸收能力不如新植蔗；分布比新植蔗浅。宿根蔗新根发生早，前中期生长快，但早衰也快；老根死亡分解时易引起缺氮的现象，所以宿根蔗应比新植蔗早施肥，以满足它早生快发的需要。宿根蔗特别容易出现营养失调的褪绿黄化现象。

由于宿根蔗的根系存在以上特点，所以宿根蔗的前期(7 月份前)生长快，抗逆性强，但后期(7 月份后)生长慢，容易早衰和翻蔸倒伏。

陈超君等对 ROC22 第一年宿根蔗发株期根系生长状况的调查研究结果表明，宿根蔗根系庞大，活根量高达 77.8%，这是宿根蔗前期生长较新植蔗快的基础，同时，宿根蔗的根系在土壤中分布广泛，深度可达 60 cm 以上，但大部分集中在耕作层 10～20 cm。但笔者用 CI-600 实时原位观测发现，ROC22 第一年宿根深度可达 144 cm 以下，且大部分根系集中在耕作层 0～48 cm，出现的差异可能与土壤环境有关系。 这种分布特点会随着宿根年限的增加、蔗蔸位置的升高而改变。一般随着宿根年限的增加和蔗蔸位置的升高，根系位置上移而变浅。

周可湧(1963)对宿根三年和一年的甘蔗进行挖掘根系观察，以 P^{32} 示踪，表明老根系对宿根蔗具有一定的作用，而且对地上部生长有良好作用。

研究表明，宿根蔗着生的老蔗桩上在前季甘蔗生长时未萌发的根点还在萌发，如新植蔗萌发种根。这种现象表明宿根蔗的老根系有新植蔗种根的作用，又由于老根系早已形成，起作用也早，促使宿根蔗能及早生长。同时，这种老根系还发生新的支根。从永久根(或称次生根)的发生来看，一般新植蔗须在出现两片以上的真叶时，才发生永久根。而宿根蔗当蔗芽萌动后，真叶未出现前，多数芽上已发生了永久根(表 3-3)。

表 3-3　宿根蔗芽萌动后未出现真叶前发生永久根的情况

宿根年数	调查蔗蔸数/个	芽已发生永久根的蔗蔸数/个	生永久根的总芽数/个	永久根的总条数/个	每个蔗芽所生永久根的条数和直径	
					条 / 芽	直径/cm
一年	10	9	14	37	2.6	0.17
三年	10	5	7	25	3.6	0.21

表 3-3 所列一年宿根的甘蔗，10 个蔗蔸中有 9 个蔗蔸上的芽共有 14 个已发生了 37 条永久根。三年宿根蔗的 10 个蔗蔸中有 5 个蔗蔸上的芽共有 7 个发生了永久根 25 条。从表 3-3 来看，三年宿根蔗的芽生永久根反比一年宿根蔗少，是前两季收获时留下的蔗桩过高所致。因为永久根发生的时间或快慢与蔗芽在土中的深度有一定的关系。三年宿根蔗由于蔗桩增高，地下芽的位置被抬高，也就是在浅土中的芽占多数，因此生永久根的芽较少。但并不能说明三年宿根蔗的芽生根已不如一年宿根蔗。这从表 3-3 中每个芽所生根数和根的直径上也可证明。同时，对总的根系情况进行调查发现(表 3-4)，三年宿根蔗仍比一年宿根蔗的根系多。因此，宿根蔗之所以能早生快发又较粗大，从根系上已找到了原因。

表 3-4　一年和三年宿根蔗的根系比较

宿根年数	调查蔗蔸数/个	蔗桩高度/cm	新根条数*/条	平均每芽或苗生根条数/条
一年	10	8.1	66	3.5
三年	10	11.8	99	7.1

二、根系的向性

根系的向性主要是向地性、向水性和向化性，是甘蔗在进化过程中形成的。

(一)向地性

从种苗萌发出来的种苗根和从新株基部生长出来的株根，和其他植物的根系一样，其总是向下生长的，这称之为根系生长的向地性。根的向地性通常以重力调定角，即根尖与重力矢量所形成的角度来定量描述，重力调定角越小，向地性越强。对整个根系而言，各条根重力调定角的总和决定了根系总体向地性的大小，最终决定整个根系分布的深浅。目前还不完全清楚这种向地性的原因，而比较一致的解释认为是生长素分布不均的结果。一般来说，生长素对植物生长的影响，不同器官的反应是不同的，根反应最敏感，而茎就不那么敏感。生长素促进根生长的浓度大约是 $1/10^{10}$ 克分子浓度，为茎的最适浓度的 $1/10^{5}$，所以，对茎起促进生长的浓度，对根的生长则起抑制作用。根系的生长由于重力的作用，生长素分布在根尖下侧较多，由于根对生长素作用敏感，因而根尖下侧细胞生长受到抑制，而上侧细胞仍能正常生长，这样根便向下弯曲生长。但是，根系的生长除重力作用外，也受环境条件所左右，因此，根系的生长也并不总是向地生长。在受淹涝的土壤里，由于氧气缺乏和有毒还原物质的毒害等，根也会反过来向上生长，地下水位高，排水不良的蔗田常会见到这种情况。所以，水田蔗区搞好排水，降低地下水位，促进根系生长和深生，是夺取高产的一项重要措施。

(二)向水性和向化性

向水性和向化性也是根系生长的重要特性。蔗田土壤水分分布不均匀时，根系会朝向比较湿润的区域生长，在遇旱的情况下，根系则往下深生以吸收土壤底层的水分，这就是根系生长的向水性。早在 1981 年，Knight 就报道了水分可以改变植物根系生长方向，使根系向水分含量高(即水势低)的方向生长。一般情况下，重力的矢量方向与水势梯度的方向是一致的，所以根的向水性其实就是根对重力和水分的综合反映。根的向水性是有一定限度的，当土壤水分过多造成淹水状态时，根往往会出现负向水性，或称避水性(hydrophobe)，即根从水势低的地方向水势高的地方生长。根的避水性可能是根系通气的需要。

在蔗田土壤肥料分布不均时，蔗根则往肥料较多的地方生长，如果施肥不及时，表土层营养缺乏，根系也会往土壤深层生长以吸收深层的养分；施肥时肥料只撒施在表面，根系还会往上生长来吸收营养，这样的特性就是根系生长的向化性。根的向化性有两种表现形式，一是根系在富养分区迅速生长并产生大量侧根；二是根系沿着养分浓度梯度从低养分区域向富养分区域生长。第一种情况称为物质调控向化性，第二种情况称为信号调控向化性。

物质调控向化性：根系需要养分进行正常的生长发育。当根尖接触富养分区域时，可以被动吸收较多的养分，但是由于根尖的输导组织不发达，不能及时运输到其他组织中，同时也因为根尖还不具有液泡等储藏器官，因此根尖只能尽量利用吸收到的养分进行细胞分裂和伸长，结果导致根系在富养分区域的大量生长。不过，富养分区域的养分浓度过高也会影响根系的向化性。

信号调控向化性：环境中的养分可以作为一种信号来直接调控根系的生长发育，而不是经过养分作为代谢物质来实现，根系能够感受到从低养分区域向富养分区域的养分浓度梯度，从而产生向化性生长，养分信号调控向化性可能有 3 个阶段：①养分以极低的浓度(μ mol/L 甚至 nmol/L 水平)与根细胞原生质膜上的特异养分受体相结合，从而启动细胞内养分信号转导途径；②养分信号通过一系列的级联反应在细胞内进行传导，同时在转录、翻译、代谢等不同水平上调控细胞代谢；③养分信号调控细胞代谢的结果导致显著的生理变化(如植物激素的合成和运输、重要酶类的合成和分解等)，进而导致了根系的向化性生长。

甘蔗在长期进化过程中所形成的向水性和向化性，使根系能够更好地从土壤中吸水吸肥，以满足生长的需要。根系虽然有这样的特性，但水分和养分在土壤中的移动是很慢的，如果施肥和灌溉不及时、不均匀，根系就要朝向水肥较多的方向生长来吸水吸肥，这样就会错过时间，不能及时地从土壤中吸收到所必需的水分和养分，因而会影响生长。所以蔗田水分管理必须注意技术，使根系能尽快地吸收生长所必需的水分和肥料，这是我们在整个栽培过程中必须注意的问题。

(三)向气性

根的向气性是指根朝着土壤中通气较好的区域生长的趋势。根的向气性主要原因是根系通气的需要，当土壤水分含量过高，水中溶解氧含量过低，氧气供应不足，根系呼吸困难，需要有部分根逆向地性垂直向上生长，延伸到通气较好的区域进行呼吸。盆栽试验中通常看到盆壁上生长有大量的根系，这是根向气性的一种表现。

三、气根的发生

蔗株地上部根带上的根点萌发长成的根叫气根(aerial root)。气根的产生是一种不好的性状，它既会消耗蔗株的养分，又会增加原料蔗的夹杂物，影响原料蔗的质量。所以栽培上和育种上都应注意这个问题。

气根的数量与品种有关。由于种性的关系，有些品种气根是比较多的，如选 3、赣蔗 1 号等，而另一些品种气根则比较少，如粤糖 54/143、57/423 等。气根的发生还与环境条件和栽培管理有关。根带上根点的萌发与水分状况有关，蔗田表土潮湿，行间相对湿度较大，根点就容易萌发和长气根；在栽培上不剥叶或很少剥叶，田间通风透光差，湿度大，而且叶鞘内面常积有水分，这也容易产生气根。因此，栽培上要根据品种特性和蔗田的具体情况，搞好排水，合理剥叶，以减少气根的发生。

四、根系的吸收作用

(一)根系的生育与吸收

蔗株的根系是由大量的须根所组成，每条根最活跃的部分是尖端 2～4 cm 的一段(根尖)，这是生长和吸收活动最活跃的部分。这一段依次分为根冠、分生区、伸长区和根毛区(成熟区)(图 3-6)。

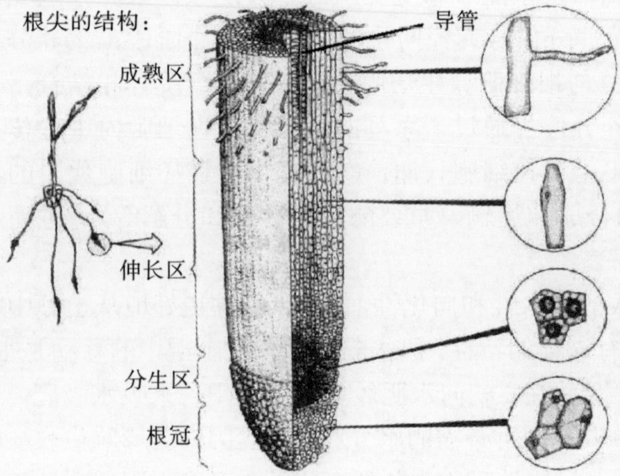

图 3-6　根尖的结构

根在生长发育过程中，根尖分生组织的细胞进行有丝分裂，不断产生新细胞，许多新细胞迅速伸长，转变为伸长区，推动根向前伸展，根尖向土层扩展，同时因根尖得到根冠保护，易于深入土中而免受擦伤。当根的伸长生长停止，根毛即大量发生，不断与新的土粒接触，吸收面积和吸收效率不断扩大及不断提高，根就从土壤中不断吸收水分和矿质营养，供蔗株生长的需要。随后，根毛区上部的根毛相继死亡，其内部也发生变化，这部分根的生理机能就从吸收转为输导和支持作用。根毛区上部的根毛逐渐死亡，而下部又在产生新的根毛，不断地更新。随着根尖的生长，根毛区则向土层推移，许多根毛分别与新的土粒接触，使蔗株能不断地在土层的不同位置吸水吸肥。由此可见，蔗根的生育与吸收活动密切相关，栽培上应为根细胞的分裂和生长创造一个良好的蔗作土环境。甘蔗是旱作物，根对水分和养分的吸收主要是通过根毛从土壤中进行的，所以根毛的生长和更新对吸水吸肥极为重要。而根毛对土壤湿度的变化反应非常敏感，土壤水分过多，田间积水，根毛很少；相反，如果土壤干旱缺水，根毛则会首先干枯死亡，以后虽然获得水分，新的根毛还要过一段时间才能产生，这样就会影响吸收和生长。所以，蔗田水分管理与根系的吸收活动有密切关系。

(二)根的生理活动与吸收

甘蔗根系在生长过程中进行着强烈的代谢作用，包括呼吸作用以及细胞各种有机成分的合成作用等。这些生理活动对根的生长和吸收有密切的关系。甘蔗的根系是一个庞大的根系，根在生长过程中呼吸作用是很强烈的，这就需要有充足的氧气供应。如果土壤通透性差，氧气缺乏，呼吸作用受抑制，根的生长就会受阻，吸收面积降低；另外，根对养分的吸收是要“能量”的，而“能量”主要靠呼吸作用来提供。如果呼吸作用受阻，为呼吸作用提供的“能量”就少，这必然会影响根系对养分的吸收。在甘蔗生产上，地下水位高、排水不良的蔗田，蔗株生长停滞，叶片变黄，原因也在于此。根系不仅是活跃的吸收器官，也是合成某些物质的场所。根所吸收的无机盐类并不是毫无改变地运送到地上部。在许多情况下，这些无机矿物质就在根部合成复杂的化合物。如部分硝态氮和铵态氮转变为有机含氮化合物，然后才随上升液流运输到蔗株各部分。另外，根能从土壤中吸收CO_2，这些CO_2在根部与某些有机酸结合，成为复杂的有机物。例如CO_2与丙酮酸结合形成草酰乙酸，草酰乙酸又可与氨基化合成氨基酸，进一步合成蛋白质。根系在进行吸收作用的同时合成有机物，这些有机物除随流液输送到地上部外，也供根部各种代谢的需要，这也有利于根系的生长和吸收。

（三）根的表面积与吸收

根对土壤水分和养分的吸收是靠根系与土粒紧密地接触，就能从土壤中吸收更多的水分和养分。而根的吸收作用主要靠根毛进行，所以根毛的表面积与甘蔗的吸收活动关系最紧密。根毛多，根毛的表面积大，则吸收面积大，吸收作用旺盛。因为根毛表面没有角质层，细胞壁薄，容易让水和矿物质穿透过去；同时，根毛细胞是根尖的表皮细胞向外突出形成的，根毛的细胞壁很薄，细胞质很少，液泡很大，具有可塑性，易与土粒黏在一起，有效地进行吸收作用。所以根毛的存在和发达，能大大地增加甘蔗根系的吸收面积和吸收作用。根毛对根系的吸收起着重要的作用，然而，根据C.VanDillewijn的报道，甘蔗根毛表面积有70%是集中在土面约1尺（1尺≈0.333m）的土壤中，其中有90%是分布在离蔗株中心1尺以上处，所以创造一个适合蔗株根毛发育的土层并根据根毛的分布情况注意施肥的位置，有利于提高蔗株的吸收作用。根毛的发育还与株龄和环境条件有关。株龄较轻、生势旺盛的蔗株根毛较多。一般6个月左右株龄根毛最密，也就是说此时吸收作用最旺盛。栽培上要配合水肥管理，以促进生长。环境条件方面，土壤湿度对根毛的影响最大。据研究报道，比较干燥的地方，蔗株所产生的吸收面积常较潮湿的地方大3～4倍。大部分的吸收面积来自根毛，说明土壤湿度对根毛的发育关系密切，蔗田的水分管理应该注意这个问题。

（四）根压与吸收

植物根系主动吸水并将水分压向导管的力量谓之根压。甘蔗具有强大的根压，当甘蔗收获以后，在靠近地面的切口处溢泌液体的作用甚为活跃，这表示甘蔗存在显著的根压。有人曾以水银柱与此种蔗头连接起来，记下的根压高达水银柱140 cm。根压受内部因素影响很大，根压大的主动吸水的力量强，主动吸水的数量主要看根部导管汁液与土壤溶液间的渗透压梯度以及根细胞对水分的透性而定，因此不同的甘蔗品种其根压有很大差别，根压高的品种由于其吸水的力量大，抗旱力较强。前广东甘蔗试验场对台糖134、108和爪哇3016三个品种进行测定的结果，抗旱力较强的台糖134根压最高，耐旱力次之的台糖108根压较小，耐旱力最弱的爪哇3016根压最小。台糖134根压之所以最高，抗旱力较强，从其内部的因素看，主要是其细胞液浓度高。台湾地区曾对台糖134和台糖108两个品种的细胞液浓度（冰点下降数）、渗透压进行测定（表3-5），证明台糖134细胞液浓度较大，渗透压高，因而根压大，主动吸水能力强，抗旱的能力因而也就比较强。

表 3-5　两个甘蔗品种细胞液的冰点下降数及渗透压比较

品种	冰点下降数/°C	渗透压（大气压）/Pa
台糖 134	0.559	6.73
台糖 108	0.524	6.31

第二节　甘蔗根系的分布

一、甘蔗根系在土壤中的分布

甘蔗根系在土壤中的分布因品种、土质、耕作条件及不同栽培管理情况而有差异。根据广东有关部门研究，株龄 280 天的台糖 134，鲜根总重为 819.2g，其中 0～20 cm 土层有 493.00g，20～40 cm 土层有 270.00g（表 3-6），可见，甘蔗的根系主要分布在 0～40cm 层中；另外根系的分布也随株龄变化。一般来说，生长期越长，根重越大，且表根的百分比越少，支持根和深根群的百分比越高，也就是说根的分布越深（表 3-6、3-7）。

表 3-6　台糖 134 在土壤中各层的鲜重（苏广达 1981）　（单位：g）

表土下深度/cm	种植天数/d						
	46	76	106	139	172	203	280
0～20	1.45	20.00	47.00	216.00	369.00	351.00	493.00
20～40	0.41	8.00	10.00	52.20	172.50	255.00	270.00
40～60	0.00	0.00	0.00	0.00	28.00	40.80	40.00
60～80	0.00	0.00	0.00	0.00	0.30	34.20	15.00
80～100	0.00	0.00	0.00	0.00	0.00	2.20	1.20
合计	1.86	28.00	57.00	268.20	569.80	683.20	819.20

资料来源：前广东甘蔗试验场，1954 年。

表 3-7　根在不同深度土层中的分布（苏广达 1981）

生长期/月	全重/g	长度差异百分比/%			
		20 cm	40 cm	60 cm	75 cm
1	1.32	88.00	12.00	1.90	0.30
2	17.50	75.00	17.00	5.30	1.90
3	151.00	65.00	19.00	9.30	6.90
4	215.00	60.00	19.00	11.00	9.50
5	334.00	69.00	18.00	8.00	5.20

根的分布也受环境条件的影响，特别是受土壤水分的影响最大。灌溉与潮湿的蔗区，根分布浅，根毛密度小，且蒸腾面积与吸收面积比大于干土；从地下水位来看，水位高的根系多分布于土壤表层，分布不深；排水良好，地下水位较低的，根系分布较深。可见地下水位的高低与根分布的深浅有极密切的关系。

甘蔗根系的生长与地上部的生长有着密切的关系。地上部生长所需的水分和矿质营养主要依靠根系从土壤中吸收供应，而地上部的光合作用产物又是根系生长有机营养的来源。据伊凡士在毛里求斯对栽培一年多后所收获的全部蔗株分析的结果，证明茎重与根重之间有密切的正相关关系，其相关系数平均为 0.85。这说明同一品种同一条件下，根重大，根系发达，就能促进地上部生长，从而提高产量。所以栽培上要为甘蔗创造一个良好的土壤条件，使根系分布广，分布深，根重大，根毛多，这对促进甘蔗的生长，加强蔗株的抗倒伏能力是十分重要的。

采用大田挖掘的方法对 H109 进行根系测定，种植于大田 10.5 个月，品种为 H109，施氮肥 275Lb/hm^2(1Lb≈0.454kg)、磷肥 175Lb/hm^2，没施钾肥，不同土层根系数据如表 3-8 所示(Lee，1926)。70%以上的根系集中分布于 0～20.32cm，0～40.64cm 的土层中集中了 90%的根系。

表 3-8 根系在土壤中的分布

土层深度/cm	根干重/g	百分比/%
0～20.32	135.23	70.14
20.32～40.64	43.92	22.78
40.64～60.96	11.34	5.88
60.96～76.20	2.29	1.18
总重	192.78	99.98

注：资料来源于 American Society of Plant Biologists，1926.

两块试验地均未灌溉，同样的肥料处理，两个不同试验地根系的分布情况，第一块产量 35 吨/英亩(1 英亩≈4046.856m^2)甘蔗和第二块 75 吨/英亩甘蔗相比较，26 个月后对根系进行挖掘。由表 3-9 可看出，尽管土壤不同，两块地同一土层根系含量的百分比非常相似，而且 70%以上的根系分布于 0～20.32cm 土层。从图 3-7 也可看出，宿根甘蔗大部分根系分布于 0～20.32cm。

表 3-9 同一品种不同土壤条件下甘蔗根系的比较

土层深度/cm	1 英亩产 35 吨甘蔗每株甘蔗根干重		1 英亩产 75 吨甘蔗每株甘蔗根干重	
	根干重/g	百分比/%	根干重/g	百分比/%
0～20.32	72.5	70	107.3	73
20.32～40.64	20.3	19	26.1	18
40.64～60.96	8.7	8	11.6	7
60.96～76.20	2.9	3	2.9	2
总重	104.4	100	147.9	100

注：资料来源于 American Society of Plant Biologists，1926.

在夏威夷岛对甘蔗进行培土和不培土试验，培土甘蔗长在陇上，未培土甘蔗始终在沟内生长，且培土甘蔗和未培土甘蔗根系分布不同，未培土甘蔗根系大部分分布于 0～8 英寸(1 英亩≈0.025m)，培土甘蔗根系大部分分布于 8～16 英寸(图 3-8)。

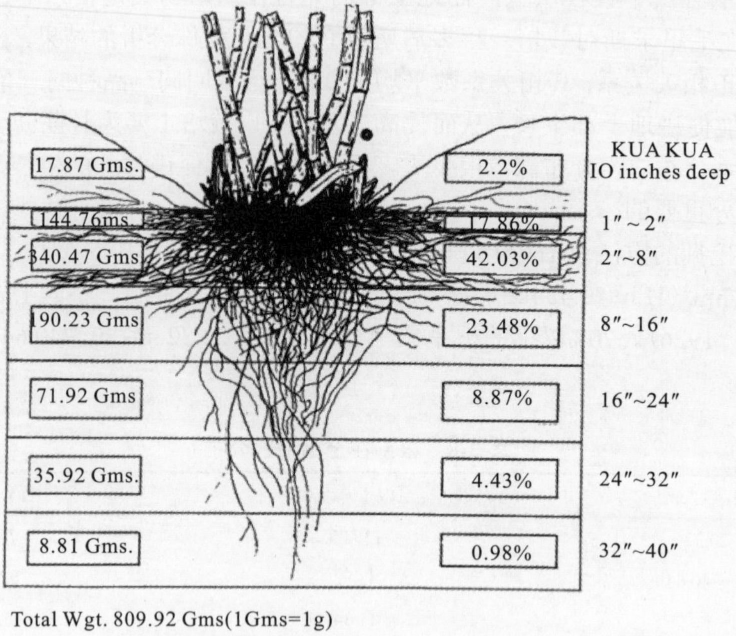

图 3-7　21 个月宿根甘蔗根系分布图

资料来源于 American Society of Plant Biologists，1926.

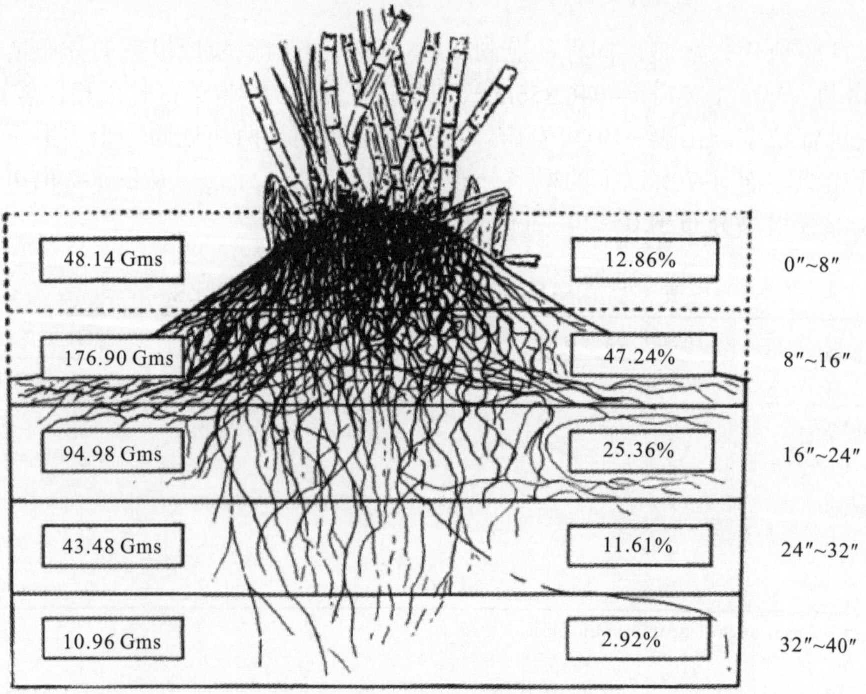

图 3-8　培土甘蔗根系的分布

资料来源于 American Society of Plant Biologists，1926.

二、地下滴灌条件下甘蔗根系分布规律

地下滴灌条件下，在垂直方向上甘蔗根系主要分布在0～15 cm土层，其次是15～30 cm，根重随土层深度的增加而逐渐减少(图3-9)。由此可知，甘蔗根系主要分布在0～30 cm土层，30 cm以下土层根系分布较少。常规种植的甘蔗根系在垂直方向上表现出相同的分布趋势，主要集中在0～30 cm处，但其根重总量明显高于地下滴灌种植，主要原因是常规种植甘蔗根系要较发达，才能保证生产中的水分需求。在水平方向上，地下滴灌条件下和常规种植相比较，甘蔗根系都在15～30 cm处分布最多(图3-10)，主要因为15～30 cm处为甘蔗种植点，根系分布多。其他水平距离上也表现出相同的分布趋势。同样，常规种植的甘蔗根系总重要高于地下滴灌种植(徐林等，2011)。

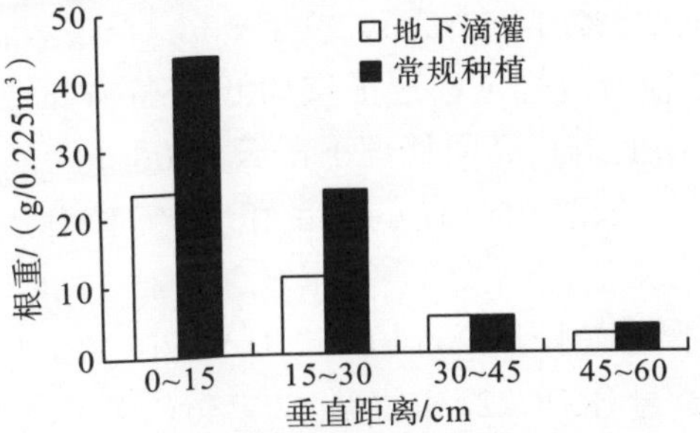

图3-9　甘蔗根系分布在垂直距离上的变化

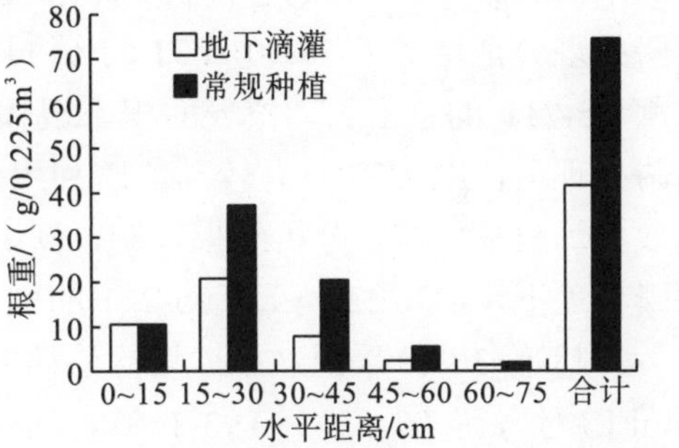

图3-10　甘蔗根系分布在水平距离上的变化

第三节　影响甘蔗根系形态与分布的因素

一、磷素对不同基因型甘蔗根系生长的影响

磷对促进植物的生长发育和新陈代谢起着非常重要的作用(郭家文等，2009)，蔗区绝大部分土壤为酸性红壤。磷素匮乏成为制约蔗区甘蔗生产的主要限制因子之一。施用磷肥是提高农作物产量的有效途径(陈磊等，2012；阳显斌等，2012)。土壤中大部分磷素难以被植物直接吸收利用，从而造成土壤有效磷缺乏和磷肥利用率低。在琉球，有学者研究了土壤磷(P)营养对甘蔗生长、产量和质量的影响，把土壤P水平分为A、B、C和D四区(按有效P_2O_5 mg/100 g土计，分别为7.1、11.2、17.0和21.0)。结果表明，与低P相比，高P增大了叶面积指数并提高了干物质产量。根系的垂直分布与水平分布都与土壤P有直接关系。值得注意的是，高P土壤区的甘蔗产量最高，达每公顷67 t；而低P土壤区的最低，每公顷仅53 t。蔗糖产量以B区的最高，每公顷为12 t；C区次之；A区最低，每公顷仅8 t。在成熟阶段，D区蔗叶吸收的氮较多，导致糖的积累少于B、C二区。在其他养分中，比起A区来，D区蔗叶中锌和铜的含量也减少了。可能是因土壤P水平太高而阻止了甘蔗植株对锌和铜的吸收。基于以上认为，把土壤有效P保持在11～17mg P_2O_5/100 g土壤，能够促进甘蔗植株生长、产量提高，且能改善其质量。

植物对土壤中磷素的吸收利用存在显著的基因型遗传差异，发掘作物自身磷营养高效

利用的遗传潜力，提高植物对土壤磷素的吸收利用能力已成为提高磷肥利用效率的主要途径(阳显斌等，2012)。根系是最先感受养分胁迫的器官，其生长及生理代谢直接影响作物生长发育与产量品质的形成。根系对获得磷营养也有决定性影响(顾东祥等，2010)。磷胁迫时作物根系产生一系列复杂的形态学变化，在缺磷逆境中，植物常常通过根系适应性反应来提高对磷的吸收能力。磷胁迫在一定程度上能促进植株根系的生长，从而增加对磷的吸收。赵丽萍等(2015)研究表明施用适宜的磷肥能够促进甘蔗的生长发育。过多施用磷肥不仅浪费肥料，而且还可能对甘蔗的生长不利。不同植物以及同一植物的不同品种对磷的利用存在广泛的基因型差异。耐低磷的现象在甘蔗上广泛存在。赵丽萍等采用盆栽方法，以 ROC22、云蔗 06-407、云蔗 05-211 为试验材料，研究磷素(磷浓度分别为 0.2 μmol / L 、1000 μmol / L，分别记为低磷、高磷)对 3 个甘蔗品种(系)生长的影响。结果表明：低磷处理下，云蔗 06-407 的总根长、根表面积、根直径、根体积、茎径、冠鲜重、冠干重比高磷处理分别增加了 19.50%、31.63%、11.11%、42.25%、14.21%、39.99%和 36.31%，ROC22、云蔗 05-211 的总根长、根表面积、根体积、茎径、冠鲜重、冠干重均低于高磷处理；在高磷处理下，ROC22 具有较高的磷利用效率，在低磷和高磷处理下，云蔗 06-407 的磷利用效率均较高。综合分析结果表明，低磷处理下，云蔗 06-407 的根系和地上部生长较好；高磷处理下，ROC22、云蔗 05-211 的根系和地上部生长较好。

郑超等(2015)采用盆栽砂培方法研究 4 个不同磷水平(0mol/L、0.01mol/L、0.1mol/L、1mol/L)对粤糖 93-159(YT93-159)、新台糖 22 号(ROC22)和粤糖 00-236(YT00-236)甘蔗苗期根系性状的影响。结果表明：随着磷水平的提高，甘蔗生物量增加，地上部生长迅速，根冠比显著降低；低磷胁迫能促进根系生长，在一定磷浓度范围内，形态指标值随着磷水平的升高而提高；高磷(1mol/L)会抑制 YT93-159 和 YT00-236 根系的生长。根系活力和 ATPase 活性均随施磷量的增加有上升的趋势，根系活跃吸收面积始终保持在 49%左右。YT93-159 在低磷胁迫下，根系生长最发达，不同磷水平引起的根冠比变化值比 ROC22、YT00-236 小；YT93-159 的根重、地上部重、根系活力、ATPase 活性等均最大，ROC22 次之，YT00-236 最小。

(一)不同基因型甘蔗不同部位磷的含量

由表 3-10 可知，在 P_1(0.2 μmol / L)处理下，云蔗 05-211 根系中的磷含量显著高于云蔗 06-407 和 ROC22，茎、叶和梢头中磷含量的差异无统计学意义。在 P_2(1000 μmol / L)处理下，ROC22、云蔗 05-211 根系中的磷含量显著高于云蔗 06-407；在 2 个磷水平下，不同基因型甘蔗根系中的磷含量均存在显著差异，茎、叶和梢头中磷含量的差异均无统计学意义。

表 3-10 各处理不同基因型甘蔗不同部位的磷含量

处理	品种(系)	磷含量/%			
		根	茎	叶	梢头
P1	ROC22	0.10±0.02b	0.06±0.01	0.04±0.00	0.06±0.01
	云蔗 05-211	0.16±0.02a	0.06±0.01	0.05±0.00	0.07±0.00
	云蔗 06-407	0.09±0.01b	0.05±0.01	0.05±0.01	0.06±0.01

续表

处理	品种(系)	磷含量/%			
		根	茎	叶	梢头
P2	ROC22	0.21±0.03a	0.05±0.01	0.06±0.00	0.06±0.00
	云蔗 05-211	0.24±0.07a	0.10±0.04	0.04±0.01	0.06±0.01
	云蔗 06-407	0.11±0.01b	0.05±0.01	0.05±0.01	0.07±0.01

注：同列数据小写字母不同表示处理间差异达 $P<0.05$ 显著水平，后同。

(二)磷对不同基因型甘蔗根系形态的影响

由表 3-11 可知，低磷处理下，云蔗 06-407 的根长、根表面积显著高于 ROC22 和云蔗 05-211，根直径、根体积显著高于云蔗 05-211，表明低磷处理下云蔗 06-407 的根系与土壤的接触面积显著大于云蔗 05-211。

表 3-11　各处理下不同基因型甘蔗根系的形态指标

品种(系)	供磷水平	总根长/cm	根表面积/cm^2	根直径/mm	根体积/cm^3
ROC22	0.2μmol/L	2460.48±686.46b	843.26±200.18b	1.00±0.03b	24.05±5.09b
云蔗 05-211		1709.52±42.49b	551.34±17.22b	1.02±0.00b	14.77±0.51b
云蔗 06-407		24176.34±657.98a	18174.67±7104.85a	2.48±1.09a	1456.30±157.19a
ROC22	1 000μmol/L	3208.07±955.71a	972.51±315.10a	0.94±0.02b	24.25±8.46
云蔗 05-211		2317.85±69.52ab	714.84±0.44ab	0.98±0.03ab	17.87±0.44
云蔗 06-407		2954.24±488.48a	929.49±151.51a	0.99±0.00ab	24.16±3.91

由表 3-11 可见，在高磷处理下，3 个品种根系性状指标的差异无统计学意义。与低磷相比，高磷处理下 ROC22、云蔗 05-211 和云蔗 06-407 的根直径均变小，其中云蔗 06-407 的根长变短，根表面积、根体积均减少。ROC22、云蔗 05-211 的根长、根表面积、根体积增加，根长分别增加了 30.38%、35.58%，根表面积分别增加了 15.33%、29.66%，根体积分别增加了 0.83%、20.99%，表明不同甘蔗品种(系)根系形态对磷素的响应差别较大。

(三)磷对不同基因型甘蔗根系活力的影响

由表 3-12 可知，在低磷处理下，ROC22、云蔗 06-407 的根系活力显著高于云蔗 05-211；在高磷处理下，ROC22、云蔗 05-211 的根系活力显著高于云蔗 06-407。与低磷处理相比，高磷处理下云蔗 05-211 的根系活力增加了 86.43%；ROC22、云蔗 06-407 的根系活力分别降低了 61.85%、50.34%。

表 3-12　各处理下不同基因型甘蔗的根系活力和根系磷吸收效率及根系磷利用效率

处理	品种	根系活力	根系磷吸收效率/($mg·株^{-1}$)	根系磷利用效率/($g·mg^{-1}$)
0.2μmol/L	ROC22	1982.49±116.25a	9.27±1.39a	0.84±0.28ab
	云蔗 05-211	408.19±66.39c	9.47±1.53a	0.44±0.08b

续表

处理	品种	根系活力	根系磷吸收效率/(mg·株$^{-1}$)	根系磷利用效率/(g·mg^{-1})
	云蔗 06-407	1121.84±78.49b	8.83±1.97ab	0.97±0.15a
1000 μmol / L	ROC22	756.23±15.79a	18.73±2.77a	0.47±0.08b
	云蔗 05-211	761.02±12.28a	13.12±1.71b	0.76±0.33ab
	云蔗 06-407	557.153±13.23b	9.74±1.41b	1.01±0.14a

(四)磷对不同基因型甘蔗根系磷吸收效率与利用效率的影响

由表 3-12 可知，在低磷处理下，云蔗 05-211、ROC22 和云蔗 06-407 根系磷吸收效率的差异无统计学意义；在高磷处理下，ROC22 根系的磷吸收效率显著高于云蔗 05-211 和云蔗 06-407。在低磷处理下，云蔗 06-407 根系的磷素利用效率显著高于云蔗 05-211；在高磷处理下，云蔗 06-407 根系的磷素利用效率显著高于 ROC22，说明云蔗 06-407 的根系对磷素的利用较充分。

施用适宜的磷肥能够促进甘蔗的生长发育。过多施用磷肥不仅浪费肥料，而且还可能对甘蔗的生长不利。不同植物以及同一植物的不同品种对磷的利用存在广泛的基因型差异。耐低磷的现象在甘蔗上广泛存在。在本书研究中的两种磷浓度处理下，磷素在 ROC22、云蔗 06-407、云蔗 05-211 植株体内的分布、根系形态指标、根系活力以及磷素吸收效率和磷素利用效率均表现出基因型差异(图 3-11 至图 3-14)。在两种磷浓度处理下，不同基因型甘蔗品种(系)根系中磷素的含量差异显著，在叶、茎和梢头中磷含量的差异无统计学意义。由根系形态指标可看出，云蔗 06-407 在低磷处理下根系的生长较好，这可能是因为云蔗 06-407 通过根系形态重塑扩大了根系与土壤的接触面积，致使对磷素的吸收增加。所选用的 3 个甘蔗品种(系)在高磷处理下的根系直径均比低磷处理下小，其原因可能是低磷胁迫下根系直径增大，单位根重表面积的增加有利于磷素吸收。施磷对甘蔗地上部生长有促进作用，与低磷相比，高磷处理下 3 个甘蔗品种(系)的株高均增加，但差异无统计学意义。在低磷处理下，ROC22、云蔗 06-407 的根系活力显著高于云蔗 05-211，且高于其在高磷处理下的根系活力。已有研究表明，根系活力反映植物根系吸收与代谢能力的强弱，直接影响植株的抗逆性及地上部茎叶的生长和作物产量。本试验结果也表明，在低磷处理下的根系活力高，根系磷素利用效率也较高，地上部植株生长较好，但在高磷处理下，根系活力与根系磷素利用效率、植株的生长并未呈现相同的规律，其可能原因是磷浓度太高影响了植株的代谢。从相关性看，在低磷处理下，总根长、根表面积与茎径呈显著负相关；在高磷条件下，总根长与株高呈显著正相关。磷素对植株以及根系生长的影响较大，主要受不同品种基因型控制。

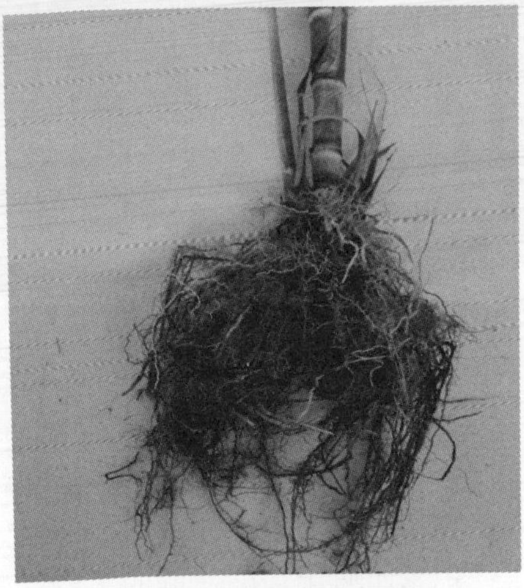

图 3-11　高磷处理 ROC22 根系

图 3-12　低磷处理 ROC22 根系

图 3-13 高磷处理下云蔗 06-407 根系

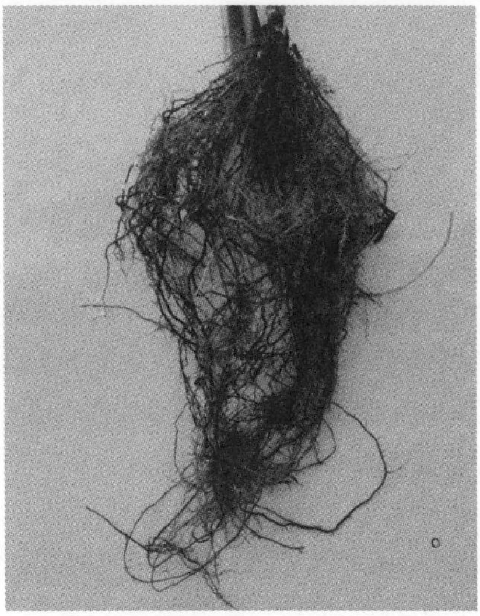

图 3-14　低磷处理下云蔗 06-407 根系

二、影响根系吸收矿质元素的因素

根系对矿质元素的吸收受环境条件的影响，以温度、氧气、土壤颗粒的带电性、土壤溶液浓度和土壤酸碱度的影响最为显著。

(一)温度

在一定范围内，根系吸收矿质元素的速度随土壤温度的升高而加快，但当超过一定温度时，吸收速度反而下降，当温度超过 30℃时，小麦根系对矿质元素的吸收量随着温度的升高而降低，原因是一方面土壤直接影响溶质的扩散速度，温度较高时，溶质在溶液中的扩散速度较快；另一方面，土壤温度间接地通过影响根系的呼吸作用而影响根组织对矿质元素的主动吸收。另外，温度也影响各种酶的活性，在适宜的温度条件下，根组织的各种代谢活动加强，需要矿质元素的量增加，根组织吸收量也相应增加。温度对原生质胶体也有影响，低温下原生质胶体黏性增加，透性降低，吸收减小，高温则使酶活性降低，影响根的代谢活动，使根尖部木栓化程度加快，减小根系吸收面积，从而影响根系对矿质元素的吸收。

（二）土壤状况

无论是无机还是有机的土壤颗粒，其表面主要带负电荷。阳离子矿质元素如 NH_4^+和K^+被吸附到无机和有机土壤颗粒的负电荷表面上。吸附阳离子是土壤肥力的重要因素。矿质元素被吸附到土壤颗粒的表面，当雨水淋洗时不易丢失，为植物根提供了可用的营养储备。土壤状况直接影响根系的呼吸作用，从而影响根组织的生理状况及对矿质元素的吸收。通气良好的土壤含氧量较高，根系的呼吸代谢旺盛，根组织吸收矿质元素的速度较快。当土壤处于缺氧状况时，根系生理代谢活动受到抑制，根系吸收矿质的速度明显减弱，然而，全国蔗区多数土壤处于较为缺氧的状态，因此，增施有机肥、改善土壤结构，加强中耕松土等措施能增强根系对矿质元素的吸收。改善土壤通气状况除可有效增加土壤含氧量外，还能减少土壤中 CO_2 含量，土壤中 CO_2 含量过高会导致根呼吸作用受抑制，从而影响根系对矿物质的吸收。

（三）土壤中各种矿质元素的浓度

当土壤中矿质元素的浓度较低时，根系吸收矿质元素的速度随着矿质元素浓度的增加而增加，当土壤中矿质元素含量达到一定浓度时，继续增加矿质元素的浓度也不会提高根系对矿质元素的吸收效率。一方面是由于根系吸收矿质元素的速率可能已经达到饱和，另一方面浓度过高会对根组织形成水分的“反渗透”，严重时引起根组织甚至整个植株失水而出现“烧苗”现象。因此，过量的施肥会造成对植株的伤害。土壤中矿质元素过量是干旱与半干旱地区的主要问题，因降雨量不足会将土壤表层的盐沥滤掉。如果用水量不足以将根所在区域土壤层的盐沥滤掉，农业灌溉就会使土壤盐化，在碱性土壤中，植物易遭受盐胁迫，相对低浓度的盐分就会对许多植物产生有害的影响。矿质元素过量的另一个重要问题是土壤中重金属的积累，它会对植物和人产生严重的毒性。

（四）土壤酸碱度

甘蔗虽然具有耐贫瘠、耐酸性的特点，但土壤过酸会降低磷肥的利用率和影响甘蔗根系的生长发育，从而导致减产，研究表明 pH＝8.5 时，甘蔗各组合实生苗的生物量积累较多；pH＝7.0、pH＝8.5 处理较有利于实生苗植株的生长（赵丽萍等，2014）。土壤 pH 对矿质元素吸收的影响因离子性质不同而异。当土壤溶液偏碱性时，Fe、Ca、Cu、Zn 等元素易形成难溶性化合物，使这些元素的有效浓度降低。而在偏酸性环境中，PO_4^{3-}、K^+、Ca^{2+}、Mg^{2+}等溶解性增加，易流失，因此，在酸性红壤土中常缺乏上述各种营养元素。当土壤酸性过强时，铝、铁、锰等元素的溶解度增大，而当土壤中这些元素的含量超过一定限度时，可导致植物中毒。

氢离子浓度（pH）是土壤的一个重要特性，影响植株根系和土壤微生物的生长，根一般偏爱在微酸性的土壤中生长，pH 为 5.5～6.5。真菌通常在酸性土壤(pH<7)中占优势；而细菌在碱性土壤(pH>7)中更盛行。土壤的 pH 决定了土壤中营养元素的可利用性。酸能促进岩石风化，释放出 K^+、Mg^{2+}、Ca^{2+}和 Mn^{2+}，并能增加碳酸盐、硫酸盐和磷酸盐的可溶性。营养元素可溶性的增加，可促进根对这些营养元素的吸收。降低土壤 pH 的主要因素是有机质的分解和降雨量，有机质分解时可产生 CO_2，并与土壤水分按照下面的反应保持平衡：$CO_2+H_2O \rightleftharpoons H^++HCO_3^-$。该反应能释放 H^+，降低土壤的 pH，有机物被微生物分解也能产生铵和硫化氢，产生的铵和硫化氢在土壤中可被氧化成强酸硝酸(HNO_3)和硫酸(H_2SO_4)，H^+也能从土壤的阳离子复合体中交换取代 K^+、Mg^{2+}、Ca^{2+}和 Mn^{2+}。这些被交换下来的阳离子被水流从上层土壤中带走，使土壤更加酸化。蔗区降雨量相对丰富，气温偏高，因此，云南甘蔗主产区土壤 pH 绝大多数(98%)为 4.2～8.0，主产区 pH 总体处于酸性水平，占 81%(郭家文等，2012)，pH＜5.5 的酸性土壤样品占总数的 62%，如广西来宾市兴宾区良江镇的连片缓丘红壤蔗地土壤 pH 的算术平均值和几何平均值分别为 4.35 和 4.34(饶江等，2009)，属于特强酸性土壤。

三、土壤 pH 对甘蔗实生苗生长及根系的影响

土壤 pH 在植物生长过程中起着举足轻重的作用，不适宜的 pH 会影响植物的正常生长发育。中国土壤 pH 的南北差异很大，甘蔗虽然具有耐贫瘠、耐酸性的特点，但土壤过酸会降低磷肥的利用率和影响甘蔗根系的生长发育，从而导致减产。

(一)不同 pH 处理对甘蔗苗期实生苗生长的影响

1. 不同 pH 对根系和地上部生物量的影响

赵丽萍(2014)采用桶栽方式，研究不同 pH(pH＝5.0、pH＝7.0 及 pH＝8.5)营养液对甘蔗组合 RB85-5156×云瑞 05-407、云瑞 06-3501×Tolodo、粤糖 94-128×赣蔗 75-65、ROC6×云瑞 05-733、VMC87-95×云瑞 05-171(分别记为 A、B、C、D、E)实生苗生长的影响，结果表明：实生苗在营养液 pH＝7.0 和 pH＝8.5 处理下根系形态和植株生长较好。

由表 3-13 可知，在 pH＝8.5 处理下，A、D 组合实生苗的植株鲜重、植株干重、根系鲜重、根系干重和 B 组合实生苗的植株干重、根系干重均显著高于 pH＝5.0 处理；pH＝7.0、pH＝8.5 处理下，C 组合实生苗的植株鲜重、植株干重均显著高于 pH＝5.0 处理，而 E 组合实生苗的各生物量在 3 个水平 pH 处理下的差异均无统计学意义。可见，pH＝5.0 处理对不同甘蔗组合实生苗生物量的积累具有抑制作用。

表 3-13　不同 pH 处理下实生苗的生物量

组合	pH	植株鲜重/g	植株干重/g	根系鲜重/g	根系干重/g
A	5.0	34.39±0.78a	7.30±0.21a	11.70±0.94a	1.51±0.11a
	7.0	35.61±1.35a	8.23±0.59b	12.74±0.92a	1.74±0.09a
	8.5	44.52±4.25b	10.59±0.34c	20.25±1.83b	2.79±0.19b
B	5.0	30.73±3.51	6.76±0.48a	11.65±0.61	1.51±0.02a
	7.0	28.37±3.62	6.51±0.44a	14.06±2.41	1.89±0.26ab

续表

组合	pH	植株鲜重/g	植株干重/g	根系鲜重/g	根系干重/g
	8.5	34.41±2.85	8.70±1.02b	21.92±8.93	2.75±0.73b
C	5.0	38.00±7.78a	8.29±1.07a	11.08±2.72	1.74±0.37
	7.0	45.11±0.96b	10.65±0.38b	16.91±7.65	2.38±0.43
	8.5	44.53±4.25b	11.02±0.89b	13.32±2.58	2.15±0.09
D	5.0	33.57±3.12a	7.07±0.80a	10.20±1.61a	1.55±0.39a
	7.0	37.12±1.62a	8.50±0.61a	11.27±1.13a	1.75±0.37a
	8.5	52.76±2.31b	12.06±1.22b	20.35±3.89b	3.09±0.37b
E	5.0	36.50±5.28	7.73±1.69	13.65±2.17	1.98±0.34
	7.0	30.88±4.68	6.83±0.49	12.64±1.34	1.79±0.11
	8.5	30.79±6.78	6.88±1.18	10.67±1.23	1.48±0.30

2. 不同 pH 对根系形态特征的影响

由表 3-14 可知，在不同 pH 处理下，5 个组合实生苗的根系形态特征发生了明显变化，随着 pH 的增加，A、C、D 组合实生苗的总根长、根表面积、根直径、根体积均在 pH＝7.0 时最小，在 pH＝8.5 时最大，且 pH＝8.5 处理下的总根长、根表面积、根体积均显著高于 pH＝5.0 处理；在 pH＝7.0 处理下，B 组合实生苗各根系性状除根直径外，其余根系性状均显著高于 pH＝5.0 和 pH＝8.5 处理；E 组合在 pH＝8.5 处理下实生苗的总根长和根表面积均显著高于 pH＝5.0 处理。不同 pH 营养液对根系直径的影响无统计学意义。

表 3-14　不同 pH 处理下实生苗的根系形态特征

组合	pH	总根长/cm	根表面积/cm^2	根直径/cm	根体积/cm^3
	5.0	3147.86±642.16a	1598.51±315.79a	0.16±0.00	78.95±18.89a
A	7.0	2905.53±601.70a	1350.95±385.21a	0.14±0.03	55.67±17.01a
	8.5	7641.79±99.87b	4192.95±63.56b	0.17±0.00	194.54±7.97b
	5.0	3743.87±471.95a	1872.17±500.71a	0.15±0.03	86.31±16.35a
B	7.0	6557.27±803.29b	3854.02±323.83b	0.18±0.01	198.19±10.75b
	8.5	3365.23±437.85a	1558.04±239.51a	0.145±0.00	58.77±10.27a
	5.0	4435.26±487.31ab	2376.58±7.32b	0.22±0.08	141.62±41.55a
C	7.0	3269.53±475.98a	1540.43±211.56a	0.16±0.01	88.09±44.21a
	8.5	6252.65±238.58b	4096.73±208.11c	0.21±0.02	243.68±48.92b
	5.0	3399.52±199.56a	1613.86±83.34a	0.14±0.01	70.55±17.67a
D	7.0	3395.75±320.08a	1476.23±141.95a	0.13±0.00	59.11±6.80a
	8.5	5917.62±300.91b	3394.15±158.66b	0.18±0.00	166.99±5.72b
	5.0	3503.67±399.16a	1768.18±87.39a	0.15±0.02	83.14±22.32
E	7.0	4378.31±99.16b	2144.48±48.61ab	0.15±0.00	93.90±6.25
	8.5	5566.76±248.12b	3024.64±37.95b	0.19±0.12	139.44±31.21

本书研究结果显示，除组合 E 的实生苗外，其余组合的实生苗在 pH＝8.5 营养液处理

下植株生物量和根系生物量均高于 pH＝5.0 处理，表明在 pH＝8.5 处理下，不同组合的实生苗生物量积累较多。

实生苗在 pH＝7.0 处理时茎径最大，在 pH＝8.5 处理下株高均最大，表明在 pH＝7.0、pH＝8.5 处理下更有利于实生苗植株的生长，pH＝5.0 处理下不利于实生苗根系的生长。

3. 不同 pH 对根系活力的影响

由图 3-15 可见，A 组合实生苗的根系活力随 pH 的增大呈增加趋势，pH＝8.5 处理的根系活力最高；B 组合实生苗根系活力随 pH 的增大表现为先增加后下降的趋势，pH＝7.0 时根系活力最高，达 316.04 μg/(g·h)；C 组合实生苗的根系活力随 pH 的增大表现为先大幅下降后缓慢上升的趋势，且 pH＝5.0 的根系活力显著高于其他 2 个水平处理，为 1009.31μg/(g·h)；D、E 组合实生苗根系活力随 pH 的升高而下降，pH＝5.0 处理的根系活力均显著高于 pH＝8.5 处理。5 个组合实生苗中，C、D、E 组合实生苗的根系活力均以 pH＝5.0 处理的最大，且 C、E 组合实生苗在 pH＝5.0 处理的根系活力均高于其余组合的所有处理。

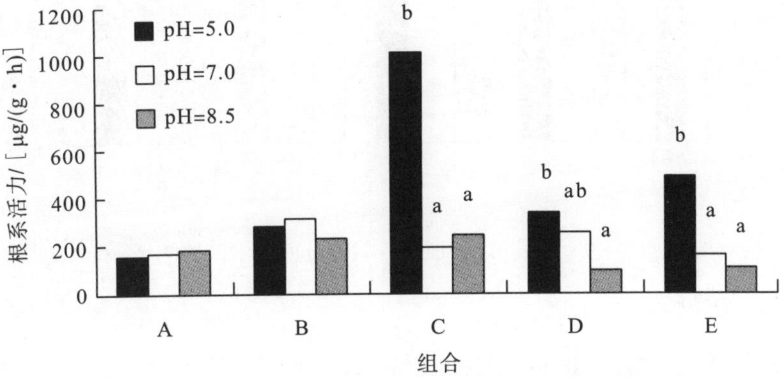

图 3-15　不同 pH 处理下各组合甘蔗实生苗的根系活力

注：小写字母不同表示处理间差异达 $P<0.05$，下同。

4. 对茎径的影响

由图 3-16 可知，不同 pH 处理下实生苗植株茎径的变化幅度较小，A、B、C、D 组合实生苗的茎径均随 pH 的增加呈先增加后下降趋势，且 A 组合在 pH＝7.0 处理时，实生苗植株的茎径显著高于 pH＝5.0 处理；E 组合实生苗的茎径随 pH 的升高呈先下降后升高趋势。

5. 对株高的影响

由图 3-17 可知，A、B、C、D 组合实生苗的株高均在 pH＝8.5 时最大，且 C 组合实生苗的株高在 pH＝8.5 处理时显著高于 pH＝5.0 处理；B 组合实生苗的株高呈先下降后增加的趋势，而 E 组合实生苗的株高呈先升高后下降的趋势。

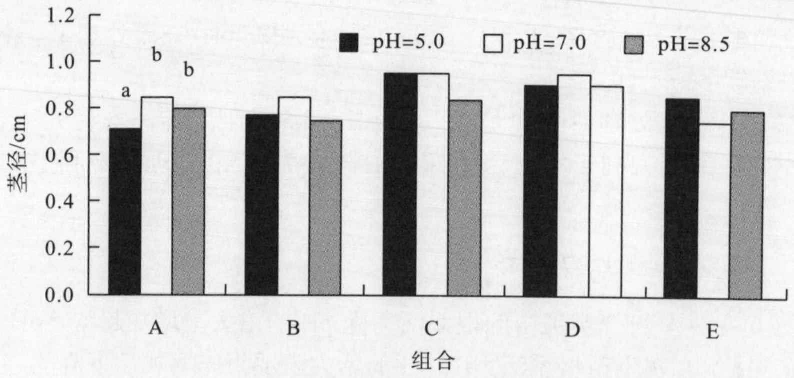

图 3-16 不同 pH 处理下各组合甘蔗实生苗植株的茎径

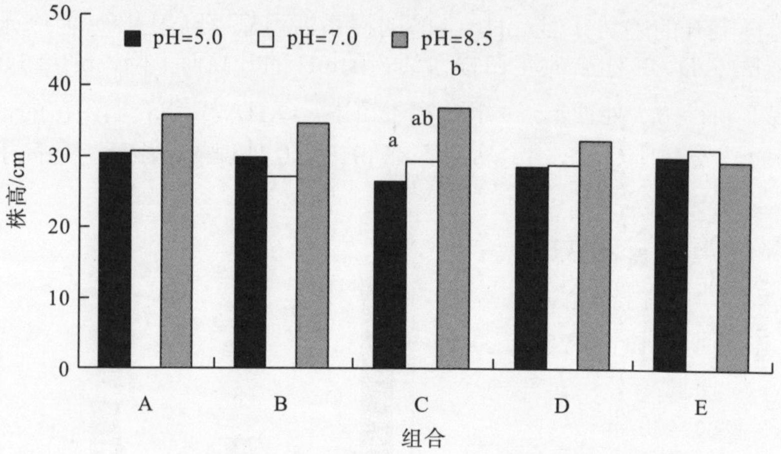

图 3-17 不同 pH 处理下各组合甘蔗实生苗的株高

6. 对根长的影响

由表 3-15 可见，直径≤1.0mm 的根较长，A、C 组合 pH＝8.5 处理实生苗各直径范围内的根长均显著高于 pH＝5.0 和 pH＝7.0 处理；B 组合 pH＝7.0 处理实生苗各直径范围内的根长均显著高于 pH＝5.0 和 pH＝8.5 处理；E 组合各 pH 处理实生苗不同直径根的根长间差异无统计学意义(直径>4.5 mm 的除外)。

表 3-15　不同 pH 处理下各组合甘蔗实生苗不同直径根的根长

组合	pH	根长/cm									
		0~0.5mm	0.5~1.0mm	1.0~1.5mm	1.5~2.0mm	2.0~2.5mm	2.5~3.0mm	3.0~3.5mm	3.5~4.0mm	4.0~4.5mm	>4.5mm
A	5.0	1330.03±300.26a	959.24±192.75a	329.49±67.81a	142.16±27.22a	83.32±12.99a	48.44±5.12a	30.33±2.96	27.21±2.69a	25.48±0.28a	172.15±30.01a
	7.0	1295.4±136.17a	853.34±135.94a	278.75±62.43a	124.68±33.89a	85.89±2.18a	50.92±4.60a	28.39±5.83	23.75±4.29a	24.31±3.02a	139.53±32.31a
	8.5	3104.80±109.01b	2323.33±76.94b	816.78±43.22b	339.78±17.72b	213.07±10.46b	129.81±6.82b	76.74±4.75	65.75±2.01b	67.05±3.87b	504.61±2.77b
B	5.0	1632.30±95.56a	1116.49±155.21a	385.60±89.21a	160.79±40.48a	101.43±20.46a	58.96±12.12a	29.03±5.33a	29.04±5.33a	28.73±4.88a	194.44±67.32a
	7.0	2731.14±723.53b	1845.20±567.50b	662.67±120.95b	294.61±61.80b	202.24±71.21b	127.54±41.81b	56.84±25.09b	70.73±15.09b	68.45±21.56b	458.38±169.49b
	8.5	1493.15±517.15a	1065.51±336.90a	307.57±61.73a	143.26±53.77a	101.85±34.63a	58.35±17.06a	52.93±14.57ab	48.51±14.57ab	105.85±31.53b	217.28±80.53a
C	5.0	1949.29±141.97ab	1323.37±185.92a	422.94±53.91a	177.93±16.27a	109.68±6.39a	69.88±4.58a	43.48±1.28a	35.29±0.71a	39.81±2.74ab	263.54±17.78b
	7.0	1463.66±141.97a	941.97±99.50a	320.76±26.17a	145.01±31.64a	93.72±21.80a	55.39±13.09a	33.80±5.64a	27.12±2.21a	30.05±11.29a	158.75±16.46a
	8.5	2500.14±85.64b	1818.02±121.12b	669.57±80.03b	272.26±17.53b	174.00±0.33b	114.97±11.97b	73.27±11.54b	59.74±9.42b	57.31±5.62b	517.33±27.52c
D	5.0	1713.23±403.41a	1174.17±335.27ab	426.83±107.59ab	182.53±38.59ab	102.97±25.87a	61.12±18.47ab	38.39±11.18ab	34.29±7.41a	35.26±5.44a	193.15±48.98a
	7.0	1507.04±259.49a	818.36±136.52a	283.04±45.48a	129.36±22.92a	86.73±18.13a	54.68±12.27a	34.33±9.77a	27.79±6.37a	34.14±7.57a	136.52±29.49a
	8.5	2361.33±260.92b	1618.24±205.91b	551.87±79.52b	240.57±35.27b	147.43±18.51b	88.00±11.52b	55.54±5.52b	49.63±4.63b	50.82±7.92b	391.81±47.12b
E	5.0	1636.52±309.20	1150.36±188.90	393.95±49.16	171.83±23.68ab	108.71±20.48ab	67.09±14.53	42.59±9.59	36.71±8.61	36.70±12.25	216.79±70.17a
	7.0	1718.68±417.35	1123.22±312.84	356.00±119.05	149.14±54.43a	93.40±37.71a	55.69±23.72	35.24±13.20	29.00±11.21	27.32±9.19	176.04±77.31a
	8.5	2191.43±305.19	1564.24±179.14	535.72±51.18	228.18±24.12b	143.79±16.43b	90.06±14.76	53.96±6.87	46.89±6.84	42.81±3.99	366.27±31.40b

李从娟等(2010)对生活型植物根系形态及根系活力的研究结果表明，随着pH的增大，3种不同生活型植物的生长都不同程度地受到抑制，根系和地上部分生物量都明显减少，且地上部分受到的抑制程度大于根系。赵丽萍等(2014)的研究结果表明，pH＝8.5处理的甘蔗各组合实生苗的生物量积累较多；pH＝7.0、pH＝8.5处理较有利于实生苗植株的生长；pH＝5.0处理不利于实生苗根系的生长。刘光玲等(2011)研究表明，甘蔗生长的pH适应范围较广，pH＝4.5～7.5的培养液对甘蔗幼苗的生长和发育不会产生显著的不良影响，而在pH＝6.0时，ROC22和桂糖21号两个甘蔗品种幼苗株高最高，叶绿素、可溶性糖、可溶性蛋白含量最高，而相对电导率、丙二醛和脯氨酸含量最低，表明在此pH下，甘蔗蔗株各种生理代谢高度协调，pH＝6.0为甘蔗幼苗生长的最适pH。

四、低温胁迫对甘蔗根系的影响

温度是影响作物生长发育、产量和质量的主要限制因子之一，每年由于低温影响给甘蔗生产和制糖工业造成巨大的经济损失，根是受低温影响最敏感的器官之一。研究表明，逆境胁迫条件下，作物根系形态构型特征会发生适应性变化以抵御逆境(Doris et al., 1991)，这种适应性变化存在明显的基因型差异(Chassot et al，2002)。低温胁迫下，可溶性糖、丙二醛(MDA)(南丽丽等，2011)、相对电导率、可溶性蛋白质、游离脯氨酸(proline)含量上升(杨加伟等，2012)，超氧化物歧化酶(SOD)、过氧化氢酶(catalase，CAT)、过氧化物酶(POD)活性呈上升趋势(李慧等，2010)。

孙波等(2014)采取水培试验的方法，选用不抗寒品种ROC22和抗寒品种GT28的完整根系为供试材料，测定常温(25℃)与低温(4℃)条件下甘蔗幼苗根系的根长、根体积、根细胞排列、根系活力、丙二醛(MDA)、脯氨酸、可溶性糖与可溶性蛋白质含量以及过氧化物酶(POD)和超氧化物歧化酶(SOD)活性相关指标，结果表明：在低温胁迫下，GT28根长、根体积均大于ROC22，但都显著低于常温生长；低温胁迫3d后，根系细胞膨大变形，细胞结构散乱，以ROC22更为明显；随着低温时间的延长，两个品种根系活力均显著降低，而ROC22的降幅更大；在低温持续胁迫下，根系MDA、脯氨酸、可溶性糖、可溶性蛋白含量以及POD和SOD活性等指标均高于常温生长，呈先上升后降低趋势，抗寒品种GT28的可溶性糖含量、脯氨酸含量、POD和SOD酶活性均高于不抗寒品种ROC22。

(一)低温胁迫下甘蔗根系形态的变化(孙波等，2014)

图3-18为常温生长和低温胁迫7d的甘蔗根系扫描图。从图3-18可以看出，在低温胁迫前后，两个甘蔗品种的根系生长形态有区别，如在同一生长时期，GT28呈纵向生长趋势；ROC22单根较短，呈横向扩展趋势。

1. 低温胁迫下甘蔗根长、根体积的变化

由表3-16可知，两个甘蔗品种的根长和根体积均受到低温的抑制。在正常温度下生长7d，甘蔗根系体积显著增加；与0d相比，低温胁迫处理7d，根系体积没有显著增长。与正常温度(对照)相比，低温胁迫使ROC22和GT28的根长分别降低72.90%和69.70%，根体积降低75.20%和71.20%。

图 3-18 常温、低温胁迫下甘蔗根系形态的变化

表 3-16 低温胁迫下甘蔗根长和根体积的变化

处理	根长/cm		根体积/cm^3	
	ROC22	GT28	ROC22	GT28
常温 0d CK	421.6±36.7b	500.9±29.7b	7.4±0.3b	7.8±0.7b
常温 7d	567.8±45.3a	759.7±41.9	11.9±0.9a	14.0±0.7a
低温 0d	306.3±94.6b	624.9±6.9a	6.4±0.2b	10.6±0.5b
低温 7d	347.4±85.6b	703.4±9.1b	7.5±0.3b	12.5±0.7b
常温效应	34.7%	51.7%	60.8%	79.5%
低温胁迫效应	13.4%	12.6%	17.2%	17.0%

注：同一列内，标有不同字母的平均值在 0.05 水平上差异显著。

2. 低温胁迫下甘蔗根系解剖结构的变化

图 3-19 为甘蔗根尖纵向切片图，随着低温处理时间的延长，两个品种根尖细胞结构都发生了变化。在低温胁迫 1d 时，两个甘蔗品种根尖细胞排列整齐，结构紧密，有规则，结构完好，清晰可见，没有发现细胞损伤现象。胁迫 3d 时，甘蔗根尖细胞逐渐膨大变形，细胞壁开始破裂，结构开始紊乱，其中 ROC22 细胞破裂达到 80%，而 GT28 为 30%，说明在同等的胁迫程度下，GT28 抵抗低温的能力较强，ROC22 较弱。胁迫 3d 后，两个品

种根系均表现出伤害加重的现象，细胞结构散乱程度加剧，部分细胞的细胞壁开始解体，结构模糊不清晰，表明经过长时间低温胁迫后，根尖细胞发生死亡、不可逆冷害的现象。

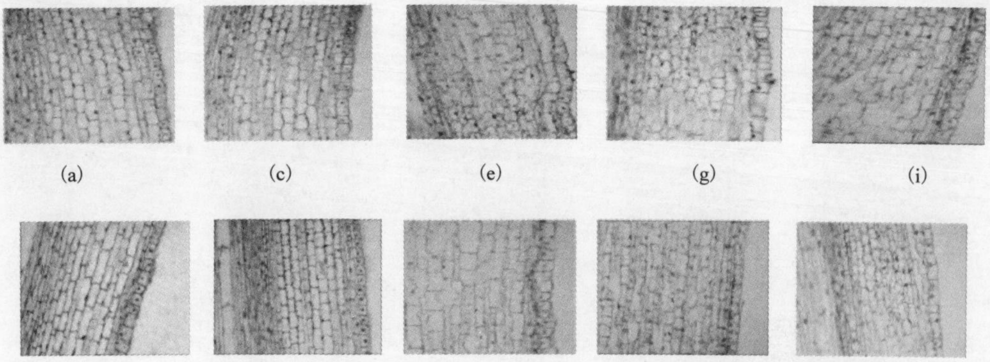

(a)、(c)、(e)、(g)和(i)分别是 ROC22 在低温胁迫 0d、1d、3d、5d、7d 的根系解剖结构；

(b)、(d)、(f)、(h)和(j)分别是 GT28 在低温胁迫 0d、1d、3d、5d、7d 的根系解剖结构

图 3-19 低温胁迫下甘蔗根系解剖结构的变化

资料来源于甘蔗幼苗根系形态结构及保护系统对低温胁迫的响应，2014.

3. 低温胁迫下甘蔗根系活力的变化

如图 3-20 所示，随着低温胁迫时间的延长，两个品种的根系活力都呈下降的趋势。在处理的第 1 天，与对照相比，GT28 降低 15.4%，而 ROC22 降低 48.5%。随着胁迫时间的延长，在处理的第 7 天，ROC22 和 GT28 的根系活力与对照相比分别降低 79.2%和 64.1%，差异均显著；其中降幅大小顺序为 ROC22>GT28，说明低温胁迫 7d 后，两个品种的根系均受到不同程度的伤害，其中 ROC22 受低温伤害的程度更大，并且 ROC22 对低温敏感度高于 GT28。

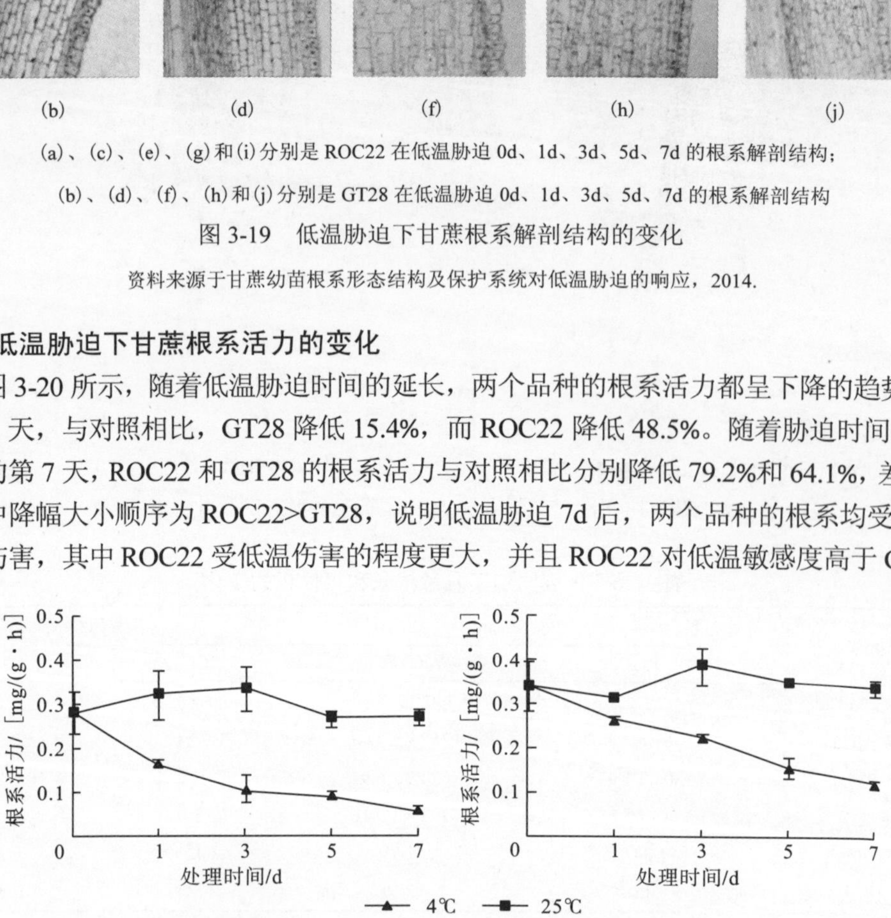

(a)ROC22 (b)GT28

图 3-20 低温胁迫下甘蔗根系活力

低温胁迫下甘蔗根系 MDA 含量的变化由图 3-21 可看出，低温胁迫下，两个甘蔗品种根系的 MDA 含量呈现先升高后降低的趋势。不同的是在 0d 时，ROC22 的体内含量略高于 GT28，并且随着低温时间的延长，ROC22 和 GT28 呈现单峰趋势。在处理的第 3 天，2 个品种 MDA 含量都达到最高，ROC22 比对照增加 46.6%；GT28 比对照增加 30.0%。在

低温处理的第 7 天，两个甘蔗品种根系内的 MDA 含量都低于对照，表明甘蔗根系已发生严重的不可逆冷害现象，部分细胞壁解体，细胞膜受到损伤导致细胞内物质渗漏。

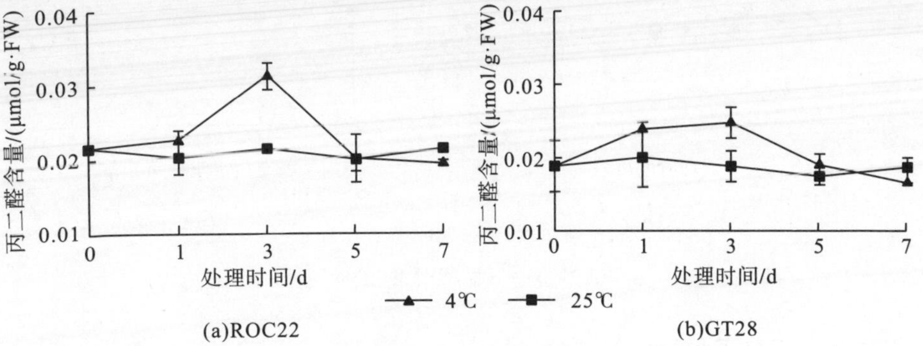

图 3-21　低温胁迫下甘蔗根系 MDA 含量的变化

4. **低温胁迫下甘蔗根系 POD 活性的变化**

如图 3-22 所示，低温胁迫后甘蔗根系内的 POD 性变化表现为 ROC22 激增和激降的趋势，GT28 呈先缓慢增加后缓慢下降的趋势。在处理的第 3 天，ROC22 和 GT28 POD 活性最强，与对照相比分别提高 45.2%和 91.1%，达到差异显著水平。但随着处理时间的延长，ROC22 的 POD 酶活性下降到对照水平，并在第 7 天时低于对照水平；而 GT28 在第 5 天和第 7 天的 POD 酶活性均比对照强，分别比对照提高 72.2%和 31.1%。

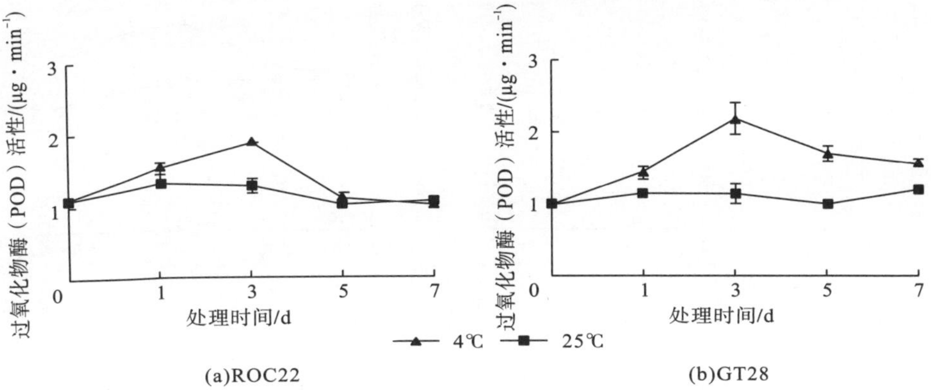

图 3-22　低温胁迫下甘蔗根系 POD 活性的变化

5. **低温胁迫下甘蔗根系 SOD 活性的变化**

在低温胁迫下，两个甘蔗品种根系内的 SOD 活性如图 3-23 所示。ROC22 的 SOD 活性在低温处理的第 1 天达到最高，比对照增加 20.0%。GT28 在低温处理下 SOD 活性呈现逐渐升高缓慢下降的趋势，在低温处理的第 1 天、3 天和 5 天，比对照分别提高 27.8%、32.3%和 32.8%。

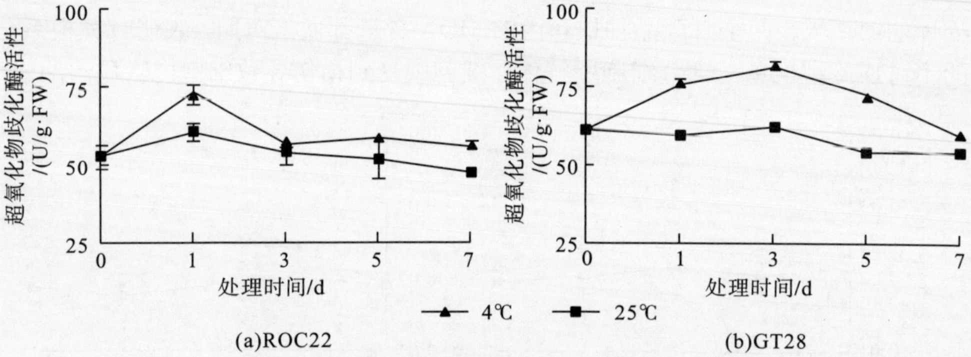

图 3-23 低温胁迫下甘蔗根系 SOD 活性的变化

6. 低温胁迫下甘蔗根系脯氨酸含量的变化

在低温胁迫下，两个甘蔗品种根系内脯氨酸变化如图 3-24 所示，脯氨酸的含量均呈先上升后下降的趋势。在低温处理的第 1 天，GT28 比对照增加 9.4%，而 ROC22 增加 28.3%。两个甘蔗品种脯氨酸含量在处理的第 3 天达到峰值，ROC22 和 GT28 与对照相比，分别增加 35.5%和 38.8%，均达显著差异水平；但在处理 3 天后，根系内脯氨酸含量均呈下降趋势。ROC22 在处理的第 7 天根系内脯氨酸含量降至对照水平，GT28 仍高于对照。可见，低温胁迫在一定时间内可提高甘蔗根系体内的脯氨酸含量，但不同品种对低温的响应程度不同，抗寒性强的品种可以在较长的时间内维持相对较高的脯氨酸水平。

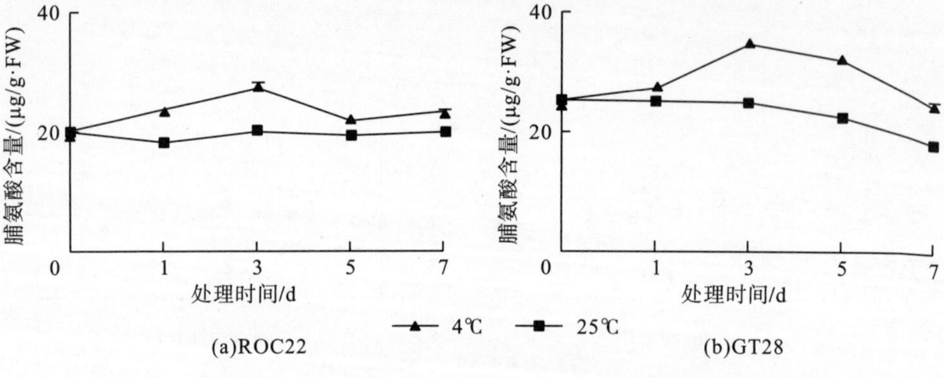

图 3-24 低温胁迫下甘蔗根系脯氨酸含量的变化

7. 低温胁迫下甘蔗根系可溶性糖含量的变化

如图 3-25 所示，在处理的第 1 天，ROC22 和 GT28 根系内的可溶性糖含量与对照接近；两个品种的可溶性糖含量在处理的第 3 天达到最高峰，ROC22 增加 58.4%，而 GT28 增 99.7%，均达到差异显著水平；从最高值增加的幅度比较，增幅为 GT28>ROC22；经过高峰期后，两个品种根系内的可溶性糖含量均开始下降，但都高于对照，表明抗寒性强的甘蔗品种根系内可溶性糖积累量高于抗寒性弱的品种。

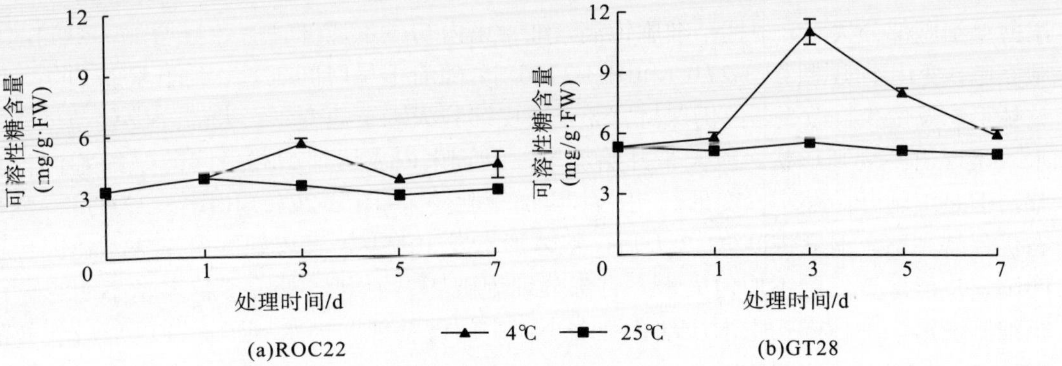

图 3-25 低温胁迫下甘蔗根系可溶性糖含量的变化

8. 低温胁迫下甘蔗根系可溶性蛋白含量的变化

从图 3-26 可看出，低温处理下，可溶性蛋白含量在两个甘蔗品种根系内先增高后逐渐下降。不同的是 ROC22 表现为激增和激降趋势，而 GT28 表现为梯度上升和梯度下降。在处理的第 1 天、3 天和 5 天 ROC22 与对照相比分别增加 12.5%、50.6%和 15.4%；而 GT28 分别比对照增加 33.2%、50.6%和 47.2%。两个品种的可溶性蛋白含量在处理的第 3 天最高，高低顺序为 GT28>ROC22，说明低温胁迫会显著增加根系内可溶性蛋白的含量。

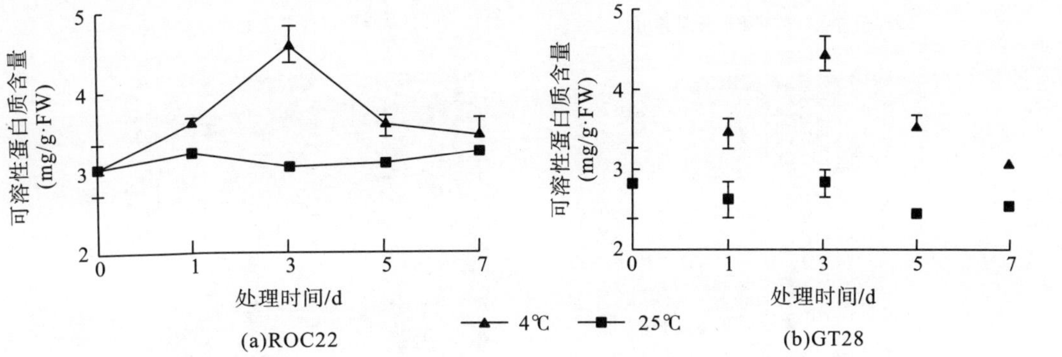

图 3-26 低温胁迫下甘蔗根系可溶性蛋白含量的变化

根系是干旱胁迫承受的主要部位，是研究抗旱的根本。根具有相对简单的结构和生化反应，如缺乏光合系统，成为后基因组研究干旱胁迫的热点。

五、干旱胁迫下苗期甘蔗根显微结构变化(罗海斌，2012)

随着干旱时间的延长，甘蔗根的显微结构发生了一系列的变化。正常水分条件下的根表皮完整，皮层薄壁细胞排列整齐紧密，凯氏带整齐饱满，内皮层细胞完好无破损，中柱鞘细胞饱满，初生木质部管胞形状大，利于水和无机盐在根内的运输，中间具有一层大型的薄壁细胞，呈现近圆形，明显比外部薄壁细胞大，可提高根系的储水能力[图 3-27(a)和图 3-27(b)]。干旱胁迫第 3 天与对照相比，结构变化不显著，表皮略有下陷无破损，皮层薄壁细胞部分失水，中柱鞘细胞饱满，维管束内初生木质部管胞数目增加，中间薄壁细胞完整，变化不明显[图 3-27(c)和图 3-27(d)]。随着干旱时间延长，到干旱胁迫第 11 天，整体形态发生少许改变，但仍保持完整。表皮细胞失水干瘪变形，大部分皮层薄壁细胞失水，呈现出不规则形状。凯氏带开始加厚，维管束内皮层细胞和中间薄壁细胞尚保持完整，但是细胞开始缩小、变形。初生木质部管胞变大[图 3-27(e)和图 3-27(f)]，整体形态仍保持完整。干旱胁迫第 17 天后，整体形态发生改变，表皮细胞严重失水，四周向内凹陷，皮层薄壁细胞不均匀失水，有部分细胞破坏、消融，凯氏带越来越不明显，中柱鞘细胞变形，中柱内初生木质部管胞缩小，中间薄壁细胞失水变形，难以形成有效的储水功能[图 3-27(g)和图 3-27(h)]。

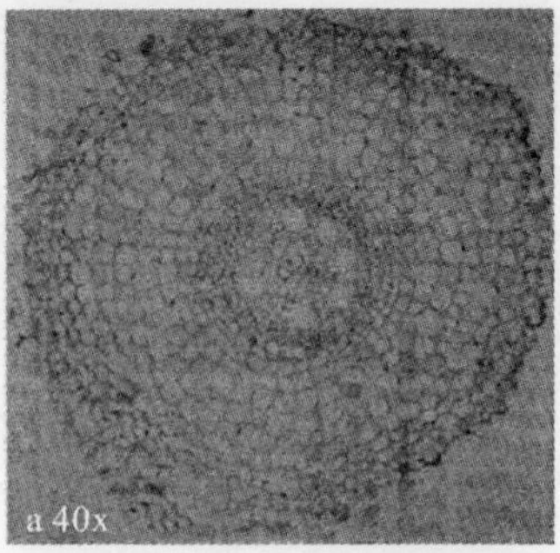

(a)正常水分条件下的根整体解剖结构；

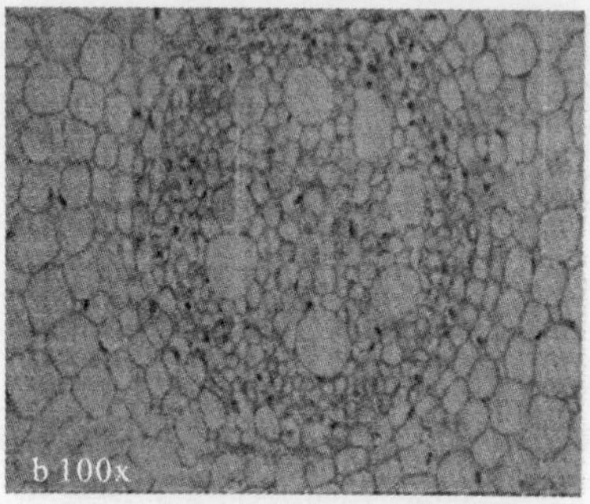

(b)正常水分条件下的根维管束结构

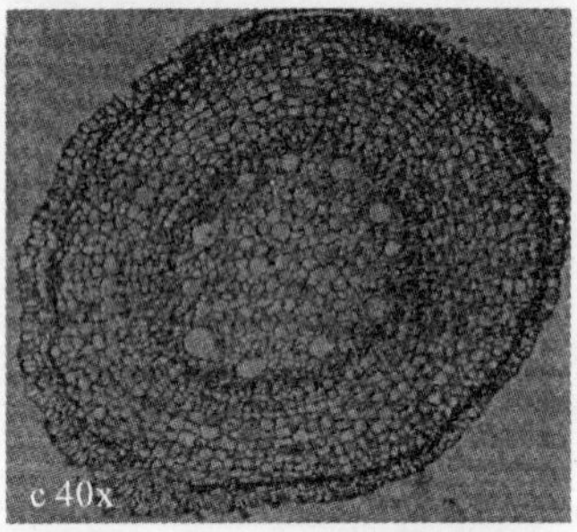

(c)干旱胁迫 3d 后的根整体解剖结构；

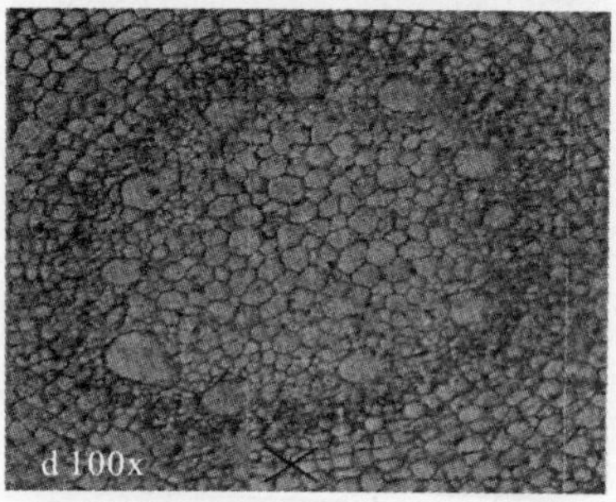

(d)干旱胁迫 3d 后的根维管束结构

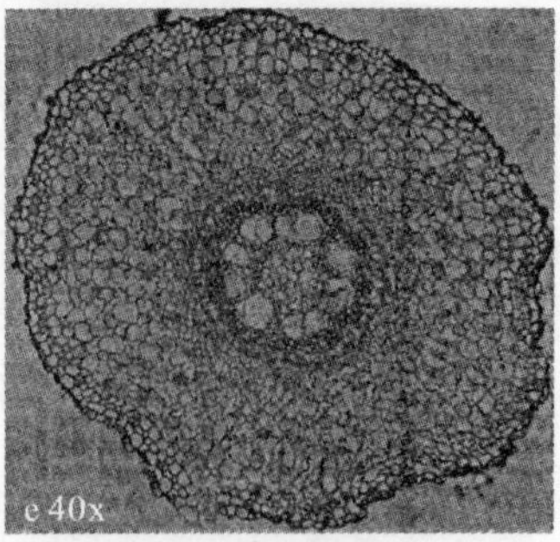

(e)干旱胁迫 11d 后的根整体解剖结构；

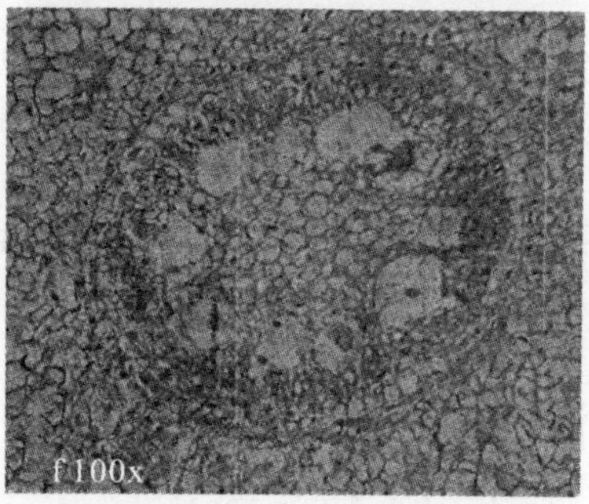

(f)干旱胁迫 11d 后的根维管束结构

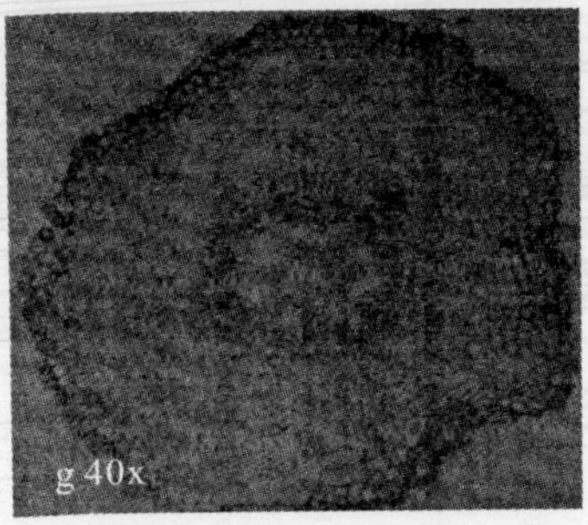

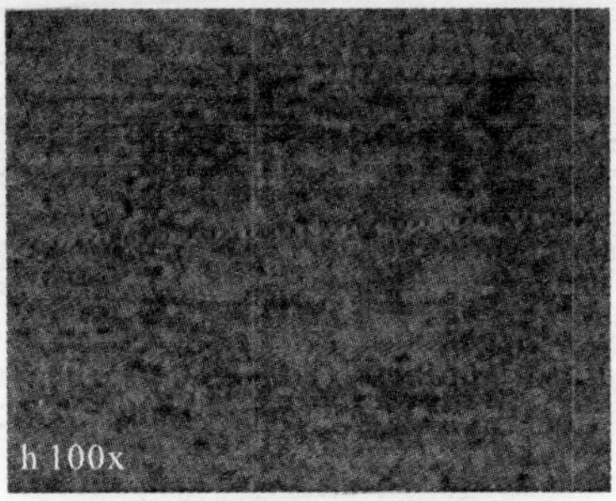

(g) 干旱胁迫 17d 后的根的整体解剖结构；　(h) 干旱胁迫 17d 后的根维管束结构

图 3-27　正常水分条件和干旱胁迫第 3d、11d、17d 的根的显微结构

(一) 干旱胁迫对苗期甘蔗根系渗透调节的影响

1. 土壤含水量和甘蔗根系相对含水量随胁迫时间变化

由图 3-28、图 3-29 可以看出，当胁迫天数逐渐延长时，根系相对含水量也逐渐减少。对照土壤含水量和根系相对含水量的变化趋势可以看出，在干旱后，当土壤含水量在 70%以上时，根系相对含水量降低，但是降低幅度不大，未呈现显著性差异。当干旱超出后，土壤含水量降到 40%以下，根系含水量急剧降低，表明根系难以从土壤中吸收水分。

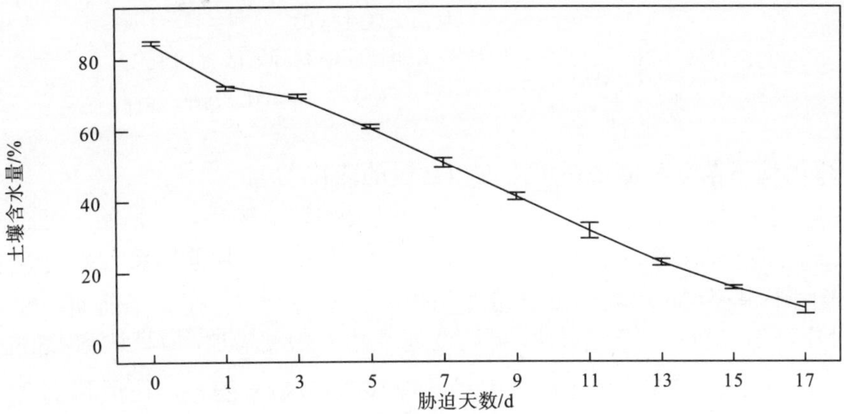

图 3-28　干旱处理对土壤含水量的影响

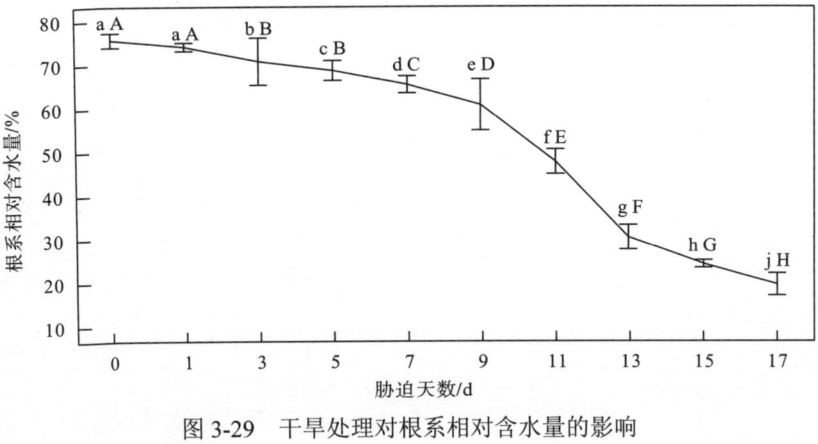

图 3-29　干旱处理对根系相对含水量的影响

2. 干旱胁迫对苗期甘蔗根系脯氨酸含量变化

干旱胁迫下，脯氨酸作为一种渗透物质，受到广泛研究。在苗期甘蔗的干旱胁迫过程中，根系脯氨酸含量呈现出持续上升的趋势。由图 3-30 可见，在干旱胁迫前期，第 1 天、第 3 天、第 5 天、第 7 天与对照组相比，平缓增加，但是差异极显著。随着干旱程度的加深，脯氨酸逐渐开始加大积累，干旱 17d 后，脯氨酸积累为 44.137 mg/(g·FW)，与对照组(7.89 mg/(g·FW))相比，增长 4.59 倍，呈极显著差异。结果表明：随着干旱时间的延长，作物根系内脯氨酸含量总体趋势处于上升状态。

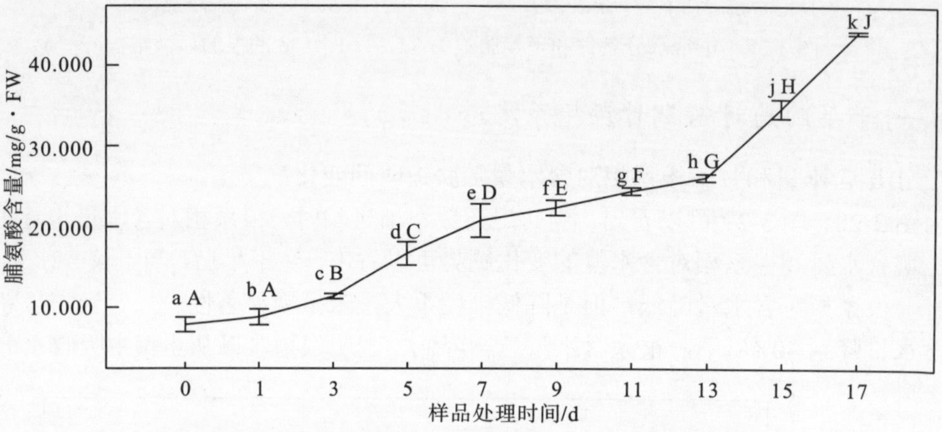

图 3-30 干旱胁迫处理下苗期甘蔗根系脯氨酸含的变化

注：大写和小写字母分别表示在 0.05、0.01 水平上差异显著性。下同。

3. 干旱胁迫下苗期甘蔗根系可溶性糖含量的变化

在植物渗透调节过程中，可溶性糖是一种重要的调节物质，常见的主要有蔗糖、葡萄糖、果糖、半乳糖等种类。如图 3-31 所示，干旱胁迫下，甘蔗根系会积累大量的可溶性糖，但是不同干旱程度，可溶性糖含量变化幅度也不相一致，在干旱前期，可溶性糖含量增加少，对作物伤害较小。干旱后期，可溶性糖开始大幅度增加，最高达到 4.3mg/(g·FW)，与对照组(1.073mg/(g·FW))相比，高出 3 倍，达到极显著差异，往后到达重度胁迫时则由于生长受到抑制，可溶性糖含量开始下降。

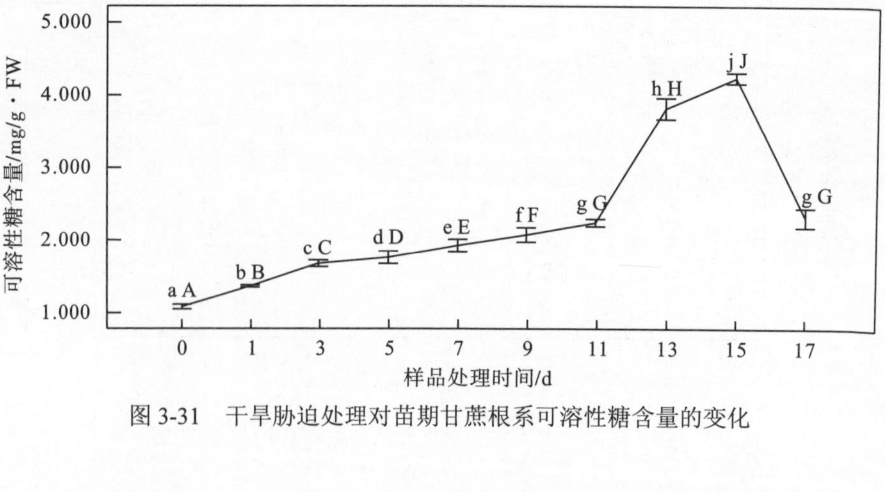

图 3-31 干旱胁迫处理对苗期甘蔗根系可溶性糖含量的变化

4. 干旱胁迫对甘蔗幼苗根系酶的影响

水分胁迫是植物最易遭受的逆境胁迫，也是限制植物生长的重要因素之一。植物根系作为直接与土壤接触的器官，对土壤水分的感受最为直接、敏感。干旱胁迫时，植物根系是最先做出反应的器官，也是植物抗旱的根本。植物内膜系统的损伤是干旱条件下植物外部形态表现异常的重要原因。干旱时，细胞内膜系统的半透性逐步丧失，致使依赖于膜的信号传导系统和代谢系统不能正常发挥作用。正常情况下，植物体内会不断产生超氧阴离子(O_2^-)、H_2O_2 和羟自由基(-OH)等氧的某些代谢中间产物及衍生的含氧物质，即为活性氧(activated oxygen species，AOS)，它们与细胞膜脂过氧化有关，能够在代谢过程中不断地产生，又在防御系统的作用下被分解，这类物质的清除与产生处于平衡状态。但在胁迫条件下时，平衡会被打破，活性氧物质加速积累，从而导致渗透性增加、离子大量泄漏及膜脂过氧化，造成膜系统的损伤，严重时会导致植物细胞死亡。膜脂过氧化的最终产物丙二醛(MDA)又可与细胞膜上的蛋白质酶结合、交联，能使膜内类脂双分子层中的不饱和脂肪酸链氧化分解和类囊体膜脂肪酸饱和度降低，从而使之失活，破坏生物膜的结构与功能。因此，MDA 含量可代表植物受到干旱胁迫的程度和膜脂过氧化程度。为减少自由基对植物膜系统的伤害，清除这类物质的保护酶，SOD、POD、CAT 也会相应地发生变化。这 3 种酶在水分胁迫下活性的高低与植物抗旱性呈正相关(王娟等，2002；杜金伟等，2009；何静丹等，2011)。随着干旱胁迫程度的增强，甘蔗根系中蛋白质、MDA、H_2O_2 的含量显著增加，是由于土壤干旱胁迫使根部细胞受到较重伤害，细胞膜破裂，内源性保护酶系统活性低，MDA 累积幅度大。同时根系 SOD、POD、CAT 活性呈现出在轻度、中度干旱时增加而在重度干旱时降低的趋势，可能是在轻度、中度干旱时，作物对干旱的响应机制在起作用，保护酶系统积极应对，较为敏感，主动响应以减轻作物的干旱损伤；而重度干旱时酶活性降低，说明酶反应较不敏感，或属于消极抵抗干旱，抗旱适应机制在起作用，这与其他作物发育中后期作物抗旱表现为忍耐干旱的机制不同。对于作物苗期，SOD、POD 和 CAT 可能是作物抵抗干旱的第一层也是响应最快的保护系统，该系统在保护植株免受干旱导致的氧化损伤方面起重要作用。此外，还发现甘蔗根系保护酶系统 SOD、POD、CAT 活性的变化分别与蛋白质、MDA、H_2O_2 含量积累密切相关，可能互为因果。一方面，干旱加剧，细胞间的活性氧产生与清除之间的平衡受到破坏，可能直接或间接地启动膜脂过氧化使 H_2O_2、MDA 含量增加，并对细胞造成伤害，而 SOD、POD 和 CAT 起初积极响应使活性大幅增加，后期伤害物质积累超过一定阈值，保护酶活性则下降。另一方面，随着 MDA、H_2O_2 的积累反过来又抑制 SOD、POD 和 CAT 的活性，进一步促使膜系受损加重，说明甘蔗根系抗干旱逆境的能力与保护酶活性的大小及其防御功能是相关联的，这可能是干旱胁迫下作物根系主要的生理反应及损伤机理。

郭元元等(2012)以 ROC22 为材料，在甘蔗苗期进行土壤自然干旱胁迫，测定甘蔗根系保护酶系统及膜脂过氧化产物相关指标的变化，并进行相关性分析。随着干旱胁迫程度的加强，根系中可溶性蛋白质、MDA、H_2O_2 含量逐渐增加，细胞膜脂过氧化保护酶系统的酶活性均呈先升后降的趋势，干旱胁迫处理 15d 后 SOD 和 POD 活性达到峰值后降低，CAT 活性于 11 d 到达峰值后下降。甘蔗苗期根系保护酶活性与膜脂过氧化作用呈显著或极显著正相关，甘蔗根系保护酶系统的干旱胁迫响应机制为：轻度干旱与中度干旱时表现为积极应对，重度干旱时则为被动忍耐。根系保护酶系统与甘蔗抗旱性的关系密切。

5. 干旱胁迫对甘蔗苗期根系蛋白含量的影响

从图 3-32 可知，随着甘蔗生育进程，干旱胁迫加强，土壤水分减少，苗期甘蔗根系可溶性蛋白占鲜样的含量也随之增加，且 3 个不同胁迫时期差异达极显著水平(P<0.01)。根据土壤程度及水分标准，大致可将其分为 3 个阶段：第 1 阶段为轻度干旱阶段(第 0～4 天)，蛋白质含量缓慢增加，其均值从 40.02 增加到 44.06 mg/g·FW，多重比较结果显示第 1～3 天在 α =0.05 水平下组间(不同取样时期)蛋白质含量差异不显著；第 2 阶段为中度干旱阶段(第 6～15 天)，此时由于干旱胁迫而蛋白质大量表达，其含量激增，均值从 55.27 mg/g·FW 增加到 86.28 mg/g·FW，增加 56.11%，且各组间差异极显著(P<0.01)；第 3 阶段为重度干旱阶段(第 16～24 天)，此时，蛋白质含量增加幅度减缓，很可能是由于植物体内水解增加，水解部分蛋白质。

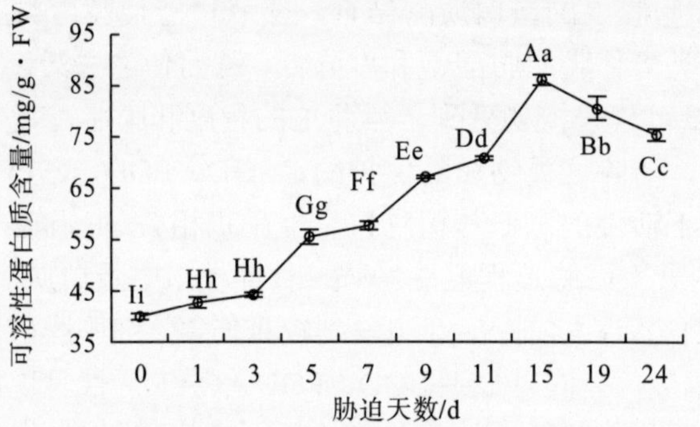

图 3-32 干旱胁迫对甘蔗苗期根系可溶性蛋白质含量的影响

6. 水分胁迫对甘蔗苗期根系 MDA 含量的影响

MDA 是自由基进行细胞膜脂过氧化伤害的最终产物之一，其含量反映膜脂过氧化的程度。从图 3-33 可知，随着时间的积累，干旱胁迫加强，根系膜脂过氧化产物 MDA 含量随之增加，3 个不同胁迫时期的差异达极显著水平(P<0.01)，且其增加的程度随干旱胁迫增强而逐步增加。与正常供水对照[29.56 nmol/g·FW]相比，轻度水分胁迫时，MDA 含量增加 4.40%～10.99%，中度胁迫时 MDA 含量增加 19.42%～64.1%，重度干旱时 MDA 含量增加 67.10%～106.35%，第 24 天时含量达到 60.99 nmol/g·FW。MDA 含量大幅度增加说明水分胁迫下根系膜脂过氧化伤害程度大，根系衰老快。

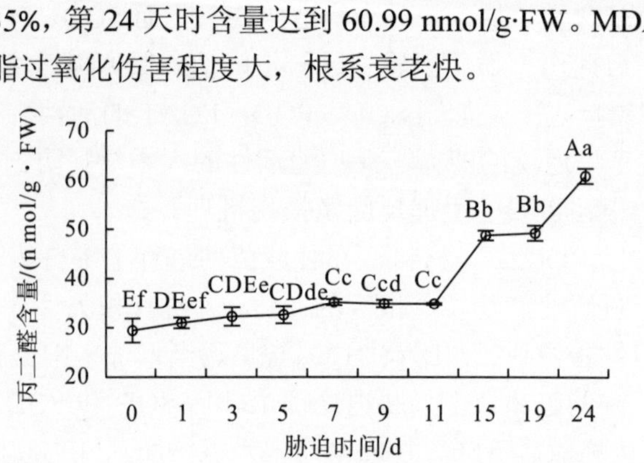

图 3-33 干旱胁迫对甘蔗苗期根系 MDA 含量的影响

7. 水分胁迫对苗期甘蔗根系 SOD 活性的影响

SOD 是氧自由代谢的一个重要酶，能催化超氧化物阴离子自由基的歧化反应，保护膜结构。从图 3-34 可知，甘蔗苗期根系 SOD 总活性在不同胁迫时期呈先升后降的变化趋势。在干旱处理后第 4 天即轻度干旱阶段，SOD 变化平稳且略微上升。在第 4～15 天即中度干旱阶段，SOD 活性增加较快；在第 4～8 天时增长较缓，从 245.25U/g·FW 增加到 331.54 U/g·FW；第 8～12 天增长较快，增加到 593.19 U/g·FW；第 12～15 天时增长变慢，第 15 天时活性为 628.13 U/g·FW。在第 16～24 天即重度干旱阶段，SOD 活性明显下降。从整个变化过程来看，土壤在中度干旱胁迫(第 15 天)时，SOD 活性达到顶峰，继续失水胁迫后其活性下降，但并未低于未受胁迫时(第 0 天)。这表明 SOD 在甘蔗受到胁迫后开始响应，但响应初期较慢、不敏感，其活性随着细胞伤害的增加而增加，但增加有一定限度。方差分析结果表明，3 个不同胁迫时期对 SOD 活性的影响差异达极显著水平。多重比较结果表明，在 α =0.05 显著性水平下，第 0～3 天差异不显著，第 19～24 天差异不显著，其余达到极显著差异。

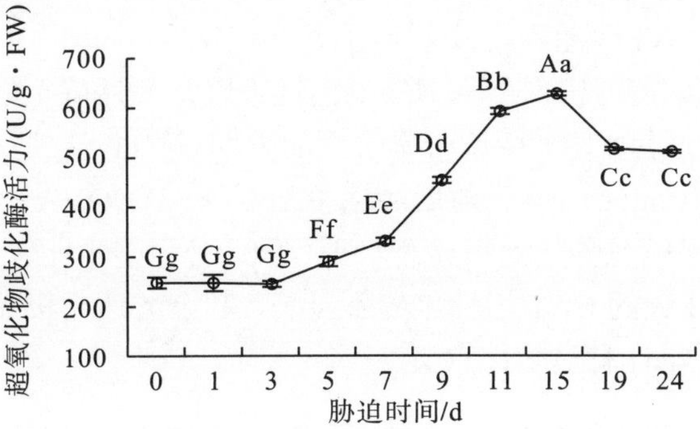

图 3-34　干旱胁迫对甘蔗苗期根系 SOD 活性的影响

8. 水分胁迫对甘蔗苗期根系 POD 活性的影响

POD 可以清除植物体内 H_2O_2，在植物抗性中发挥重要作用。从图 3-35 可以看出，不同胁迫时期甘蔗苗期根系 POD 活性的变化趋势也为先升后降。与 SOD 相比，POD 对水分胁迫的反应较为敏感，在轻度胁迫的阶段 POD 活性有较大幅度增加，4d 内增长了 27.59%[第 0 天为 42.01 U/(min·g)·FW]，之后增加幅度减缓，第 15 天时 POD 活性[62.79 U/(min·g)·FW]增加了 49.46%。第 15 天后受重度胁迫 POD 活性下降，但并未低于未受胁迫时(第 0 天)，表明 POD 在甘蔗受到胁迫后立即开始响应，其活性随着伤害的增加而增加，但增加有一定限度。方差分析(analysis of variance，ANOVA)结果表明，不同胁迫时间对 POD 活性的影响组间差异达到极显著水平(P<0.01)。多重比较结果表明，在 α =0.05 显著性水平下，各组都达到极显著差异。因此，POD 活性对甘蔗幼苗根系抗旱性有显著性意义。

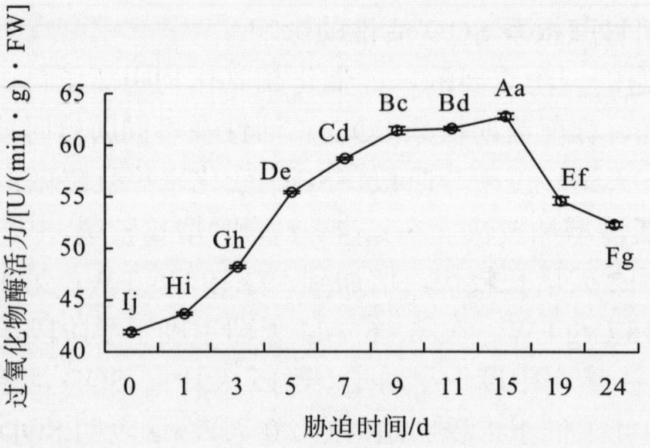

图 3-35　干旱胁迫对甘蔗苗期根系 POD 活性的影响

9. 水分胁迫对甘蔗苗期根系 CAT 活性的影响

CAT 主要存在于植物 POD 与乙醛酸循环体中，可催化 H_2O_2 向 O_2 和 H_2O 的转化。从图 3-36 可以看出，甘蔗幼苗根系 CAT 活性变化趋势为先升后降，在干旱胁迫处理后第 0～4 天的轻度干旱阶段，CAT 活性平稳中缓慢上升；在第 4～11 天中度干旱阶段，CAT 明显增加；在第 11～24 天重度干旱阶段，CAT 活性下降，最后降至较低水平，接近处理 0 天的水平。从整个变化过程来看，中度干旱阶段的中期（第 11 天）是 CAT 活性变化的分水岭，CAT 达到 0.997 U/(min·g)·FW，随后活性急剧下降。ANOVA 分析结果表明，不同胁迫程度（时期）对 CAT 影响差异达到极显著水平（$P<0.01$）。多重比较结果表明，在 α =0.05 显著性水平下，第 1～3 天的 CAT 活性差异不显著，其余均达到极显著水平。因此，CAT 活性对甘蔗幼苗根系抗旱性有显著性意义。

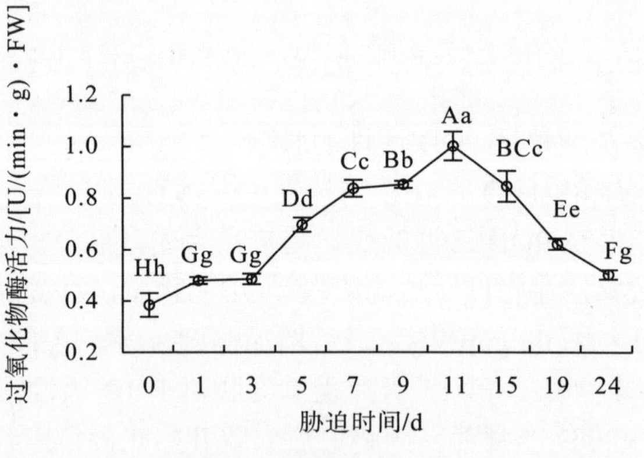

图 3-36　干旱胁迫对甘蔗苗期根系 CAT 活性的影响

10. 根系保护酶活性与膜脂过氧化作用的关系

对各项指标进行处理得到 Pearson 相关系数评价，从表 3-17 可知，在水分胁迫下，胁迫时间即干旱程度与蛋白质、MDA、H_2O_2、SOD 呈极显著正相关，与 POD 呈显著正相关，与 CAT 呈正相关；蛋白质、MDA、H_2O_2 互为极显著正相关，SOD、POD、CAT 三者互为极显著正相关，蛋白质、SOD、POD 互为极显著正相关。所以，甘蔗苗期根系保护酶活性与膜脂过氧化作用呈显著正相关。

表 3-17 干旱胁迫下甘蔗幼苗根系生理生化指标相关系数矩阵

	胁迫时间	可容蛋白质	MDA	H_2O_2	SOD	POD	CAT
胁迫时间	1	0.961**	0.949**	0.913**	0.801**	0.439*	0.230
可容蛋白质	0.961**	1	0.891**	0.949**	0.900**	0.587**	0.412*
MDA	0.949**	0.891**	1	0.798**	0.663**	0.257	0.001
H_2O_2	0.913**	0.949**	0.789**	1	0.824**	0.691**	0.538**
SOD	0.801**	0.900**	0.663**	0.824**	1	0.665**	0.607**
POD	0.439*	0.587**	0.257	0.691**	0.665**	1	0.863**
CAT	0.230	0.412*	0.001	0.538**	0.607**	0.863**	1

注：**为 0.01(双侧)水平显著相关，*为 0.05(双侧)水平显著相关。

六、土壤紧密度对甘蔗根系发育的影响

甘蔗根系的发育，一方面受甘蔗品种特性的影响，另一方面还受其生长的环境条件的影响，如土壤的水分、土壤的肥力、土壤通透性的影响。根系生长在不同的土壤环境条件下，会产生不同反应，紧实的土壤可阻止水分的渗入，降低肥料的利用率，影响甘蔗根系生长。一般认为，适当紧实的土壤能增加根和土壤的密集度，提高根系对水分和养分的利用率，有利于甘蔗的生长发育和产量形成，但土壤过于紧实，会降低有效持水量，增加土壤机械阻力，根系生长受阻，影响根系对土壤中水肥的利用。

甘蔗根系的生长和吸收受土壤紧密度的影响。夏威夷糖业研究所 Trouse 及 Humbert 的研究指出：在低腐殖质砖红壤土中，假比重 1.02 以下根并无畸形生长或限制分布的象征。在假比重增至 1.12 时，根分布即略为减少；到 1.25 时根分布仍佳，但分枝的支根已有某种角度转向的趋势，并稍带扁形，到 1.36 时，根分布在土壤压实核心(core)内则大为减少，且支根的畸形生长更为明显；假比重在 1.46 时则严重地减少蔗根的穿入；临界的假比重为 1.52 或更高时，根向土壤压实的核心生长时，即绕此核心而分布于其外围。

此外，在不同的土壤比重下，根的生长率也不同。假比重在 1.05 时，夏季平均生长速率为每日 1.75 cm；到 1.20 时，平均生长速率即减至 1.25 cm；而到 1.45 时，平均生长速率不及 0.25 cm，冬季的生长速率则更低。

上述的研究报道表明，土壤紧密度大对甘蔗根系的生育是很不利的，所以栽培上通过增施有机肥和土壤耕作等措施，使土壤疏松透气，能使甘蔗根系良好发育，打好地下部基础，从而有利于地上部的生长，这是夺取高产的一项重要措施。

七、耕作方式对甘蔗根系发育的影响

深松耕作明显地促进了作物根系的生长发育，深松耕作措施可打破耕作犁底层，疏松底土，减少土壤机械阻力，有利于甘蔗根系向深层土壤延伸。根深可增加甘蔗对底土水分和养分的吸收范围，扩大营养面积，为高产创造良好的环境条件。土壤深耕可扩大根系吸收范围，增强根系吸收能力。深耕有利于改善土壤通气状况，增加蓄水保墒能力，促进根

系下扎以扩大根系吸收范围从而增产。宋日等(2000)研究表明，深松耕作改变了根系在土壤剖面上的正常分布，使深层根的比例增加，扩大了根系的营养范围，而且由于根系有向肥性，使深松兼深施化肥处理的下层根量增加明显。

甘蔗根系发达，在一般情况下，大部分根系集中在土表 10～40 cm，而目前我国蔗区长期以畜力耕作为主，耕作层一般只有 10～15 cm，形成的犁底层很板实，特别是南方的红壤土、砖壤土黏性大，保水、保肥能力差，土壤表面径流严重，很容易造成干旱，不利于根系深扎和旺盛生长。这一深度和破碎度使甘蔗根系生长发育受到抑制，根短纤弱，根数不多，根系与土壤接触面小，既限制了甘蔗根系的营养吸收面，又使根系难于深扎，易受旱或被风吹倒，影响甘蔗产量的进一步提高。因此，适当深耕深松，增加底土土壤孔隙度，增强保水、保肥、透气能力，可以改善理化性状，提高雨水的利用率，有利于根系的发育和吸收较多的养分和水分，提高抗旱、抗风能力，增加产量。深耕深松改土，增强保水、保肥能力，有助于甘蔗根系生长。

八、水分及营养对甘蔗根系发育的影响

水分的亏缺能影响根系的发育，根部的吸水作用和甘蔗植株地上部分的光合作用二者之间的平衡控制着根冠的生物量比率。简单地说，如果地上部分生长速度太快，根吸收的水分将无法满足其快速生长的需要；相反，如果根也将继续生长和伸长，所需的营养物质必须与地上部分能提供的光合产物保持一定的平衡。但是，如果水分供应量下降，这种平衡将会被打破。当叶片吸收水分减弱时，其伸展能力受到很大的影响，而对光合作用影响则不大，叶片伸展受抑制，降低了植物对碳和能量的消耗，并且多数同化产物运输到根部，进一步促进根的生长，同时，根尖在干燥的土壤中会丧失膨压。因此，根系优先选择在湿润的土壤区域生长，以保持植物体内所需水分。当水分亏缺时，土壤上层最先出现干燥。因此，当所有土层都表现湿润时，植株通常有一个浅根系，而当上层土壤中的水分丧失后，植物除了拥有许多浅根系外，还会增生出许多深根。根向更深处的湿润土壤生长，这被认为是植物抵御干旱的第二道防线。胁迫环境下，根向着湿润的土壤生长，需要植物将同化产物运输到根的生长点，然而水分亏缺时，同化产物通常是运输到植株，而并非运输到根部。因此，与营养生长相比，处于生殖状态的植株，水分吸收的增加并非很显著。根和植株二者之间竞争可利用的同化产物，在一定程度上说明了处于生殖生长的植物对水分胁迫更加敏感。

土壤水分状况对作物根系的形态、生长发育产生明显影响。土壤耕作层的水分含量对苗期根系的发育影响很大。幼苗的根系主要分布在耕作层，纵深分布不大，而甘蔗中后期根系分布还决定于土壤含水量的变化，土壤保水能力对根系的分布有很大的影响，保水力强的土壤，水分分布均匀，根系的综合分布也比较均匀。肥沃的土壤促进根系的生长，根系对土壤中的肥料反应特别敏感，土壤肥沃，根产生侧根的能力强，但根系的总量相对较少，根的长度也较短。所以，在营养丰富的土层中有大量根的分支，也就是说，通过施肥可以人为地控制根系的分布状况。根短、分枝多，一般可以认为是土壤营养好的一个土壤学指标。但是，也不能认为根量越多越好，因为根的发生和形成同样也要消耗养分。

主要参考文献

陈磊，王盛锋，刘荣乐，等. 2012. 不同磷供应水平下小麦根系形态及根际过程的变化特征[J]. 植物营养与肥料学报，(02)：324-331.

杜金伟，崔世茂，金丽萍，等. 2009. 水分胁迫对山杏渗透调节物质积累及保护酶活性的影响[J]. 内蒙古农业大学学报(自然科学版)，(02)：88-93.

顾东祥，汤亮，曹卫星，等. 2010. 基于图像分析方法的水稻根系形态特征指标的定量分析[J]. 作物学报，36(05)：810-817.

郭家文，刘少春，张跃彬，等. 2012. 云南甘蔗主产区土壤 pH、全氮磷钾的分布状况[J]. 土壤，(05)：868-872.

郭家文，张跃彬，刘少春，等. 2009. 不同磷水平对分蘖期甘蔗生长和营养状况以及光合速率的影响[J]. 西南农业学报，(02)：397-401.

郭元元，罗海斌，曹辉庆，等. 2012. 土壤自然干旱胁迫对甘蔗幼苗根系保护酶系统的影响[J]. 南方农业学报，43(9)：1281-1286.

何静丹，李志刚，覃铃铃，等. 2011. 自然降温对不同生长期甘蔗生理生化指标的影响[J]. 南方农业学报，(10)：1189-1192.

李从娟，马健，李彦，等. 2010.pH 对 3 种生活型植物根系形态及活力的影响[J]. 干旱区研究，(06)：915-920.

李慧，张昕欣，彭立新，等. 2010. 低温胁迫对胡卢巴幼苗抗氧化酶活性和膜脂过氧化的影响[J]. 安徽农业科学，38(26)：14258-14259.

刘光玲，陈荣发，田富桥，等. 2011. 不同 pH 值对甘蔗幼苗生长和生理特性的影响[J]. 南方农业学报，(04)：380-383.

罗海斌. 2012. 甘蔗苗期根系抗旱生理及相关基因研究[D]. 广西师范大学硕士学位论文.

南丽丽，师尚礼，陈建纲，等. 2011. 不同根型苜蓿根系对低温胁迫的响应及其抗寒性评价[J]. 中国生态农业学报，19(3)：619-625.

饶江，顾明华，沈方科，等. 2009. 红壤甘蔗地土壤 pH 及中、微量元素含量空间变异研究[J]. 土壤通报，(04)：795-799.

宋日，吴春胜，牟金明，等. 2000. 深松土对玉米根系生长发育的影响[J]. 吉林农业大学学报，(04)：73-75

苏广达. 1981. 甘蔗根系生育特性的综述[J]. 甘蔗糖业，(08)：11-15.

孙波，刘光玲，杨丽涛，等. 2014. 甘蔗幼苗根系形态结构及保护系统对低温胁迫的响应[J]. 中国农业大学学报，(06)：71-80.

王娟，李德全，谷令坤. 2002. 不同抗旱性玉米幼苗根系抗氧化系统对水分胁迫的反应[J]. 西北植物学报，(02)：77-82.

徐林，黄海荣，黄玉溢，等. 2011. 地下滴灌条件下甘蔗根系和蔗地土壤速效养分分布规律的研究[J]. 广东农业科学，(01)：78-80.

阳显斌，张锡洲，李廷轩，等. 2012. 小麦磷素利用效率的品种差异[J]. 应用生态学报，(01)：60-66.

杨加伟，黄天带，华玉伟，等. 2012. 巴西橡胶树自根幼态无性系耐低温分析[J]. 热带作物学报，33(7)：1235-1238.

赵丽萍，刘家勇，昝逢刚，等. 2015. 磷素对不同基因型甘蔗生长的影响[J]. 湖南农业大学学报(自然科学版)，(06)：590-594.

赵丽萍，刘家勇，赵培方，等. 2014. 营养液 pH 对甘蔗实生苗生长的影响[J]. 湖南农业大学学报(自然科学版)，(02)：123-126.

郑超，李奇伟，黄振瑞，等. 2015. 磷水平对不同基因型甘蔗苗期根系性状的影响[J]. 热带农业科学，(02)：1-7.

周可湧. 1963. 宿根甘蔗的基础——芽和根[J]. 作物学报，2(04)：437-450.

Chassot A，Richner W. 2002. Root characteristics and phosphorus uptake of maize seedlings in a bilayered soil[J]. Agronomy Journal，94(1)：118-127.

Doris F N C A，Jungk A. 1991.pHosphorus efficiency of plants[J]. Plant Soil，(132)：261-272.

Lee H A. 1926. The distribution of the roots sugar cane in the soil in the Hawaiian Islands[J]. Plant Biologists. 363-378.

第四章　甘蔗根系的功能

根是植物长期适应陆地条件而形成的一个重要器官，因此根系的功能与陆生生活习性有关，下面分几个方面讨论根系的主要功能。

第一节　甘蔗根系的支撑功能

甘蔗根系是养分和水分的主要吸收器官，根系的生长状况直接影响地上部的生长。如果根系生长不良就会抑制地上部的生长，而生长不良的地上部又加剧了地下部生长的恶化。

根系在植物生活中起着非常重要的作用。根系的主要功能之一是锚定植株，根系固着于土中吸收水分和矿质（包括氮素），并能合成多种有机物，保证整个植株正常代谢的进行(莫家让，1978)。随着根系的发育，根系扎根于土壤中，支撑起整个植株，使植株地上部的茎、叶能自由伸展，并能抵抗风雨冰雪和其他外部力量的冲击。所以一个强壮的根系是支撑和哺育蓬勃茂盛株冠的基础，也是俗话所说的“根深叶茂”的原因。根在土壤中的伸展是靠根冠细胞的不断分裂和伸长而进行的。根系向深、广的扩展限度，与土壤性质、地下水的深浅等环境条件有密切的关系。

第二节　甘蔗根系对水分的吸收功能

一般认为，根系吸收水分的部位在距根尖10～100 mm的区域。从根表面到根中心，依次为根表皮、下表皮、皮层、内皮层、中柱，其中根表皮是有最高吸收活性的根区，但一般仅可存活几天，而内皮层将皮层和中柱分开形成了根内侧的一个界面，老根中一般有不透水的周皮和栓质化的内皮层，有很强的不透水性，根系吸水部位随着根系发育阶段而变化，且存在种间差异。

根表面与土壤密切接触是根有效吸收水分所必需的。随着土壤中根和根毛的不断生长，根系从土壤中吸收水分的表面积也逐渐达到最大，根毛(root hair)是根表皮细胞的微观延伸，在很大程度上增加了根的表面积，因而增强了根从土壤中吸收离子和水分的能力。根尖附近的水分更容易进入根中。根的成熟区域往往有外层保护组织，称为外皮层或下皮组织，其细胞壁中含有疏水物质，对水分具有相对不透过性。当土壤松动时，根系表面与土壤的紧密结合层会很容易遭到破坏。正是这个原因，新移栽的幼苗和植株在移栽后的几天内需要防止水分丧失。当新的根系伸进土壤，重新建立起土壤、土壤-根的紧密结合层时，植株就可以重新很好地耐受水分胁迫。

根部水分运输的质外体、共质体和跨膜途径在土壤中，水分主要以集流形式进行运输。然而，当水分运输到根细胞表面时，水分运输形式则变得复杂，从根的表皮到内皮层，水分的运输可通过三种途径：质外体、共质体和跨膜途径(图 4-1 和图 4-2)。

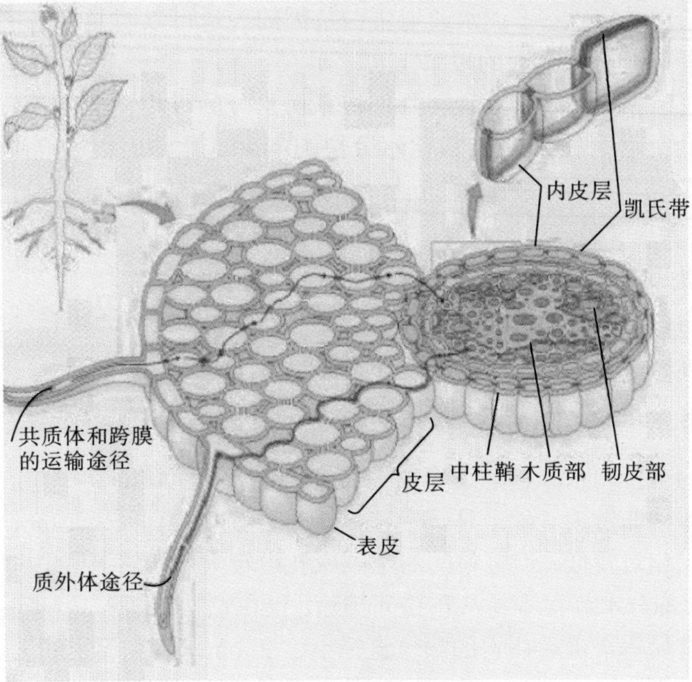

图 4-1　根系吸水途径

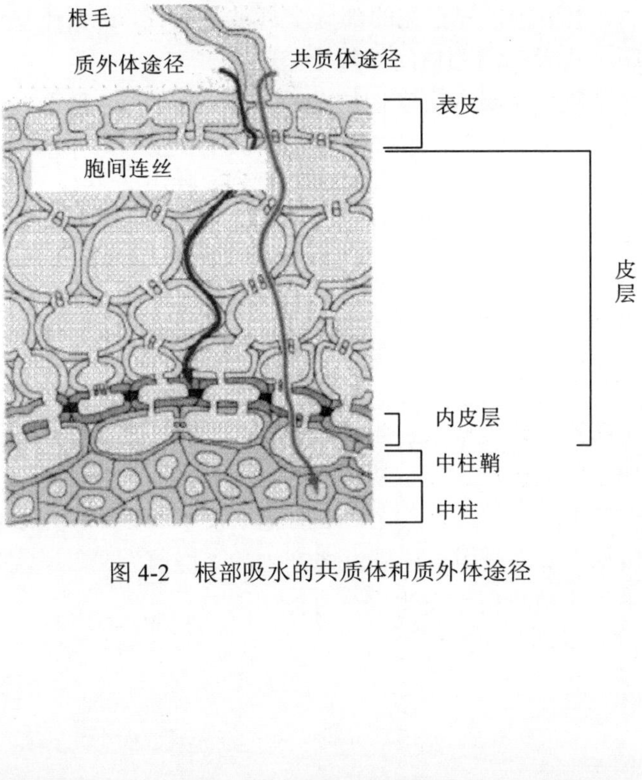

图 4-2　根部吸水的共质体和质外体途径

水分可通过质外体、跨膜和共质体途径通过皮层。在共质体途径中，水分通过胞间连丝不需跨膜就可在细胞间流动。在跨膜途径中，水分跨过质膜移动，并在细胞壁空间中短暂停留。在内皮层中，质外体途径可以被凯氏带阻断。

水分需经共质体途径运输才能通过内皮层，这有助于解释为什么根对水分的通透性强烈依赖于水通道蛋白的存在。下调水通道蛋白基因的表达可以明显降低根的导水率，并且导致植株很容易萎蔫或产生更大的根系。

低温、缺氧或用呼吸抑制剂处理会降低根系对水分的吸收。通常情况下，氧气通过扩散作用进入土壤的空隙中(气体的扩散比水分快 10^4 倍)。水淹时，根很快就会消耗完氧气而进入缺氧状态，而缺氧条件下根运输到植株的水分减少，从而引起植株的有效水分亏缺，继而导致萎蔫。关于根呼吸和水分呼吸之间的关系，或者是植株在水淹状态下的萎蔫之谜，直到现在仍没有确切的解释。

甘蔗根系分布在土壤中，根系与土壤溶液之间的水势差是甘蔗根系水分得失的根本原因。因此，影响土壤水势和根系水势的因素，都会影响根系吸水。

(一) 土壤水分状况

土壤中水分的含量和水分移动速度很大程度上依赖于土壤的类型和土壤的结构，不同土壤的物理特性差别非常大。砂土是一个极端，其土壤颗粒直径为 1 mm 或稍大些，每克砂质土壤的表面积相对较低，但颗粒间的空隙或孔道较大。砂质土壤中，由于土壤颗粒间的空隙非常大，大部分水分很容易从颗粒间排除，仅在颗粒表面和颗粒间空隙中残留有少量的水分。黏土是另一个极端，它的颗粒直径小于 2 μm。每克黏土的表面积很大，但颗粒间的间隙较小。水分子间的张力足以对抗其自身的重力，从而使水分被保留在土壤中。在腐殖质等有机物的作用下，黏土颗粒可以聚集成“小团粒”，从而有助于提高土壤的透气性和对水的渗透性。当土壤因雨水或灌溉含水量极丰富时，由于重力作用，水分通过土壤颗粒间隙向下渗透，土壤颗粒间存在的部分空气被水取代，此时土壤中的水分附着在土壤颗粒表面形成水膜，或者充满颗粒间的整个空隙。

土壤水分状况与植物根系吸水有密切的关系。土壤中存在 3 种形式的水分，即重力水、毛细管水和束缚水。重力水主要存在于较大土壤空隙中，在重力作用下易于通过土壤颗粒间的空隙下降；毛细管水是指存在于土壤颗粒间的毛细管内的水分，植株吸收的水主要是毛细管水；束缚水是土壤颗粒或土壤胶体亲水表面吸附的水分，植株一般不利用束缚水。因此，土壤质地与土壤中可利用水分含量密切相关。黏粒和腐殖质含量高的土壤颗粒间空隙小，毛细管水含量高，可利用水分含量高，而砂土则相反。

(二) 土壤溶液浓度

一般情况下，土壤溶液浓度较低，水势较高，根系容易吸水。甘蔗根系位于土壤中，水分在根细胞和土壤之间的流动速度取决于二者的水势差。当土壤溶液的水势高于根细胞水势时，根细胞从土壤中吸取水分，反之，根细胞不仅不能吸水，还要往外渗水，最终导致植物缺水死亡。例如，生产上由于施肥过多产生的“烧苗”现象，就是因为土壤溶液浓度升高导致的水势下降，植物根系发生水分外渗。

(三) 土壤温度

土壤温度也是影响甘蔗根系吸水的重要因素之一。在适宜温度范围内，土壤温度越高，根细胞代谢越强，吸水越快。但土壤温度过高或者过低都不利于根系吸水，土壤温度过低，水分黏度增加，扩散阻力加大，扩散速率降低，根呼吸下降，影响根压产生，主动吸水减弱。另外，低温对根系生长也不利，因此，甘蔗进入秋冬后无论是根系还是地上部生长明显减慢，主要原因就是和土壤温度密切相关。土壤温度过高对甘蔗根系吸水也不利，土壤温度过高会提高根的木质化程度，加速根的老化，还会使根细胞中的各种酶蛋白变性失活。甘蔗属于喜温植物，根系的吸水易受低温影响，特别是骤然降温，对甘蔗根系和植株的生长影响较大。

(四) 土壤通气状况

土壤通气状况通过影响甘蔗根系代谢活动影响甘蔗根系吸水。土壤通气状况好，氧气充足，甘蔗根系代谢活动旺盛，根系也会更发达，根吸水表面扩大，吸水能力增强；若土壤通气不良，短期缺氧将会使根细胞呼吸减弱，根系主动吸水下降，长期缺氧则会使植株进行无氧呼吸，从而产生和积累较多乙醇，而导致根系乙醇中毒、吸水能力下降。此外，缺氧还会使根系产生一些还原物质(如 Fe^{2+}、NO_2^-、H_2S 等)，这些物质都不利于根系生长，从而影响根系吸水。如甘蔗在长期淹水条件下，植株表现出发黄甚至死亡，主要原因之一是土壤长期缺氧，根系无法呼吸而出现烂根甚至死亡。

第三节 甘蔗根系对矿质元素的吸收功能

根系的生长依赖于根周围与之紧挨着的微环境(即根际)中的水分和矿质元素的可利用性。如果根际的矿质元素缺乏或根际太干，则根生长缓慢。随着根际条件的改善，根生长加快。如果通过施肥和灌溉提供丰富的营养和水分，根的生长可能不再与植株的生长保持一致。在这种条件下，植株的生长受碳水化合物的制约，相对小的根系就足以保证整个植株的营养需求，生长在施肥和灌溉条件下的作物，分配给茎和植株的资源比根多，这种配置方式的转变可促进作物的增产。

离子进入根系的确切位置曾经是人们十分感兴趣的问题。一些研究者曾经声称，营养元素的吸收仅发生在主根和侧根的顶端区；另一些研究者认为整个根表面都能吸收营养元素。支持这两种观点的实验证据都存在，依赖于被研究的物种和元素。甘蔗中营养元素的吸收发生在根系哪个部位并未见相关报道。但在许多植物中，吸收磷最活跃的部位是根毛(Foehse et al.，1991)。根顶端区营养吸收的速率之所以高，是因为这些组织对营养元素的强烈需求，以及根周围土壤中营养元素的可利用性相对较高。在土壤中，营养元素可以通过集流和扩散的形式运到根表面，在集流中，从土壤流向根的水流携带有营养元素。由集流提供给根的营养数量依赖于水分从土壤流向植物的速率，该速率又依赖于植物的蒸腾速率和土壤溶液中的营养浓度。在扩散中，矿质元素从高浓度区向低浓度区移动。随着根对营养元素的吸收，根表面的营养浓度逐渐降低，于是在根周围的土壤溶液中就产生了一个浓度梯度，矿质营养的扩散可降低钙浓度梯度，由蒸腾引起的集流能增加根表面元素的可利用性。根系利用土壤中矿质元素的速率不仅取决于他们从土壤溶液中吸收营养元素的速率，而且取决于根的不断生长，如果不生长，根将迅速耗尽根表土壤中的营养。因此，最佳的营养获取依赖于两个方面：营养吸收能力和根系生长进入新鲜土壤中的能力。

大量研究表明，作物对土壤养分的高效吸收主要取决于根系的生物学特征，包括分析的形态与生理学特征。在养分供应不足时，根系变细，侧根数量和根毛密度增加，植株主要通过增加根系吸收面积来获取更多的养分；同时，根系通过分泌有机酸类的物质活化土壤中的养分，并提高养分的吸收和利用效率。研究还发现，只有当土壤中氮素浓度处于较低水平时，根系才可充分发挥其“趋肥性”的生物学潜力，在供氮过量条件下，这种效应受到明显抑制。缺氮或者缺磷条件下植株根系形态和分布会发生一定的变化，出现包括侧根数量的增加、根系变细、变长等现象。

一、丛枝菌根系统的形成及其影响氮磷养分转运的机制

丛枝菌根真菌(arbuscular mycorrhizal fungi，AMF)定殖在植物根系皮层细胞内形成丛枝结构，这种共生体系在环境养分缺乏条件下促进了植物对养分的吸收，AMF 菌根真菌产生的根外菌丝扩展到土壤中，在土壤团聚体中与微生物区系和微域环境形成密切联系。AMF 吸收水和氮磷等养分传输给宿主植物，宿主植物将碳水化合物以己糖的形式回馈给 AMF 作为碳源。丛枝菌根系统中养分交换形成的共生状态可以提高植物抵抗生物及非生物胁迫的能力，最终调节了生态系统的物质代谢。针对 AMF 吸收、转运和代谢氮磷过程，近年来研究者运用生物化学与分子生物学方法研究了丛枝菌根共生体中氮转运和传递的形态、真菌体内氮代谢的新途径，完善了氮代谢模型；在 AMF 转运和代谢磷的分子基础和基因调控机制方面也取得明显进展。研究发现无机氮被 AMF 菌丝吸收同化为精氨酸进入内部真菌结构，然后以氨的形式传输给植物。在丛枝菌根中鉴定出多种氮代谢相关基因(硝酸还原酶、谷氨酰胺合成酶)和氮运输离子泵(氨离子泵)。在植物个体水平上，AMF 通过与植物共生形成的菌根网络增强了氮代谢水平，改善了植物养分供应；在种群水平和生态系统中，AMF 通过复杂的菌根网络改变植物间的营养平衡，影响土壤养分的循环过程。在磷转运方面，AMF 外生菌丝可以将无机磷转化为多聚磷酸盐，以多聚磷酸盐的形式运输到内生菌丝中；内生菌丝中的多聚磷酸盐通过水解释放无机磷到菌根细胞中，进而传递给宿主植物。多聚磷酸盐水解释放的能量，可以增强氮代谢载体精氨酸从外生菌丝到内生菌丝的转运。

AMF 侵染植物根系能诱导植物合成多种信号物质，如水杨酸、茉莉酸、类黄酮、一氧化氮、过氧化氢和 Ca^{2+}等，这些信号促进了菌根共生体的形成，但对这些信号传导途径和相互关系的认识仍不系统。近期对可以转化磷的重要菌根真菌［如根内球囊酶(*Glomus intraradices*)、根内球囊霉菌(*Rhizophagus irregularis*)］的全基因组分析表明，其专性共生的演变机制不是由于代谢复杂性减少，而是由于缺乏编码植物细胞壁降解酶基因所致。在菌根形成因子(Myc 因子)研究方面发现，脂质几丁寡糖(lipochitooligosaccharide)作为内共生信号分子，刺激了丛枝菌根的形成以及植物根部的发育。在丛枝菌根抗干旱胁迫作用机

制方面，发现玉米丛枝菌根中的 2 个重要水通道蛋白基因（*gintaqpf1* 和 *gintaqpf2*），在酵母细胞中的克隆表明，GintAQPF1 位于细胞膜，GintAQPF2 位于细胞质和细胞内膜，转化的酵母细胞在高渗休克下细胞体积显著降低，在低渗休克下原生质体破裂更快，说明丛枝菌根可能通过这两个水通道蛋白为宿主植物输送水分。菌根真菌对植物的侵染率与环境中氮磷的水平相关。环境中无机氮源种类和浓度影响了菌根真菌菌丝的生理形态，根际微生物或者根系分泌物以及一些次生代谢产物也可以调节菌根真菌的生长和发育。目前在不同的根际养分胁迫条件下，丛枝菌根共生体中养分（碳、氮、磷）协同传输和代谢机制仍不清楚；另一方面，在根际养分满足或者过量供应作物需求的条件下，丛枝菌根共生体的响应机制也不清楚（孙波等，2015）。

二、菌根真菌有利于根对营养元素的吸收

菌根共生系统是土壤真菌与植物根系建立共生关系所形成的共生体，形成这种共生体的真菌称为菌根真菌。根系对矿质元素的吸收过程还可能受与根系结合的菌根真菌的影响，寄主植物为与其结合的菌根提供糖类作为回报，植株可以从菌根中接受营养元素和水分，在非常干旱、高盐、水淹或者肥力极端的土壤中，根上没有菌根结合。在矿质元素的吸收过程中主要有两类菌根真菌起重要作用，分别是外生菌根和泡囊丛枝菌根。

典型的外生菌根真菌，其菌丝体将根包围形成一个厚厚的外壳，并且一些菌丝从皮层细胞的细胞间隙刺入根，真菌菌丝并不刺入皮层细胞，而是由菌丝网络将其包围，这种网络结构称为哈氏网，真菌的菌丝体数量通常很大，总质量与根本身的质量差不多。真菌的菌丝体也能从紧凑的外壳延伸进入土壤，在土壤中形成孢子体的单一菌丝或菌丝束。根系外围的真菌菌丝能加强根系吸收营养元素的能力，因为菌丝比根更加精细并能延伸到根周围营养耗损区之外的土壤中去。

泡囊丛枝菌根真菌不产生有真菌菌丝体包围根而形成的致密外壳。菌丝一般稀疏地生长，包括在根内以及由根向外延伸到周围的土壤中，菌丝通过表皮或根毛进入根后，不仅在细胞间扩展而且能进入单个皮层细胞内。在根的外部菌丝体能像根外伸展数厘米，并可能含有孕育孢子的结构，囊泡丛枝菌根仅由少量的真菌成分组成，一般不超过根重的 10%。囊泡丛枝菌根与植物根结合促进根对磷和微量金属元素的吸收。外部菌丝体通过伸展可以越过根周围的磷缺乏区，进入含磷的区域，从而促进磷的吸收。

目前，内生菌根中研究得最多、与农业生产关系最密切的是丛枝菌根（AM）。丛枝菌根是指球囊霉目的真菌与植物形成的共生体。由于该家族所有真菌成员均能在植物根系中形成丛枝状结构，因此被称为丛枝菌根。在这类菌根中，有些菌种在根内还形成泡囊，因而也将这类菌根称为泡囊丛枝菌根，但还有一些菌根只形成丛枝菌根而不形成泡囊。

三、丛枝菌根（AM）共生系统对磷素的吸收

AM 菌根共生系统对寄主最直接的贡献就是帮助寄主植物吸收更多的养分，从而提高寄主植物在养分缺乏的环境中的生存能力。AM 菌根共生系统提高寄主对养分的吸收能力主要通过扩大养分吸收面积、增加对养分消耗区外养分的吸收、菌丝渗入土壤颗粒内部吸

收根系所不能接触到的养分、菌丝分泌物提高难溶养分的溶解度等来实现。AM 菌根主要帮助寄主吸收难溶性或溶解性较低的养分，主要是磷的吸收。AM 菌根还能加强对氮、硫、硼、锌、铜、钙、镁和钾的吸收。

AM 菌根共生系统对磷素的贡献非常大，与 AM 菌根共生的植物，对土壤磷的吸收至少有 70%来自 AM 菌根。在根系生长受到限制的情况下，AM 菌根对宿主吸收磷的贡献可达 80%或以上(Smith et al.，1997)。但是，AM 菌根对寄主吸收磷的贡献还与真菌的株系有关。

AM 菌根提高宿主磷吸收的途径如下。

(1)扩大宿主磷消耗区。AM 菌丝能够伸到磷消耗区外的土壤，将远离寄主植物根系的磷运转至宿主，从而提高宿主对磷的吸收。

(2)提高宿主对土壤磷的竞争力。AM 菌丝对土壤磷的竞争力远高于一般的土壤微生物，因而，即使在土壤碳∶磷较高的情况下，也能维持寄主植物根系对磷的需求。

(3)AM 菌丝对土壤磷的吸收动力学更为合理。由于 AM 菌丝对土壤磷具有较高的亲和力和较低的养分临界浓度，因此，AM 菌丝能够吸收寄主根系所不能吸收到的土壤磷。

(4)AM 菌丝能分泌一些物质，如有机酸、H^+等，提高土壤无机磷的溶解度，此外 AM 菌根能分泌酸性磷酸酶水解土壤中的有机磷，从而提高土壤磷的吸收效率。

四、AM 菌根共生系统对氮素的吸收

植物的生长和产量完全依赖于土壤中的氮含量，尤其是有效氮含量(孙秋玲等，2012)，其中菌根真菌对氮素的吸收是植物氮吸收的一个重要的途径，以 AM 真菌和植物为材料进行盆栽试验，结果显示：植物根系全氮的 21%～50% 都来自与其共生的根外菌丝的吸收，外生菌根这个比例甚至达到了 75%，除对无机氮吸收的促进作用外，菌根还可以加速土壤有机氮的矿化从而使得有机氮成为植物可利用的氮素，目前，关于菌根真菌促进植物吸收和利用氮素的机制研究已经取得了一定进展，但是其内部的分子机理以及调节机制仍处于研究的起步阶段。

AM 菌根能够增强寄主对土壤矿质态氮（NH_4^+和 NO_3^-）的吸收，可能是由于 AM 菌根增加了对磷的吸收，从而提高了寄主对氮的需求。由于 NH_4^+-N 在土壤中的移动性较差，因此 AM 菌根对 NH_4^+-N 吸收的贡献远比对 NO_3^--N 的贡献更为重要。AM 菌根植株至少 30%～40%的氮来自 AM 菌丝的贡献。AM 菌根促进寄主对土壤矿质态（NH_4^+和 NO_3^-）的吸收能力与真菌株系的不同而异。不同的菌根真菌对氮素的利用能力差异很大。有的菌根真菌比较喜好无机态氮，有的菌根真菌吸收有机态氮的能力较强(Govindarajulu et al. 2005；MÄDER et al.，2008；尹丽娟等，2010)。试验证明，不论是 AM 植物还是外生菌根植物，在以 NO_3^--N、NH_4^+-N 以及某些氨基酸为唯一氮源情况下，接种植物生长势均明显优于未接种植物，且植株氮含量也高于同期对照中的氮含量(Molnar et al.，2002；Wallander，2002)。利用网格分室培养植物结合同位素标记技术，研究者证明：菌根真菌可以直接吸收外界的 $^{15}NO_3^-$-N、$^{15}NH_4^+$-N 和有机氮并将其转运至寄主植物(Govindarajulu et al. 2005；Cruz et al.，2007；Talbot et al.，2010)，研究者通过搜集近 60 年的文献报道，总结了 26

种菌根真菌对 20 种常见氨基酸的吸收作用，发现所调查的菌根真菌至少可以利用一种形式的氨基酸作为生长的唯一氮源，而其中的氨基酸也至少能被一种菌根真菌利用。除了氨基酸这样的单体态有机氮，AM 真菌还能够利用一些难分解的有机态氮（如蛋白质、几丁质以及 DNA）作为生存的唯一氮源（Govindarajulu et al. 2005），并可以加快土壤中有机氮的矿化（Hawkins et al.，2012）。

五、影响菌根真菌利用氮素效率的因素

影响菌根真菌吸收氮素的因素大致可分为化合物本身特性和环境两部分。其中 NO_3^--N 在土壤中的移动性很强，能通过扩散作用快速到达植物根系（Tinker et al.，2000）。一般情况下，NO_3^--N 不会成为菌根化植物吸收氮素的难题，只有在干旱条件下，水分含量的下降才会导致其在土壤中的移动性降低。而 NH_4^+-N 则易被土壤胶体所吸附，在土壤中的移动性较差，往往在根系周围形成一个亏缺区（Smith，2008），这就为菌根真菌发挥作用提供了前提。相对而言，菌根真菌对有机氮的吸收较复杂。土壤中的有机氮包括一部分脂肪族氮化合物，与多糖结合的氮化合物以及一部分芳香族氮化合物，并且各种形式处于一个动态变化的过程（Talbot et al.，2010）。一方面，菌根真菌对氨基酸等低聚合有机氮的吸收与土壤中氮素的相对丰度值以及氨基酸的碳结构相关；另一方面，有机氮在分子量、黏合强度和结构等方面差异很大，这些都是菌根真菌对有机氮降解和吸收的影响因子，其中分子量的影响作用尤为突出。例如，某些菌根真菌能够利用一些单体形态或者低聚合形态的氮，而高聚合态氮只能降解为单体或者低聚合态氮时才能被真菌吸收（Abuzinadah et al.，2006）。但是碳氮营养与宿主植物氮素吸收利用之间的相关性以及它们之间的影响机制至今还不清楚。

六、菌根真菌促进植物利用氮素的分子机理

1. 菌根真菌中已分离到的与氮素转运、代谢相关的基因

菌根真菌中已分离到的与氮素转运相关的基因，菌丝体能够吸收无机氮、氨基酸、多肽甚至某些简单的蛋白质，说明其体内必然存在吸收这些氮化合物的转运蛋白。目前已经分离到来自不同菌根真菌的铵盐转运蛋白基因共 6 个，外生菌根真菌有 5 个（Javelle et al.，2001；Montanini et al.，2002；Willmann et al.，2007），另一个是 2006 年由 Lapez-Pedrosa 等在 AM 真菌中分离得到的 *Gint AMT1*。这些转运蛋白基因包括 AMT1、AMT2、AMT3 类型，同属于 Mep / Amt 多基因家族。AMT2 和 AMT3 首次克隆是 2001 年在外生菌根真菌 *Hebeloma cylindrosporum* 中进行的（Javelle et al.，2001），随后 Javelle 从该菌中克隆到了 Mep / Amt 家族中 3 个铵盐转运蛋白基因，并对其进行了系统发育关系和表达分析，结果证明细胞内氮库对于铵盐转运蛋白基因的表达有调节作用（Javelle et al.，2003）。研究者还分别从外生菌根真菌和 AM 真菌中分离到 3 个与 NO_3^--N 转运相关的转运蛋白基因：*HcNrt2*（Jargeat et al.，2003）、*TbNrt2*（Montanini et al.，2006）、*GiNT*（Tian et al.，2010），并且得出 NO_3^--N 可以诱导这些基因的表达。

Cappellazzo 等(2008)最近从AM真菌中分离到一种氨基酸转运蛋白基因：*GmosAAP1*，通过酵母异源功能互补试验和吸收试验证明：*GmosAAP1* 能够通过与质子耦合的途径运输脯氨酸，整个运输过程对 pH 和能量有很强的依赖性。对其进行系统发育关系分析，结果发现：*GmosAAP1* 与真菌的氨基酸通透酶基因聚合在一起，与植物体内的转运蛋白基因明显分离。Morel 等(2008)和 Benjdia 等(2006)还从外生菌根真菌中分离到了转运尿素和多肽的转运蛋白基因：*PiDur3*、*HcPTR2A*、*HcPTR2B*，这些都为菌根真菌利用氮素机理的研究提供了一定的分子依据。

2. 菌根真菌中已分离到的与氮素代谢相关的基因

近年来，研究者相继从外生菌根真菌和 AM 真菌中分离得到无机氮代谢途径中的相关基因，表达模式分析证明：这些基因编码的蛋白直接参与真菌体内氮素的代谢反应。其中 AM 真菌的研究较为深入。该类真菌促进植物利用氮素是由两个区域的反应配合完成：根外菌丝中氮素的合成代谢；根内菌丝氮素的分解代谢。其中 NH_4^+-N 经真菌膜上的转运蛋白进入根外菌丝后，第一步反应催化酶为谷氨酰胺合成酶(GS)，而 NO_3^--N 吸收后需先经硝酸还原酶(NR)以及亚硝酸还原酶(NiR)还原为 NH_4^+-N。GS 和 NR 是氮代谢途径中的关键限速酶，其活性的高低可直接影响真菌利用氮素的水平。在 AM 真菌中，精氨酸(Arg)被认为是菌根真菌吸收利用氮素重要的中间产物，根外菌丝吸收的氮经一系列酶促反应后主要生成 Arg，继而以 Arg 的形式输送至根内菌丝(Bago et al.，2001)，与 Arg 合成相关的酶包含谷氨酰胺合成酶(GS)、磷酸合成酶(CPS)、谷氨酸酶(Glus)、精氨琥珀酸裂解酶(AL)、精氨琥珀合成酶(ASS)等。CPS 参与 Arg 嘧啶的生物合成。ASS 和 AL 是 Arg 合成最后两步的催化酶。而与 Arg 分解相关的酶包含精氨酸酶(CAR)、鸟氨酸氨基转移酶(OAT)、鸟氨酸脱羧酶(ODC)以及脲酶(URE)，脲酶最终催化尿素分解为氨和 CO_2。现已发现的 *GiGS1* 更有可能是编码低氮水平下铵盐同化酶的基因，而 *GiGS2* 则在高浓度氮条件下参与氮的代谢。一般认为 ODC 与鸟氨酸的分解以及多胺的合成有关，而 Tian 等(2010)发现 *GiODC* 在根内菌丝和根外菌丝中的表达都很稳定，并没有因外界氮供给而发生太大的变化，这就说明 *GiODC* 在菌根真菌中的作用主要是多胺的合成而非鸟氨酸的水解。

3. 菌根真菌中的氮代谢及转运

植物中无机氮的同化有两条途径：一条是 NADP 依赖的谷氨酸脱氢酶途径，另一条是谷氨酰胺合成酶-谷氨酸合成酶途径(GS-GOGAT)。在正常供氮情况下，植物主要利用 GS-GOGAT 途径同化无机氮，即生物体吸收的 NH_4^+ 在 GS 的作用下与谷氨酸盐的羧基相结合，合成谷氨酰胺，然后谷氨酸和谷氨酰胺作为转氨作用和酰胺态氮转移反应中的氮供体参与反应。谷氨酸是许多转氨酶重要的氨基氮供体，而谷氨酰胺这一酰胺态氮则用于合成许多必要的代谢物，比如核酸、氨基糖、组氨酸、酪氨酸、天冬酰胺和各种辅因子(Javelle et al.，2003)。

甘蔗是旱地连作作物，利用根系内生真菌来改善退化的土壤生态，对减少化肥用量具有很好的应用前景。近年来开展的 AM 菌剂在大田甘蔗的应用试验结果表明，在施用 AM 菌剂后，能促进甘蔗生长，增加有效茎数，提高甘蔗产量(廖楠等，2016)。在一些试验地块，即使复合肥减少 50%，产量并没有受到影响(陈廷速等，2013；伍荣冬等，2015；卢李威等，2016)。我们国家农业土壤退化严重，农业部提出了下一个五年计划的化肥零增长，提高化肥利用率 40%以上的目标。利用作物根系内生真菌是很好的选择。它们不仅能促进植物生长，提高抗逆性，还能降低化肥的施用量，减少化肥对生态环境的污染，促进我国生态农业的可持续发展。廖楠等(2016)研究结果表明，大田甘蔗施 AM 菌剂有助于提高根际土壤中有效氮、磷和钾的含量，也提高了根际土壤的 pH。此外，AM 菌剂也促进了微量元素的吸收。目前，我国的甘蔗生产过程中普遍存在施肥过量问题，AM 菌剂在甘蔗上的应用将有助于减少化肥的施用量，也将对减少由于过量施肥对土壤环境及地下水资源的污染。但具体 AM 菌剂的效应如何，以及化肥中 N、P、K 的比例也是影响 AM 菌剂发生作用的因素，有待进一步的研究。试验结果初步表明，甘蔗接种 AM 真菌在一定程度上能促进植株的生长，但提高的幅度并不大，对甘蔗根系的分析中，在 4 个处理的根系中，都检测到有 AM 菌丝，说明该土壤存在的土著 AM 真菌可能也在根系中发挥作用。在对广西东南沿海甘蔗根际土壤 AM 真菌资源的分析中，也证明甘蔗根际土壤中存在丰富的 AM 真菌资源。

第四节 甘蔗根系的输导功能

根系的输导功能是指根系将其吸收的水分、无机盐类和其他物质以及根系代谢形成的物质输送到地上部供其生长所需，同时也可将地上部生产的多达 50%的有机物质运送到根部。根从土壤中吸收大量的水分和矿物质，主要依靠根尖部位的根毛和幼嫩表皮完成，根尖以上部位常因表皮木质化而没有吸收功能。根系对物质的吸收一般先进入根尖分生区和伸长区的质外体。这一区段的木质部、韧皮部都已开始分化，初步具备输送物质的能力，但凯氏带尚未完全分化而不至于造成屏障，因而物质可以不通过共质体而直接进入疏导组织，再输送到其他部位中。此外，该区端细胞生长迅速，代谢活动旺盛，因此不仅增大了吸收面积，也提供了物质吸收所需要的生物能量。根在吸收作用的同时，还要将吸收的水分和无机盐，通过根微管组织运输到茎、叶等器官，为植株的生命活动和蒸腾作用所利用。而光合作用所制造的有机养料经过茎运输到根，再由根的维管组织运送到根的各部位，维持根的生长发育。

第五节 甘蔗根系的代谢功能

根系具有重要的代谢功能，根系中可进行许多物质的代谢过程，根系吸收了 NO_3^--N 或 NH_4^+-N 后，有一部分运输到地上部参与代谢，另一部分在根系内部形成氨基酸等有机氮化合物之后才运输到地上部参与代谢，根系还能够合成对植物生长有很大影响的激素和生物碱，如植株体内约 1/3 的赤霉素在根内合成，细胞分裂素主要是在根尖的分生组织中合成。

根系能合成制造氨基酸、有机酸、植物激素、植物碱和其他一些次生代谢产物。研究根系表明，根至少能合成十多种植物蛋白的必需氨基酸，这些氨基酸能在根内或被运送到其他部位合成氨基酸，根也是苹果酸、琥珀酸、酒石酸、柠檬酸、草酸等有机酸合成和分泌的主要场所，这些有机酸的合成和分泌对植物抗逆性和土壤养分活化吸收具有重要作用。根也是植物激素的合成场所，已知的几种植物激素(细胞分裂素、脱落酸、乙烯、赤霉素、生长素等)均能在根内合成并起作用。此外，根还是植物碱和其他次生代谢产物的合成器官，而且有为数不少的植物次生代谢产物的合成是根部特异的。它们可以在一定程度上溶解介质中难溶性的化合物而使其成为易吸收态，也可以促使根际微生物的生长。根系微生物往往会在养分缺乏、过多或干旱等逆境胁迫的条件下大幅度增加。在干旱时，根系还会分泌水分以溶解养分，使之易被根系吸收。根系分泌物还能为土壤微生物的活动提供丰富的能源和养料，使微生物能在植物根际迅速定殖和繁衍。

主要参考文献

陈廷速，李松，王维赞，等. 2013. 甘蔗大田接种 AM 菌剂效应研究[J]. 甘蔗糖业，(03)：6-10.

廖楠，张金莲，汪茜，等. 2016. 甘蔗根系内生真菌[J]. 中国糖料，(03)：6-9.

卢李威，卢文祥，汪茜，等. 2016. AM 菌剂对甘蔗新品系“柳城 07-500”的大田生长效应分析[J]. 中国糖料，38(2)：5-7.

莫家让. 1978. 甘蔗根系生理的一些研究[J]. 甘蔗糖业，(10)：3-7.

孙波，廖红，苏彦华，等. 2015. 土壤-根系-微生物系统中影响氮磷利用的一些关键协同机制的研究进展[J]. 土壤，(02)：210-219.

孙秋玲，戴思兰，张春英，等. 2012. 菌根真菌促进植物吸收利用氮素机制的研究进展[J]. 生态学杂志，(05)：1302-1310.

伍荣冬，谭彩丽，李廷化，等. 2015. 大田接种丛枝菌根真菌对甘蔗品种“福农 41 号”生长的影响[J]. 甘蔗糖业，(04)：20-23.

尹丽娟，张春英，杨兵. 2010. 云锦杜鹃菌根真菌吸收氮源特性及其接种效应[J]. 中国农业科学，43(4)：868-872.

Abuzinadah R A，Read D J. 2006. The role of proteins in the nitrogen nutrition of ectomycorrhizal plants. V. nitrogen transfer in birch (betula pendula) grown in association with mycorrhizal and non-mycorrhizal fungi[J]. New Phytol，112(1)：55-60.

Bago B，Pfeffer P，Shachar-Hill Y. 2001. Could the urea cycle be translocating nitrogen in the arbuscular mycorrhizal symbiosis[J]? New Phytol，149(1)：4-8.

Benjdia M，Rikirsch E，Müller T，et al. 2006. Peptide uptake in the ectomycorrhizal fungus *Hebeloma cylindrosporum*：characterization of two di-and tripeptide transporters (HcPTR2A and B)[J]. New Phytol，170(2)：401-410.

Cappellazzo G，Lanfranco L，Fitz M，et al. 2008. Characterization of an amino acid permease from the endomycorrhizal fungus *Glomus mosseae*[J]. Plant Physiol，147(1)：429-437.

Cruz C，Egsgaard H，Ambus P，et al. 2007. Enzymatic evidence for the key role of arginine in nitrogen translocation by arbuscular mycorrhizal fungi[J]. Plant physiol，144(2)：782-792.

Foehse D，Claassen N，Jungk A. 1991.Phosphorus efficiency of plants. 2. Significance of root radius，root hairs and cation-anion balance for Phosphorus influx in seven plant species[J]. Plant & Soil，132(2)：261-272.

Hawkins H J，Johansen A，George E. 2012. Uptake and transport of organic and inorganic nitrogen by arbuscular mycorrhizal fungi[J]. Plant & Soil，226(2)：275-285.

Jargeat P，Rekangalt D，Verner M C，et al. 2003. Characterisation and expression analysis of a nitrate transporter and nitrite reductase genes，two members of a gene cluster for nitrate assimilation from the symbiotic basidiomycete *Hebeloma cylindrosporum*[J]. Curr Genet，43(3)：199-205.

Javelle A，Morel M，Rodríguez-Pastrana B R，et al. 2003. Molecular characterization，function and regulation of ammonium transporters (Amt) and ammonium-metabolizing enzymes (GS，NADP-GDH) in the ectomycorrhizal fungus *Hebeloma cylindrosporum*[J]. Mol Microbiol，47(2)：411-430.

Javelle A，RodríGuez-Pastrana B R，Jacob C，et al. 2001. Molecular characterization of two ammonium transporters from the ectomycorrhizal fungus *Hebeloma cylindrosporum*[J]. Febs Letters，505(3)：393-398.

Govindarajulu M, Pfeffer P E, Jin H, et al. 2005. Nitrogen transfer in the arbuscular mycorrhizal symbiosis[J]. Nature, 435(7043):819-823

MÄDER P，Vierheilig H，Streitwolf-engel R，et al. 2008. Transport of 15 N from a soil compartment separated by a polytetrafluoroethylene membrane to plant roots via the hyphae of arbuscular mycorrhizal fungi[J]. New Phytol，146(1)：155-161.

Molnar，Tiszlavicz，Nagy. 2002. Ectomycorrhizal symbiosis can enhance plant nutrition through improved access to discrete organic nutrient patches of high resource quality[J]. Ann Bot-London，89(6)：783-789.

Montanini B，Moretto N，Soragni E，et al. 2002. A high-affinity ammonium transporter from the mycorrhizal ascomycete *Tuber borchii*[J]. Fungal Genetics & Biology，36(1)：22-34.

Montanini B，Viscomi A R，Bolchi A，et al. 2006. Functional properties and differential mode of regulation of the nitrate transporter from a plant symbiotic ascomycete[J]. Biochemical Journal，394(1)：125-134.

Morel M，Jacob C，Fitz M，et al. 2008. Characterization and regulation of PiDur3，a permease involved in the acquisition of urea by the ectomycorrhizal fungus *Paxillus involutus*[J]. Fungal Genetics & Biology，45(6)：912-921.

Smith S E，Read D J. 1997. Mycorrhizal Symbiosis (Second Edition)[M]. San Diego：Academic Press.

Smith S S E. 2008. Mycorrhizas of autotrophic higher plants[J]. Biol Rev，55(4)：475-510.

Talbot J.M.，Treseder K.K. 2010. Controls over mycorrhizal uptake of organic nitrogen[J]. Pedobiologia，53(3)：169-179.

Tian C，Kasiborski B，Koul R，et al. 2010. Regulation of the nitrogen transfer pathway in the arbuscular mycorrhizal symbiosis：gene characterization and the coordination of expression with nitrogen flux[J]. Plant Physiol，153(3)：1175-1187.

Tinker P B, Nye P H. 2000.Solute Movement in the Rhizosphere [M]. Oxford：Oxford University Press: 395-399.

Wallander H. 2002. Utilization of organic nitrogen at two different substrate pH by different ectomycorrhizal fungi growing in symbiosis with Pinus sylvestris seedlings[J]. Plant & Soil，243(1)：23-30.

Willmann A，Weiß M，Nehls U. 2007. Ectomycorrhiza-mediated repression of the high-affinity ammonium importer gene AmAMT2 in *Amanita muscaria*[J]. Curr Genet，51(2)：71-78.

第五章　甘蔗根系发育的调控机理

第一节　甘蔗根系发育的分子调控

根的生长模式较为一致，并且没有茎、叶、花之类的器官分化与转换，因此根系可以作为分子生物学比较合适的实验材料，甘蔗也是如此。目前，对根系的研究主要集中在根系形态分布、生理特性与功能、水肥效应及其调控措施上，而对于根系的分子生物学研究还比较落后。而在根系研究中，拟南芥作为模式植物在分子生物学研究方面取得了很大进展，最近一些对拟南芥的研究提出了根系发育模式，这种模式可以分为 3 个过程。首先是一种定位信号在细胞之间传递控制未分化细胞的命运；其次是细胞的命运由蛋白网络调控即各转录因子的相互作用决定；最后是一些特定基因的表达决定了单个细胞的分化，引发细胞分裂、细胞特化及细胞伸长。另外，这些过程也受到染色体稳定性及蛋白降解的影响和修饰。

一、根的发育过程

在胚发生阶段，根的原分生组织已经形成一定结构，萌发时分生组织开始分裂，胚根沿轴向伸展，分生组织的细胞数目增加、繁殖速度增加。克隆定向分析表明，分生组织细胞可形成根中所有类型的细胞。根中的细胞分裂由分生组织进行，根尖静止中心的细胞进行不频繁的分裂。随着根龄和生长条件的变化，细胞分裂速率提高，在一定条件下达到最高值。不同类型的细胞在根中不同区域扩张。早期细胞扩张慢、非极性，它们的大小相对恒定。分生组织区域细胞普遍等径、连续分裂；当分生区细胞代替细胞中上部的细胞时，发生非等径扩张，细胞分裂伴随形成横径大于纵径的细胞。这个阶段建立了根的半径。第二个转变期是横向延长区域发生高度极化的纵向扩张，细胞分裂几乎停止，辐射扩张结束，在纵向轴方向迅速扩张。植物细胞壁调节细胞扩张的程度和方向。COBRA(COB)基因编码一个通过 C 端与葡萄糖基磷酸肌醇链接到质膜细胞外空间的蛋白质，偏向在迅速延伸的根细胞纵向轴侧表达，在迅速延伸区的起始区表达急剧上调(Schindelman et al. 2001)。对 Cobra 突变体纤维素的分析表明，COB 调节细胞扩张方向与纤维素的细胞壁沉积有关。

二、根系形态建成

侧根的形成：侧根的形态建成必须包含几个关键性过程。首先必须在母根的适当位置启动侧根原基的发生，侧根原基发生启动后，细胞分裂、分化形成侧根原基。然后，侧根原基继续发育并最终突破外层覆盖的表皮形成侧根。而侧根原基又是由位于根的成熟区的中柱鞘上，且正对木质部或韧皮部射线，处于细胞分裂的 G2 期，胞内物质旺盛合成，相对于周围细胞长轴明显较短的基础细胞发育而成。模式植物拟南芥的侧根起源于中柱鞘细胞，由于中柱鞘某些细胞脱分化，重新恢复分裂能力，使细胞层数增加，并向外突起形成侧根生长锥，侧根生长锥细胞进行分裂、伸长形成侧根。生长素响应因子(ARF)基因在拟南芥侧根形成过程中起着重要作用：ARF7 和 ARF19 双突变体的侧根分化受到抑制；solitary root(slr)基因编码负向调控 ARF 活性的蛋白 IAA14，该基因的突变同样抑制了侧根的分化和生长(Okushima et al.，2007；Weijers et al.，2005)。最近的研究表明，miRNA164，作为 NAC1 转录因子的负向调控子影响和控制着侧根的分化：*NAC*1 基因是生长素信号的下游响应因子，控制侧根的发生和生长，该基因超表达后增加了侧根数目(Guo et al.，2005)。*NAC1* 基因是 *NAC* 基因家族的一个成员，*NAC* 基因家族编码合成的 *NAC* 转录因子是植物所特有的。在植物的不同发育时期都有 *NAC* 基因家族成员发挥着作用，不同的 *NAC* 家族基因在植物形态建成过程中所发挥的作用不同，但其所起的作用都非常重要。研究结果显示 *NAC1* 是一个控制生长的重要转录因子。*NAC1* 转录因子的蛋白 N 端含有 *NAC* 蛋白家族的高保守区特征序列，该区域可以识别靶基因上游 DNA 序列并与之结合。其蛋白质 C 端为转录活化功能区，参与靶基因转录的激活。生长素反应基因 *AIR3* 和 *DBP* 的表达受到 *NAC1* 转录因子的激活，进一步研究表明 *NAC1* 能够与 *AIR3* 启动子特异结合。*AIR3* 编码一个类枯草杆菌蛋白酶，它可以削弱细胞之间的连接以促进侧根发生。抑制 *NAC1* 的表达可以阻碍 *TIR1* 基因诱导侧根发生的效应；生长素反应突变体 *tir1* 中超表达 *NAC1* 可以恢复其表型，该结果显示 *NAC1* 在生长素信号传导过程中处于的 *TIR1* 下游，在 *AIR3* 和 *DBP* 的上游。ABA 作为逆境响应激素，在侧根建成中也起着重要作用。在拟南芥中，ABA 受体 FCA 突变后(*fca*-1)，在侧根形态建成中表现出对 ABA 响应的显著改变。并且在侧根发育的不同时期，ABA 均具有明显的作用。对拟南芥 *rml*1(root meristemless)和 *rml*2 突变体的研究发现，主根的生长在种子萌发后不久即停止，侧根虽然可以突破根表，但不久也停止生长。细胞计数及利用 3H-胸腺嘧啶脱氧核苷的研究表明种子根和侧根的根尖部位没有或仅有少量细胞增殖。因此推断突变体不能活化根分生组织(Cheng et al.，1995)。对克隆到的 *rml*1 基因分析发现，它是谷胱甘肽(GSH)合成途径中的第一个酶，即谷氨酰半胱氨酸合成酶(r-glutamylcysteinesynthetase)。*rml*1 的表型可以被外源 GSH 恢复，说明依赖 GSH 的发育途径是分生组织活化所必需的(Vernoux et al.，2000)。与拟南芥 *rml* 突变体不同，玉米 *slr*1 和 *slr*2(short lateral roots)突变体侧根细胞伸长受阻，因此，形成的侧根较短。同时，还发现了侧根无法正常分化的玉米突变体 *rum*1(Woll et al.，2005)和 *lrt*1。另外，在水稻中发现了 *rm*109 突变体，其表现为侧根的分化受到抑制。

根毛的形成：拟南芥根系表皮有两种类型的细胞，即根毛产生细胞(root-hair-bearing cell)和无根毛细胞(hairless cell)。控制未成熟表皮细胞命运的关键因子是紧靠表皮的皮层细胞。多年的研究已证明，许多蛋白质形成互作网络决定了未成熟细胞的命运；拟南芥 *GLABRA2 (GL2)*是决定细胞分化成根毛产生细胞还是无根毛细胞的关键因子(Masucci et al. 1996)。*GL2* 基因与 *WER*、*GL3*、*EGL3* 形成转录调控复合物在无根毛细胞中上调表达，相反，根毛产生细胞中，*GL2* 基因受到 CPC 的抑制而下调表达，而且 CPC 是通过从无根毛细胞转移到有根毛细胞中才发生作用的(Lee et al.，1999)。近年来的多数研究分离克隆到参与根毛形成、分化、生长的基因，比如：ACTIN（ACT2）、cellulose synthase-like protein KOJAK、the serine/threonine kinase OXI1、RabGTPase RabA4b，他们形成一个调控网络共同控制了根毛的发生以及形态。目前，已经在玉米中发现了 3 个根毛无法伸长的突变体 *rth*1、*rth*2 和 *rth*3（Wen，1994），水稻中发现了一个无法发育产生根毛的突变体 *rh*2（IchII et al.，2000），这些突变体仅仅是禾本科作物中关于根毛形成研究的开始，还需要有大量的研究工作。

三、根系发育基因表达调控

近几年的研究表明，植物细胞的许多重要功能基因通过其转录水平的调节控制根系的形态建成和生长发育。目前，已经在拟南芥中克隆到 17 个基因的转录因子基因（共 12 个家族）参与调控根系的生长发育：*MP*（*ARP* 家族）、*BDL*（*AUX/IAA*）和 *QHB*（*HB* 家族）参与根系分生组织的形成；*SHR*、*SCH*（*GRAS* 家族）基因控制细胞的径向分裂；*TTG1*（*WD40* 家族）、*GL2*（*HB* 家族）、*CPC*、*TRY*、*ETC1*、*WER*、（*MYB* 家族）、*GL3*（*bHLH*）基因控制皮层细胞的形成；*NAC1*（*NAC* 家族）、*IAA28*、*SLR1*（*AUX/IAA* 家族）、*KNAT6*（*KNOX* 家族）、*ANR1*、*AGL21*（*MADS* 家族）基因参与侧根的发生与形成。

另外，已经开始对拟南芥、玉米、白杨根系基因转录组进行分析（Fizames et al.，2004；Poroyko，2005）。利用 Serial Analysis of Gene Expression（SAGE）方法系统对拟南芥、拟南芥 TNT 处理后以及玉米根系基因转录组进行了分析（Fizames，2004；Poroyko et al.，2005），认为植物根系中有 15000～20000 个基因的转录本在表达。许多高丰度的标签代表了编码参与糖酵解途径、戊糖磷酸途径、木质素合成和硫的同化途径基因，另外，编码运输蛋白（transporter）和离子通道（channels）的基因在 SAGE 文库中也具有很高的表达丰度（Poroyko et al.，2005）。2003 年，Benfey 等将拟南芥 22000 个基因在根系 15 个不同部位区域中原位表达谱进行了分析，发现大约 54%的基因在中柱、内皮层、皮层、表皮层和根冠 5 个部分中表达量存在差异。另外，和生长素相关的基因主要在根系成熟区的中柱细胞中表达，和 JA 相关的基因主要在伸长区和外皮层以及根冠中表达，和 GA 相关的基因表达的区域主要是伸长区的中柱细胞。这些结果为全面了解根系基因的表达特点提供了资料（Birnbaum et al.，2003）。

除了转录水平的调控研究之外，根系发育蛋白质水平调控的研究已经开展。利用玉米侧根发生突变体 *rum*1、*lrt*1 和野生型在蛋白质表达水平的差异比较发现，有 14 个蛋白在野生型和 *rum1* 之间存在显著差异（Liu et al.，2006），47 个蛋白在野生型和 *lrt1* 之间存在显著差异（Hochholdinger et al.，2004），这些差异表达蛋白参与到木质素的合成和三羧酸循环途径中（Liu et al.，2006）。

四、根系发育的激素调控

在五大类经典植物激素中，外源生长素能够促进侧根的发生；外源细胞分裂素及脱落酸抑制侧根的发生；赤霉素没有影响或影响甚微；乙烯则通过调控生长素的代谢而起一定的作用（Charlton et al.，1996），并抑制侧根原基的形成，阻碍分生组织的分化；内源生长素由地上部的顶端分生组织合成，然后从上向下运输，促进根系的发育以及维管束的分化；内源细胞分裂素由根冠合成，从下往上运输，提高细胞质及维管束形成层的敏感性，促进维管束分化及根系的空间特性。因此，侧根发生的激素调控实际上就是指生长素类对侧根发生的调控，而生长素及细胞分裂素均能调节根系的向地性。早在20世纪50年代，科学家们就开始对生长素与侧根发生的关系进行研究。利用生长素极性运输抑制剂抑制地上部合成的生长素向根部的运输，从而抑制侧根形成(Ruegger et al., 1997；Reed et al., 1998)；增加生长素的含量或者喷施外源生长素会使侧根的数目有所增加(Himanen et al., 2004)。近几年还发现了调控生长素极性运输的PIN蛋白，各种PIN蛋白的表达变化会导致侧根数目发生明显差异。油菜素甾醇类(Brassinosteroids)，脱落酸(ABA)通过调控生长素的运输和信号转导来调控根系的生长发育。对ABA合成受阻的突变体*abi3*喷施生长素后，侧根的发生也会减少，表明ABA在生长素调控侧根发生的过程中也起着作用。

五、根系对逆境条件的响应

根系被认为是植物抵抗外界胁迫如干旱、营养胁迫非常重要的器官(Grime et al., 1991)。根系对外界信号的响应主要通过调控侧根的发生、分化以及生长来实现。比如，大部分抗干旱胁迫的水稻品种与不抗旱品种相比都具有庞大的根系，侧根数目以及根长增加；耐低磷的拟南芥生态型具有最高的根冠比。逆境胁迫条件下，根系会产生许多形态以及解剖学方面的变化，例如，根系呼吸速率明显降低、各种激素含量显著变化等。对于根系对逆境响应的分子调控机理的研究目前仍处于起步阶段。

第二节　甘蔗根系主根的发育机制

一、主根发育机制

高等植物的主根是由胚根即种子根发育而成的。主根生长发育过程中，细胞分裂方向有平周分裂、垂直分裂和横向分裂3种形式。甘蔗属须根系作物，因此有着众多的主根系，这与水稻，小麦等作物相似，但又不同于水稻及小麦；水稻及小麦植株较甘蔗要小许多，因此根系也不及甘蔗发达，甘蔗主根系较粗，且长度可达2 m以上，仅侧根都较水稻及小麦主根粗，国外专家曾研究发现，甘蔗根系可超过5 m，由此可看出甘蔗根系极为发达。

在主根发育过程中，通过突变体筛选得到了一系列调控主根发育的关键基因，如AUXIN RESISTANT1(AXR1)、AUXIN RESISTANT3/IAA17、AUXIN RESISTANT6、BODENLOS(IAA12)、MONOPTEROS(MP/ARF5)、NONPHOTOTROPIC HYPOCOTYL4(NPH4/ARF7)、PIN-FORMED INFLORESCENCE LIKE 4(PIN4)、PLETHORA1(PLT1)、PLETHORA2(PLT2)、SCARECEOW(SCR)、SHORT-ROOT(SHR)、TORNADO(TRN)、WOODEN LEG(WOL)等。胚胎发育的早期，许多根细胞的命运就已经被确定了；通过突变体筛选，许多调节和控制拟南芥主根纵向模式的基因被发现并克隆，但各个基因在甘蔗上的调控方式扔有待进一步的研究。

(一)参与胚根顶部—基部纵向模式建立的关键基因

植物胚胎发育具有极性即从生态学上端至下端。其结果形成了植物地上部与地下部(根部)。植物主根包括根冠、分生区、伸长区和根毛区 4 部分。主根顶部-基部纵向模式的建立源自顶部和基部衍生细胞的有序发育，基细胞的上部衍生细胞-胚根原基，产生静止中心和根冠原初细胞；顶细胞的衍生细胞-胚根原基，产生静止中心和根冠原初细胞；顶细胞的衍生细胞形成根分生组织和根的其他部分；链接下胚轴的根大部分由顶端细胞形成，通过突变体筛选，确定了一些参与胚根顶部-基部纵向模式建立的关键基因，包括 *MP*、*HBT*、*BDL*、*AXR6* 和 *RBR* 等。

MP 编码转录调控因子 *ARF5*，能激活生长素响应基因的表达，是植物维管组织形成所必需的，而 *mp* 突变体则是缺少主根和下胚轴。*HBT* 基因可能参与胚根原初细胞，根分生组织原初细胞和侧根冠的形成，*hbt* 突变体有子叶、下胚轴和小胚根，但胚根分生组织的特异化功能产生缺陷，使得侧根和不定根发育异常，在四细胞胚发育时期，*hbt* 突变体开始异常发育，之后胚根原初细胞进行非典型分裂，导致 *hbt* 突变体根中缺乏静止中心和根冠细胞的特异化，使得侧根不能形成根冠。另一种主根异常的突变体 *bdl (bodenlos)*缺少分生组织，且对生长素 2,4-D 不敏感。*AXR6* 突变导致胚胎建成初期细胞分裂异常，胚根原基不能进行不对称细胞分裂，最后不能形成静止中心。

(二)参与主根辐射模式建成的关键基因

主根由外到内依次包括表皮、皮层、内皮层和中柱等部分，植物主根结构从几何学角度来看是辐射对称的，在主根发育过程中，表皮、皮层、内皮层和中柱的发育以及各部分由外到内固定位置的形成是辐射模式。在研究辐射模式形成的突变体中发现，在下胚轴和胚根中表现的表型在幼苗中同样出现，表明辐射模式在胚胎发育时期就已经形成。实际上，主根发育的辐射模式在心形胚时期就已建立并持续存在。利用解剖学和克隆技术发现在心形胚发育后期，根分生组织细胞(被第一层侧根根冠细胞保卫的)将在种子休眠后重新进行细胞分裂形成胚后根分生组织。

目前，已确定的参与辐射模式建立的拟南芥基因包括 *SCR*(*SCARECROW*)、*SHR (SHOOT ROOT*)、*WOL*(*WOODEN LEG*)和 *HLR*(*HALTED ROOT*)等。*SCR* 和 *SHR* 基因编码 *GRAS* 类转录因子，二者均通过调控细胞的不对称分裂影响主根的发育。从横切面来看，野生型拟南芥主根在表皮与中柱之间有皮层和内皮层两层细胞，而在胚根发育时期，分生组织中的皮层-内皮层原初细胞即干细胞，分裂产生两个子细胞，其中一个子细胞能像原初细胞一样进行细胞分裂；另一个以不对称分裂方式形成皮层和内皮层细胞，而 *scr* 突变体和 *shr* 突变体的根中则只有一层细胞。其中，*scr* 突变体根上的这层细胞兼有皮层和内皮层细胞的特点，说明皮层和内皮层是由共同的一层原始细胞通过不对称分裂的基因缺失造成的，通过原位杂交分析证实 *SCR* 基因在皮层原初细胞核所有的皮层细胞中表达。*scr* 突变体缺少第二次细胞分裂，造成只有一层融合细胞取代皮层和内皮层，*shr* 突变体也缺少第二次细胞分裂，但这层细胞只取代皮层，缺少内皮层。这两种突变体的表型在胚胎建成的心形胚时期就已表现出来，因而基本分生组织形成的平周分裂没有发生。

WOL 基因突变会导致拟南芥根和下胚轴缺少韧皮部的特异化，维管细胞减少。但 *wolfass* 双突变体有韧皮部，说明 *WOL* 主要参与细胞分裂，而不是参与细胞命运的决定。

HLR 基因编码由 443 个氨基酸组成的 26s 蛋白复合体的第 4 亚基-RPT2a 蛋白。*HLR* 在拟南芥根分生组织表达，在真核生物中高度保守。其功能主要是负责维持静止中心的正常功能以及降解 AXR3/LAA7 蛋白。*hrl* 突变体的生长受阻碍，主根和侧根变短。且在胚胎发育期间，根的分生组织发育正常，但萌芽后在 QC 和原初细胞中检测不到 *SCR* 基因的表达，最后分生组织的细胞受到破坏，说明 AXR3 蛋白的程序化降解对于维持根的纵向和辐射模式的发育非常重要。

PLT 基因编码 AP2/EREPB 类的转录调控因子，其中，一个成员 *PLT*1 主要在静止中心(QC)细胞以及围绕 QC 的干细胞和最上层的中柱细胞中表达，*plt* 突变体中含有过多的中柱细胞核 QC 细胞，*SHR* 和 *SCR* 基因表达并不依赖于 *PLT*1 和 *PLT*2，说明 *SHR* 和 *SCR* 基因位于 *PLT* 的上游。研究发现，生长素含量的积累能促进 *PLT* 基因的转录，在生长素响应因子 *nph*4 *mp* 双突变体中，*PLT* 的转录水平显著降低，而单突变体 *PLT* 的转录水平却不受影响，说明 *PLT* 的转录依赖生长素响应因子 *NPH*4 和 *MP*；经深入研究发现，其位于生长素信号的下游。

(三) 参与圆周模式建立的关键基因

圆周模式的建成是指某些植物如拟南芥的一些表皮细胞能够发育形成根毛，而另一些细胞则发育成非生毛细胞。他们的发育命运与他们所处的空间位置有关。这种发育模式就成为圆周模式。拟南芥根的所有表皮细胞都有形成根毛的潜力。但不是所有的表皮细胞在正常的条件下都会形成根毛。生毛细胞和非生毛细胞的差别是生毛细胞一般较长，细胞质稠密，液泡化较晚。目前研究表明，*TRANSPARENT TESTA GLABRA*(*TTG*)、*GLABRA*2(*GL2*)、*ECTOPIC ROOT HAIR*1(ERH1)、*ECTOPIC ROOT HAIR*2(*ERH2*)、*ROOT HAIR LESS* 1(*RHL1*)、*ROOT HAIR LESS* 2(*RHL*2)、*ROOT HAIR LESS* 3(*RHL*3)、*CONSTITUTIVE TRIPLE RESPONSE* 1(*CTR*1)、*WEREWOLF*(*WER*)、*TINY ROOT HAIR* 1(*TRH*1)等基因参与根毛的发育。

二、植物激素对主根发育的调控

植物激素在调节主根发育方面起重要作用，这方面的研究成果也很多。下面分别介绍生长素、乙烯等植物激素对主根发育的调控。

(一) 生长素对主根发育的影响

生长素是一种植物内源激素。研究结果发现生长素在纵向模式、辐射模式和圆周模式建成 3 个方面调节主根的发育。

1. 生长素的极性分布

生长素在根中的分布与位置效应有密切关系。生长素在静止中心下面区域密集分布，此外在延伸过程中有点状分布(Ljung et al.，2005)。生长素的极性分布决定根的结构建成，所有分生组织在根尖远端细胞区域起始，形成不同类型的原分生(干)细胞。单个静止细胞的切除导致相邻起始细胞不能分化成干细胞，使细胞分裂停止，根冠壳层淀粉粒积累。只有与静止中心接触的起始细胞受到影响，表明从静止中心短距离发射信号抑制细胞分化程序保持围绕着静止中心的干细胞模型(Scheres et al.，2002)。植物通过生长素运入载体(influx carrier)和运输载体(efflux carrier)将生长素从植物体内的合成部位运输到作用部位，比如，从生长素合成点地上部芽运输到生长素作用位点地下根。但这些参与运输的载体 PIN1 和 AXR6 在维管组织细胞中分布很不均匀，以致影响生长素的分布，造成生长素在植物组织空间上分布不均，如在静止中心和根冠中大量积累。研究发现，生长素参与主根纵向模式的建立，泛素降解途径参与生长素的信号传导而影响植物主根发育。

2. **生长素作用的分子机理**

生长素通过控制影响胚根发育的一系列关键基因起作用。ARF 和 AUXIN/IAA 都是生长素代谢途径的转录调控因子且都拥有 4 个保守结构域，在植物发育过程中承担着不同的角色。拟南芥中有 23 个编码 ARF 和 29 个编码 AUXIN/IAA 蛋白的基因，ARF 可以与生长素响应基因启动子区域的顺式作用元件(auxin responsive elements，auxREs)结合，从而调节生长素响应基因的表达。AUX/IAA 通过与 ARF 结合对 ARF 活动起抑制或促进作用。另一方面，生长素受体 TANSPORT INHIBITOR RESISTANT1 (TIR1) (Pan et al.，2009)和它的调控蛋白 AUXIN RESISTANT1 (AXR1) (Schwechheimer et al.，2002)、生长素反应因子(auxin response factor) (Berleth et al.，1993；Hardtke et al.，2004)、BODENLOS (BDL) (Hamann et al.，1999；2002)介导对生长素反应的转录，BDL 与 MP 相互作用。TIR1 是一种 F-box 蛋白，生长素通过调节 SCF^{TIR1} 复合体活动而促进 AUX/IAA 蛋白降解。因此，AUX/IAA 的稳定性是生长素信号传导最重要的环节。许多 AUX/IAA 和 ARF 参与根发育，如 *MONOPTERO*(*MP*)/*ARF*5、*NONPHOTO-TROPIC HYPOCTYL*4(*NPH*4)/*ARF*7、*BODELOS*/*IAA*2 和 *AUXIN*/*RESISTANT*3(*AXR*3)/*IAA*17 等在主根模式建成中起调节作用。生长素极性运输抑制剂(naphtylphtalamic acid，NPA)处理可使合成生长素反应元件控制的 R5：GUS 在根尖的远端标记分布的位置改变，从而使静止中心和壳轴在整个分生组织中分布。NPA 处理也可改变根冠区域轴柱的大小和性状(Scheres et al.，2002)。

3. **生长素对根发育模式建成的影响**

MP 能与生长素响应基因(auxin-responsive genes)启动子区域的生长素响应元件(auxREs)结合，从而影响生长素的生理效应。NPH4 编码 ARF7，蛋白质结构分析发现，ARF5 和 ARF7，在结构上有很大的相似性，两者都具有保守的 N 末端 DNA 结合域(DNA binding domain，DBD)和 C-末端二聚化区域(C-dinmerization domain，CDT)，两者都是转录因子，*MP* 和 *NPH*4 都能传递早期胚胎发育所需的生长素信号，mp nph4 双突变体没有出现新的表型，但 *mp* 突变对缺陷表型的贡献大于 nph4。

*bd*1 突变体对生长素不敏感，缺乏正常的主根分生组织；但能由中柱鞘细胞形成侧根；在早期胚胎发育时期与 *mp* 突变体的表型相似，在苗期表型与 *mp axr*1 双突变体相似；这也暗示生长素参与了胚胎发育。*PLT*1 和 *PLT*2 基因位于生长素响应因子 *MP* 和 *NPH*4 的下游。*plt* 突变体不能形成静止中心 QC，而 *PLT* 基因过量表达则导致 QC 和根冠异位，表明 *PLT* 可能是联系生长素积累和根模式建成的关键调节因子。

(二)乙烯对主根发育的影响

乙烯是一种植物气体激素。影响对植物生长发育具有“三重效应”。对主根发育的影响主要表现在对表皮细胞圆周模式建成的影响，乙烯能够促进非生毛细胞发育为生毛细胞，用乙烯合成前体-1-环丙烷磷酸(1-amino-1-cyclopropance carboxylate，ACC)处理萌发的种子会促进根毛的异位形成并使得根毛数目增多，根长变短，但其也会抑制根细胞的伸长。如果添加乙烯合成抑制剂-氨基乙氧基乙烯基甘氨酸(aminoethoxyvinylglycine acid，AVG)则减少根毛的形成。采用5μmol/L AVG处理后，仅有11%的表皮细胞发育为生毛细胞，25μmol/L AVG处理后所有的表皮细胞均受到阻止而不形成根毛。植物激素IAA能够明显促进根细胞的伸长，但其对根毛或异位根毛的形成却没有影响。Raf蛋白激酶CONSTITUTIVE ETHYLENE RESPONSEI(CTR1)是乙烯信号传导的负调控因子。*Ctr1*突变体的根中的非生毛细胞可以转变为生毛细胞。

(三)其他植物激素对主根发育的影响

基因芯片数据表明，植物激素GA和JA在主根发育过程中上调表达，表明GA和JA可能调控主根发育，但具体如何调控主根发育，目前尚不清楚。有关其他植物激素对主根发育的影响目前也不清楚。

三、植物激素对主根生长的影响

生长素和乙烯在主根发育过程的模式建成中起着重要作用。而当主根突破种皮后，植物激素还影响主根的生长，其中，赤霉素和生长素促进主根的生长，而乙烯抑制主根的生长，生长素和乙烯对主根生长的调控都是通过调节赤霉素负转录调控因子-DELLA蛋白的降解来实现的。

(一)生长素和赤霉素促进主根伸长

对拟南芥去顶后，发现拟南芥主根长度比对照减少一半，而施加外源生长素后，可使主根恢复到原来的水平，表明生长素能够促进拟南芥主根的伸长。另外，采用GA处理不仅能促进拟南芥主根的生长，且能部分恢复植株上主根受抑制的现象，说明在主根的生长过程中，生长素和赤霉素具有交叉作用。

DELLA蛋白是一种生长抑制因子。研究发现，施加外源GA 4h后，根尖中的DELLA蛋白就能被部分降解，而根基部的DELLA蛋白则被完全降解，表明GA通过降解DELLA蛋白来解除其对主根生长的抑制作用。而DELLA蛋白的活性能够通过去顶处理增强，通过添加外源生长素降低，表明生长素对主根生长的促进作用也是通过促进DELLA蛋白的降解来实现的。此外，去顶处理能够缓解GA对DELLA蛋白降解的促进作用，而外源施加生长素IAA后去顶处理的影响被解除，说明生长素和GA的信号传导在DELLA蛋白处交会。

(二)乙烯抑制主根生长

乙烯对主根的生长具有抑制效应。实验证明其抑制拟南芥主根的生长是通过延缓DELLA蛋白的降解来实现的。在不加乙烯的情况下，10μmol/L的GA处理90min就使根尖中的DELLA蛋白部分降解、根部伸长区的DELLA蛋白完全降解；GA处理3h能使根尖和伸长区的DELLA蛋白完全降解，说明通过延缓DELLA蛋白的降解GA可以实现对拟南芥主根生长的抑制。但是，GA对根部DELLA蛋白的降解作用受到乙烯的拮抗作用，表现在加乙烯能够延缓GA对根部DELLA蛋白的降解，而不加乙烯处理，GA在3h内就基本能完全降解DELLA蛋白，说明植物激素通过彼此相互作用调节主根生长。

（三）其他植物激素对主根生长的影响

油菜素类固醇（brassinoteroid，BR）在植物界广泛存在，特别是植物的生殖器官中含量较高。低浓度的表油菜素内酯（EBR）促进拟南芥主根的生长。BR促进拟南芥主根的生长不受乙烯、生长素和GA的影响，即BR的作用是专一的。但其却能影响与乙烯、生长素和GA有关的基因的表达。

NO是一种信号分子，在植物、动物和细菌中普遍存在。可通过酶促和非酶促方式在植物体内形成。NO能够调节植物的向性反应，花粉管的生长和发育，植物开花、种子萌发，逆境响应以及根系发育等，甚至有人将其也作为一种植物激素。有报道称，在番茄主根的生长过程中NO具有抑制作用。

综上所述，主根的发育是一个非常复杂的过程，受到多种因素的影响和调节。许多基因和蛋白，尤其是转录因子起着重要的调控作用。通过新技术，新思路寻找新的调控因子是目前主根发育的研究热点之一。对调节根发育的转录组分析将会揭示新的转录调控因子，SAGE（serial analysis of gene expression）文库的建立可以为筛选根发育的有关基因提供平台，在研究主根发育方面，miRNA和siRNA干扰技术是当前的研究热点。相信通过转录组测序以及基因芯片技术、突变体筛选和功能分析、功能基因组学和蛋白组学研究手段的综合应用，人类将会更深入地了解主根发育的分子机理。

第三节　甘蔗根系侧根的发育机制

一、侧根的发育

侧根是甘蔗根系的重要组成部分，对甘蔗的生长发育起着不可替代的作用。其他作物对侧根的研究已较成熟，但在甘蔗上的报道仍较少。Malamy和Benfey将侧根的发育分为不同阶段（图5-1）：与侧根发生有关的第一个形态学事件主要发生在与木质部相邻的中柱鞘细胞的两个基本细胞上，这两个细胞同时进行不对称的横向分裂，长成两个短的细胞，并在短细胞的侧面产生两个长的细胞，这是侧根发生的第一个时期；第二个时期，中心的短细胞经过平周分裂形成原基细胞，由内外两层细胞组成；进入侧根发生的第三个时期，外层的细胞经过平周分裂形成三层的原基细胞；在第四时期，内层细胞经过平周分裂形成四层细胞；到第五个时期，侧根原基达到皮层的中间部位，直到第八个时期侧根原基的出现。侧根形成的关键是中柱鞘细胞的去分化，重返细胞周期，而且重返细胞周期的G2期对于侧根的发生起关键作用。已有研究表明，大部分的中柱鞘细胞都处于细胞周期G1期，只有在木质部的中柱鞘细胞经历从G1期到G2期的转变，即使在去除了根尖分生组织后，木质部的中柱鞘细胞仍能控制细胞周期。

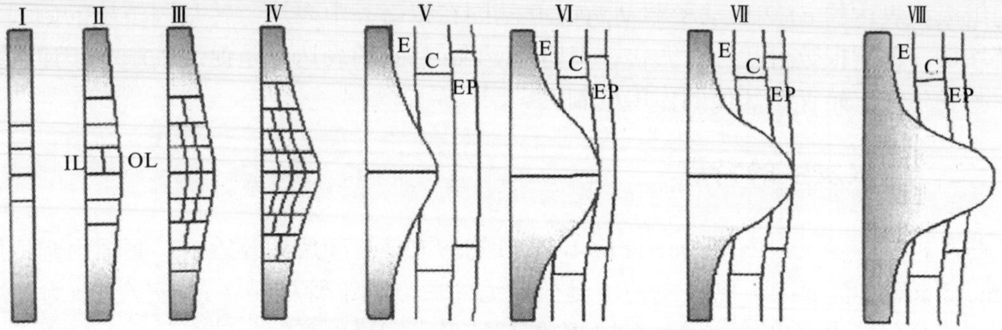

图 5-1 拟南芥侧根 LR 发生模式图(Casimiro et al., 2001)

表皮 E(epidermis);皮层 C(covtex);表皮 EP(Epidermis);

Ⅰ. 一对 LR 原基细胞;Ⅱ. 细胞发生横向不对称分裂,形成内层(IL)和外层(OL);Ⅲ. OL 层细胞进行平周分裂形成三层 LR 原基细胞;Ⅳ. IL 层细胞进行平周分裂形成皿层 LR 原基细胞;Ⅴ. LR 原基细胞穿过内皮层;Ⅵ-Ⅷ. LR 原基细胞依次穿过皮层、表皮

可以看出,G1/S 期关节点是侧根干细胞选择的关键,G2/M 期关节点是侧根起始的关键,因此,参与调控 G1/S 期和 G2/M 期转换的细胞周期因子在此过程中发挥重要作用。对玉米原基缺失突变体 *rum*1(rootless with undetectable meristems)的转录组分析进一步证实了这种推测。目前,研究较为深入的有 3 种类型的细胞周期因子 A 型 CDK、B 型和 D 型 CYC。

在侧根起始过程中,A 型 CDK 在中柱鞘细胞中高效表达,表明其与侧根干细胞细胞周期的激活密切相关。而 D 型细胞周期蛋白是 A 型 CDK 的调控亚基,它能接合 A 型 CDK,并激活其活性。D 型周期因子是细胞周期转变的关键因子,在 G1 期向 S 期的过渡过程中起作用,另外,其还参与 G2 到 M 期的转换,受细胞分裂素和赤霉素的调控。CYCD4.1 在侧根原基的起始过程中大量表达,过表达 CYCD3.1 可使突变体 *slr*1(solitary root)中柱鞘中的静止细胞脱分化,重新开始分裂。CYCB1.1 为 G2 期特异表达蛋白,在中柱鞘中表达,组成型表达 CYCB1.1 基因可促进侧根的伸长,但侧根数目没有明显增多,表明 CYCB1.1 仅是侧根起始的结果而非原因。近年来发现,PBR-E2F 系统也参与侧根起始过程中干细胞从 G1 期到 S 期转换的调控。PBR 可以调控根部干细胞的分化。E2Fc 是 E2F/DPs 转录因子家族成员,可抑制中柱鞘细胞分裂,降低野生型植株中 E2Fc 基因的表达可使侧根增多 40%,说明调控 G1/S 期转换的基因对于侧根的起始具有重要作用。但由于细胞周期蛋白具有不同的家族成员,彼此之间存在潜在的功能冗余,因此,某个 CYC 基因活性对于侧根形成和发育的影响并不大。

关于侧根原基发生起始的调控机制目前还不清楚,但可以肯定的是细胞周期相关基因的表达参与侧根原基发生起始过程的调控。细胞分裂周期蛋白(*cyclin*)基因和 *cdc2* 基因控制真核生物细胞分裂周期的进程。*cdc2a* 在保持分裂能力的拟南芥中柱鞘细胞核旺盛分裂的分生组织中持续表达,而侧根原基发生的起始于细胞的旺盛分裂密切相关,因此,侧根原基起始过程中对基础细胞分裂增值的调控伴随对 *cdc2a* 基因表达的调控。细胞周期相关

基因 *cyc1At* 则只在处于活跃分裂状态的细胞中表达，如根顶端分生组织和侧根原基细胞。采用组成型表达的 *cdc2* 启动子驱动 *cyc1At* 基因在拟南芥中表达，转基因植株的侧根长度显著增加，但侧根数目却没有变化。表明 *cyc1At* 基因的表达只是促进细胞分裂速率，侧根原基发生的起始存在其他的作用机制。

二、侧根发生的特点

与主根发育相反，侧根(lateral root，LR)的形成是从胚后期开始的，侧根由侧根原基(primordium)发育而来。侧根原基由母根根毛区后方的维管柱鞘一定部位的细胞经脱分化、恢复分裂能力而来(图 5-2)，进行细胞分裂形成侧根原基的基础细胞并不是位于细胞旺盛分裂的根尖分生区，而是在成熟区。侧根起源于根内维管柱鞘部位的发生方式称为内起源(endogenous origin)。侧根在维管柱鞘的发生部位，与初生木质部和初生韧皮部的位置和束数有关。在被子植物中，组织解剖学的研究表明，侧根起始于主根系中的中柱鞘细胞，侧根的发生远离根尖分生组织，位于根分化组织区域，根中柱鞘细胞处于不活跃的分裂状态。侧根的发生起始于特定的中柱鞘细胞，称为中柱鞘建成细胞(founder cell)。这些细胞比其他中柱鞘细胞明显变短，且处于细胞分裂的 G2 期，相对于 G1 期停滞的细胞来说染色体加倍。

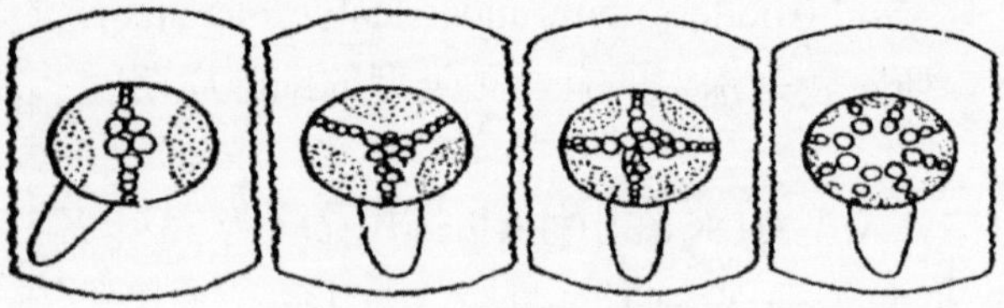

图 5-2 侧根的发生规律(邢国芳等，2012)

侧根原基在维管柱鞘上的发生有位置效应，也常因植物种类不同而不同。在二原型根中，侧根发生有位置效应，也常因植物种类不同而不同。在二原型根中，侧根发生于原生木质部和原生韧皮部之间或正对着原生木质部的维管柱鞘细胞。在前一种情况下，侧根行数为原生木质部辐射角的倍数，如胡萝卜为二原型，侧根有四行；在后一种情况下，侧根只有两行，如二原型的萝卜。在三原型、四原型根中，侧根多发生于正对原生木质部的维管柱鞘细胞，初生木质部辐射角有几个，常产生几行侧根。如棉花为四原型，侧根有四行(图 5-2)，在多原型根中，侧根常产生于正对着原生韧皮部的维管柱鞘细胞。从外部观察，侧根在母根上沿长轴纵向排列，行列的数目等于初生木质部的束数。

三、氮素营养与侧根发育

氮素营养在植物侧根发育过程中起着重要的作用。植物体中氮素一般以铵盐的形式存在。在硝酸盐诱导侧根发育的研究中，人们发现土壤中硝酸盐的不均匀分布导致高养分区域侧根增多。早期研究认为高浓度的 NO_3^- 会导致光合产物和生长素流入浓度增加，从而促进侧根的伸长。随后人们发现在硝酸盐调控侧根伸长机制中，侧根的发生受两方面的调节：一是根部硝酸盐浓度的提高可以通过改变碳氮比抑制侧根伸长即系统抑制效应；二是根际硝酸盐浓度的提高可以作为一种信号刺激该区域内侧根分生组织的分裂，从而促进侧根的伸长即根际硝酸盐的诱导效应。这两个途径分别由不同的基因控制，综合决定侧根的发生。一种被称为 lateral root initiation（*lin*1）的突变体能够打破蔗糖低氮素营养条件下侧根发生的抑制，该突变体能在高碳氮比的培养基上产生分枝发达的根系。另一个硝酸盐调控侧根发生信号途径中的重要成员 ANR1，其编码一种硝酸盐诱导的 MADS-box 转录因子，其表达受到抑制的植株表现出硝酸盐抑制效应。总之，氮素营养对侧根发育的影响，主要有以下几方面：首先，低浓度的硝酸盐促进侧根发生；其次，高浓度的硝酸盐抑制侧根发生；最后，高碳氮比抑制侧根的发生。

四、植物激素调控侧根发育机理

（一）生长素的作用

对于生长素与侧根发生发育方面已有很多报道，已有研究表明，在一定浓度范围内施用生长素能够增加侧根的数量。生长素不仅参与调节侧根的起始、侧根原基的形成，还参与分生组织的活化。一定浓度的外源生长素能引起几乎所有相邻木质部与木射线对应的中柱鞘细胞增生成为侧根原基。采用生长素运输抑制剂 NPA 处理（低浓度），使得侧根数目减少，但侧根原基的数目并没有减少；而高浓度的 NPA 处理则使得侧根原基的数目减少，表明生长素对侧根原基的形成起重要作用。

生长素在根中的运输分为两个方向：一个是从地上部向根尖的向顶运输，一旦生长素到达根尖后，就会穿过表皮和皮层细胞向基运输。生长素的极性运输对于保持根系的向地性具有重要的作用。产生于地上部的生长素向根中的运输对于侧根的发生和生长具有重要作用。在根冠节点处施加 NPA，导致拟南芥侧根数量和密度下降；施加 IAA 又能恢复侧根生长，如果切除植株地上部或者将其转移到黑暗环境中，侧根生长受阻，当在切口处再施加 IAA 时又能解除抑制作用，说明生长素从地上部向地下根系的极性运输控制侧根生长，但其并非是侧根起始所必需，如茎顶端分生组织突变体 *stm*1，不能形成叶原基但其侧根的发生和生长却不受影响，且其根中的 IAA 水平正常。Casimiro 等认为向基运输的生长素对于侧根的发生起重要作用，当侧根原基形成后，向顶运输的生长素对于侧根的出现和伸长起作用。据此提出侧根早期发育模型，认为侧根的发育分为侧根原基发生时期和侧根原基出现时期，前一个时期依赖于根尖向上运输的生长素，后一个时期则取决于地上部向下运输的生长素。

拟南芥无侧根的突变体 *slr*1（solitary root）能抑制生长素信号传导途径，阻止一些控制细胞周期基因的表达，以致侧根不能正常发生。外源生长素能够诱导蛋白激酶 *CYCD*3.1 在突变体 *slr*1 中过量表达，进而使中柱鞘中静止细胞重新启动分裂，但侧根数目仍然较少。研究发现，细胞周期因子 *CYCA*2.4 与 *CDKB*2.1 等基因的启动子区域含有 1 个或多个生长素响应元件（auxin responsive element，ARE），且生长素信号转导是通过 SLR/IAA14 蛋白泛素降解系统而实现的，IAA14 是生长素信号途径的负调控因子，依赖 AUX/IAA-ARF 的生长素代谢途径可能在此过程中发挥作用。因此，研究 IAA14 调节基因或相互作用蛋白对于解析侧根的发生机制具有重要意义。

在侧根发育过程中。首先由 *Aux1* 基因将生长素运送到中柱鞘细胞(Marchant et al. 2002)，然后由 *PIN* 家族基因不同成员输出生长素使得在中柱鞘细胞中形成不同浓度的生长素梯度。此时生长素一方面促进大部分的 Aux/IAA 基因的转录；另一方面又直接接合并活化受体 TIR1，从而导致 Aux/IAA 蛋白被泛素-蛋白酶体降解途径所降解。Aux/IAA 蛋白的降解使得与之结合的 ARF 因子活化，从而促进了受它调控的下游基因 *LBD*16 和 *LBD*29 的表达，使得侧根发生(图 5-3)。另外，侧根发育可能还有其他调控途径，研究人员在拟南芥中发现，*NAC* 转录因子家族基因 *NAC*1 可以被生长素受体 TIR1 活化，从而促进下游基因 *DBP* 和 *AIR*3 的表达，使得侧根发生(Xie et al.，2000；Guo et al.，2005)。

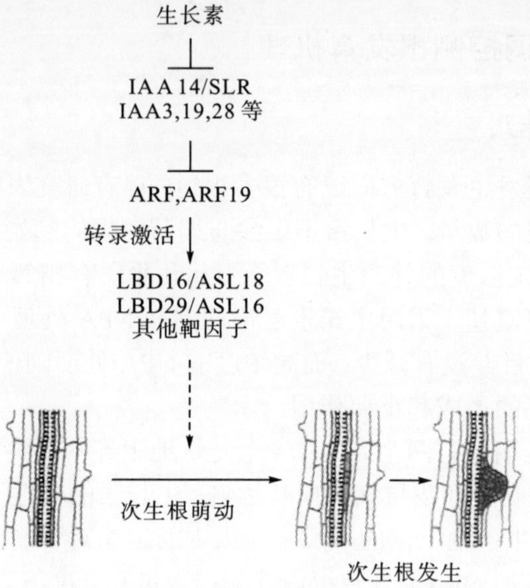

图 5-3 侧根发生途径(邢国芳等，2012)

转录因子 NAC1 介导生长素对于侧根的调控，受生长素诱导的 NAC1 可以激活 2 个生长素下游响应基因 *DBP* 和 *AIR3* 的表达，进而促进侧根起始。但是，外源生长素处理后，NAC1 的表达显著减低，深入研究发现，受生长素诱导的泛素连接酶 SINAT5 通过泛素化降解 NAC1，进而阻断了中柱鞘细胞中的生长素信号传导(图 5-4)。

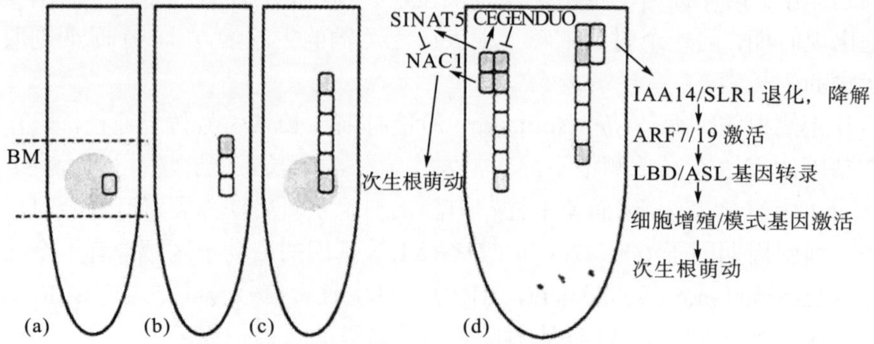

图 5-4 泛素介导的侧根发育机制(邢国芳等，2012)

(二)细胞分裂素的作用

细胞分裂素(CTK)对植物根系发育具有负调控作用，可以抑制侧根发育，外施 CTK 不仅降低侧根的长度和数量，而且阻止主根的伸长。转入拟南芥细胞分裂素氧化酶基因(*CKX*)的烟草体内细胞分裂素的含量减少，侧根数目增多，*CKX* 超表达植株的根系对外源细胞分裂不敏感。以上结果表明，细胞分裂素在某种程度上降低根系的生长，可能是通过影响分生区细胞的分裂速率或改变分离细胞的数目和大小起作用。李想(2006)对细胞分裂素与拟南芥根系发育进行了系统研究，得出的主要结论为：①外源施加 CTK 抑制拟南芥主根的伸长和侧根的起始，但促进侧根的延伸和根毛的发生发育；②外源 CTK 通过抑制根分生组织细胞分裂和减小主根成熟区皮层细胞的大小缩短主根的长度，而 CTK 处理后略微缩小的根分生组织区域也对主根的延伸起到一定的抑制作用；③外源 CTK 抑制侧根的起始，但并没有改变中柱鞘细胞的身份，而是阻断细胞越过细胞周期循环的 G2 到 M 过渡期，因此不能进入细胞分裂；④CTK 对拟南芥侧根起始的抑制和生长素对侧根起始的促进可能是通过两条不同的调控途径介导的；⑤CTK 对侧根起始的抑制信号是通过 CTK 的双元信号系统传导的，并且仅通过受体 CREI 介导；⑥在根毛的发生发育中，CTK 与生长素存在相互累加的促进作用。最近，研究还表明，细胞分裂素生物合成和分解代谢的酶在特定的细胞类型中表达显示出侧根 LR 的形成过程非常早就需要细胞分裂素的活动。Nibau 等(2008)发表了题为“Branching out in new directions：the control of root architecture by lateral root formation”的综述文章，提出细胞分裂素在植物侧根形成的 3 个关键阶段，即中柱鞘形成细胞的刺激和脱分化、侧根原基产生和侧根原基细胞膨大和生长中都起重要作用(图 5-5)。

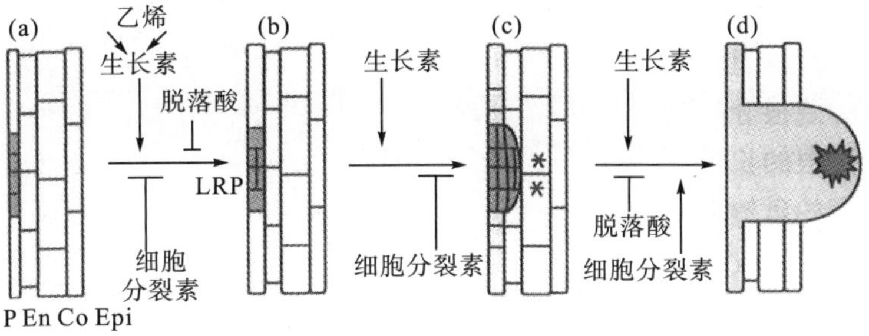

图 5-5 植物激素在侧根生长发育过程的作用示意图(邢国芳等，2012)

最近的研究发现，在玉米强优势杂交种中，细胞分裂素含量明显低于亲本，这可能与细胞分裂素氧化酶基因的上调表达有重要关系。转基因实验结果也表明，玉米细胞分裂素氧化酶基因超表达能显著提高拟南芥的侧根数目及长度。

CTK 对侧根的负调控并不是通过改变主根中柱鞘干细胞的特性，而是降低 G2 至 M 过渡期特异表达的 A、B 型 CYC 与 CDK 基因的表达水平，从而抑制 CYC/CDK 复合体的形成，导致细胞周期停留在 G2/M 期来实现的。外源施加 CTK，可以激活 G1/S 过渡期 CYCD 的活性，主要是诱导了 CYCD3.1 的转录，其介导的信号通路又可以被内结合在膜上的 NAC

类型转录因子 NTM1（NAC with transmembrane motif）途径所拮抗。*NTM1* 基因进入细胞核后，可诱导 CDK 抑制因子基因 *KRPs* 基因的表达，进而抑制细胞周期进程。CTK 可以通过两条途径来实现对细胞分裂的精确调控：一是抑制 NTM1 的泛素化；二是阻止 26S 蛋白酶体的活性提高 NTM1 的稳定性。

CTK 与生长素均可调控 G1/S 与 G2/M 期的转换。它们的调控需要一个转录适配蛋白 PROPOZ1（PRZ1），该蛋白主要在根尖分生区和侧根发育过程中发挥作用。PRZ1 可以调控细胞周期相关基因的表达，进而介导植物激素信号对细胞增殖的控制。野生型拟南芥植株的生长同时需要生长素和细胞分裂素两种激素，而突变体 *prz*1 则只需要其中的一种。在没有植物激素时，突变体 B 型和 D 型 *CYC* 基因表达下调，在添加激素时，*prz*1 突变体内 *KRPs* 基因表达下调，*E2Fc* 和 *CDKB*1-1 显著上调，容易进入细胞周期，表明 *PRZ*1 基因是细胞增殖的负调控因子，说明生长素和细胞分裂素的平衡对于维持正常的细胞周期循环和植物的生长发育具有重要意义。

（三）ABA 与侧根的形成

研究表明，脱落酸（ABA）在侧根发育的不同阶段所起作用也不同。前人研究证实 ABA 可以诱导静止中心再分裂以调控根细胞的发育，从而实现对干旱逆境的应答反应。在侧根的起始过程中，ABA 可以拮抗生长素的正向作用。植物遭受缺水胁迫，根部 ABA 浓度迅速上升，诱导 KRP1 积累，进而抑制 CDK 活性，阻滞 G1 期到 S 期的转变，最终抑制根尖分生组织的分裂。另外，外源 ABA 可以抑制侧根原基突破表皮，阻断原基的激活，并削弱根原基中生长素的活性。但在水稻中 ABA 在侧根形成中所起的作用确是促进的。另外，ABA 在介导高浓度的硝酸盐对侧根原基发生的系统抑制中起作用，硝酸盐对根系的抑制可通过 ABA 途径和非 ABA 途径。ABA 在硝酸盐影响拟南芥侧根的发育过程中起重要作用。外施 ABA 抑制侧根生长，而加入 IAA 并不能缓解这种抑制作用，高浓度的 NO_3^- 和 ABA 在侧根分生组织功能的保持阶段起作用，即影响侧根分生组织活性方面起作用，在此过程中 ABA 可能是作为信号物质起作用的。

（四）赤霉素与侧根形成

越来越多的证据表明赤霉素在侧根的发生和发育过程中也起到重要的调控作用。赤霉素通路由受体、转录激活子、转录抑制子等作用因子组成（Sun et al.，2004，Ueguchitanaka et al.，2005）。DELLA 蛋白在赤霉素应答响应过程中以及赤霉素与其他激素相互作用过程中起到重要的作用（Achard et al.，2009，Nemhauser et al.，2006）。Gou 等（2010）对赤霉素合成缺陷型（35S：PcGA2ox1）及其赤霉素不敏感型（35S：rgl1）转基因株系分析好发现，转基因株系与野生型相比主根长度变短，侧根密度增加。但是，当利用外源赤霉素处理转基因株系时可以抑制侧根的形成。对于番茄（*Solanum lycopersicum*）、胡椒（*Capsicum chinense*）（Grossi et al.，2005）和林木方面的研究均表明赤霉素合成抑制剂（多效唑）可以促进侧根形成和发育。此外，阻断赤霉素通路的 DELLA 蛋白（GAI 和 RGL1）基因功能缺失后可以促使侧根数目增多（Busov et al.，2006）。以上结果说明，赤霉素在侧根形成和发育过程中起到重要的作用。

(五)乙烯与侧根的形成

实验证明乙烯对侧根形成有显著作用，乙烯在极低浓度条件下就有明显的促进作用，但浓度稍高就会抑制侧根原基的发生，且使侧根生长和发育畸形。乙烯在调控根系发育过程中与生长素协同作用。有一种观点认为，生长素对侧根的促进是乙烯介导的。外源乙烯能使根变短变粗，乙烯不敏感的突变体不表现根生长抑制。乙烯生物合成或乙烯作用抑制剂能部分减轻这种短粗根突变体的表现症状。另外，拟南芥侧根伸出前在中柱鞘细胞中也观察到 ACC 合成酶基因的诱导表达。番茄突变体 *dgt* 无侧根形成，用乙烯处理可以克服这种缺陷。这主要是 *dgt* 对生长素和乙烯的敏感性比较低。对生长素和乙烯不敏感的拟南芥突变体 *axr1* 只有有限的根能分枝。叶或茎上不定根的形成方式也涉及生长素和乙烯的作用。拟南芥突变体研究表明，乙烯对侧根的生长有抑制效应，这种抑制效应又与生长素相关。乙烯可以通过促进生长素的合成和转运，进而抑制伸长区细胞增大。可见，乙烯与生长素在次生根形成中的作用是密切相关的。乙烯通过改变生长素运输负调控拟南芥侧根的形成。过量产生乙烯增强生长素的向顶式和向基式运输，但是，这种增强的生长素运输在乙烯不敏感突变体 *etr1* 和 *etr2* 中并不存在，表明乙烯正调控生长素的向顶式和向基式运输。乙烯增强生长素运输导致原生木质部中柱鞘内生长素积累的减少从而影响侧根的起始。Ivanchenko 等(2008)分析乙烯与生长素在侧根起始与侧根原基发育过程中的互作情况发现，高浓度的外源 ACC 强烈抑制新原基的起始，但是，促进已经存在的侧根原基的出现。低浓度的外源 ACC 通过增加乙烯的合成可以促进侧根起始。利用生长素信号或乙烯诱导生长素合成相关突变体研究表明，乙烯对侧根起始的调控是通过调控生长素合成和信号途径实现的。这些结果表明，生长素和乙烯在侧根起始和原基发育上的互作是复杂的，但是，可以利用相关突变体进行深入研究。

(六)其他生长调节物质的作用

其他一些植物生长调节剂，如油菜素内酯(BR)也参与了侧根的发生发育，油菜素内酯主要促进细胞生长和增大。BR 可诱导细胞周期因子 *CYCD3* 基因表达。外源 BR 可以促进侧根的起始，但其诱导效应受生长素极性运输剂 NPA 的抑制，表明 BR 对侧根的诱导需要生长素的协同作用。拟南芥的 BR 受体类突变体 *bril* 对外源 BR 不敏感，其侧根较野生型减少。同时，根尖中生长素影响的 DR5∶GUS 的表达减少，而外源施加 BR 则促进 DR5∶GUS 在野生型根尖中的表达。BR 促进生长素在根中的向顶式运输，其很可能是通过增加生长素的向顶式运输来促进侧根的起始的。油菜类甾体类化合物也可调控生长素在植物中的分布，从而与生长素共同作用促进侧根的生长，并影响根的向性。

第四节 甘蔗不定根的发育机制

从植物的茎叶上发生的根因其发射功能的不确定性被称为不定根(adventitious root)。不定根对于扩大植物根系的吸收面积、增强根系的固定和支持功能具有重要作用。禾本科植物的不定根，常由分蘖节上长出，形成较早，构成根系的主要部分，也被称为茎生根(shoot-borne root)、冠根(crown root)或支持根(brace root)。甘蔗属禾本科植物，其根主要从节上的根点长出，因此甘蔗的须根也可称之为不定根，其发育机制与其他禾本科植物相似。

一、不定根的形成

水稻作为禾本科植物的代表，也是不定根研究的模式植物。其根系为须根系。水稻的胚根一般在萌发后两周就慢慢坏死，其后的生命过程依赖于胚后发生不定根。在种子根发生 2～3d 后，不定根开始发生。禾本科植物的不定根在茎上的位置比较固定，水稻鞘叶节以上的各节位，从下位节依次向上位节发生不定根。作为以无性繁殖为主要栽种方式的甘蔗而言，甘蔗的每个节上均有一圈根带，根带上有着多数根点，可形成不定根根系。

水稻不定根原基来自茎结部临近维管柱的中柱鞘最内层的分生细胞，这部分细胞经过 1 或 2 次平周分裂形成不定根原基起始细胞；原基起始细胞的内层细胞通过垂周分裂和平周分裂再分别形成表皮-内皮层、中柱起始细胞，而外层的细胞主要通过垂周分裂形成根冠起始细胞；表皮-内皮层起始细胞通过平周分裂形成表皮和内皮层，根冠以及中柱的起始细胞通过垂周和平周分裂增大组织；内皮层细胞通过一系列不对称的平周分裂形成若干皮层细胞；根冠起始细胞通过平周分裂形成若干皮层细胞；根冠起始细胞通过平周分裂形成轴柱(columella)，中柱起始细胞则继续分裂形成一个圆顶型的结构，在圆顶型的结构中，木质部已经形成，同时维管束的细胞逐渐分化成熟，根形态建成；原基细胞开始伸长及液泡化；最终，不定根原基突破表皮成为成熟的不定根(图 5-6)。

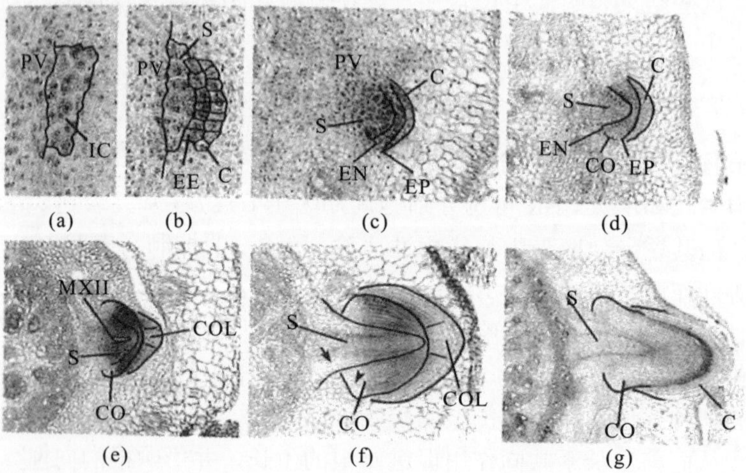

图 5-6 不定根原基形成的七个阶段

(a)不定根原基起始；(b)表皮-内皮层、中柱及根冠起始细胞建立；(c)表皮和内皮层形成；(d)皮层细胞形成；(e)根形态建成；(f)原基伸长及液泡化；(g)不定根原基出现

IC. initial cells；PV. peripheral cylinder of vascular bundle；C. root cap or its initials；S. stele (central cyclinder)；EP. epidermis；EN. endodermis；C. cortex；COL. columella；MXIL. late meta-xylem vessel

二、不定根发育的分子机制

形态学研究表明，不定根原基起始于邻近维管束的中柱鞘最内层的分生细胞，*CRL*1(crown rootless)在这些分生细胞中表达。水稻的两个基因*OsQHB*(quiescent-center-specific homebox)和*OsSCR*(scarecrow)在不定根原基起始细胞的最外层表达，此时，这两个基因功能存在冗余，而随着不定根原基发育至皮层细胞形成时，*OsQHB* 和 *OsSCR* 的表达区域发生差异；当不定根根冠可以明显区分时，*OsQHB* 在静止中心表达，而 *OsSCR* 则在内皮层表达。另一个基因 *OsWOX*11(WUSCHEL-related homebox)在不定根原基形态建成后的下一个阶段即不定根原基的伸长和液泡化以及不定根突破表皮的过程中表达。

第一个被克隆的水稻不定根发育有关的基因是 *CRL*1/*ARL*1(adventitious rootless)。该基因的突变体中不定根原基的起始受阻，结果导致水稻不定根缺失，*QHB* 和 *SCR* 基因在 *axl*1 突变体靠近中柱鞘的不定根原基起始细胞中表达，该基因的启动子加 *GUS* 报告基因(*CRL*1∶*GUS*)在靠近中柱鞘的不定根原基起始细胞表达，在其启动子区还存在生长素响应元件 AuxREs，对生长素存在早期响应，但外源施加生长素不能挽救突变体的表型。以上实验结果表明 *CRL*1/*ARL*1 基因参与生长素信号途径，是转录因子生长素响应因子 *OsARF*1(auxinreponse factor)调控的下游基因，将其生长素响应元件点突变后，导致 *OsARF*1 不能与其启动子结合，因而使得该基因不能在不定根发生的位置表达。而在 AUX/IAA 蛋白 *OsIAA*3 稳定表达的转基因材料中 *CRL*1 基因的表达则受到抑制，说明 *CRL*1 基因通过生长素信号调控途径参与不定根原基的起始过程。拟南芥小 RNA-*miR*160 通过 *ARF*17 负调控不定根的发生，而与之相反，*miR*167 则通过 *ARF16* 和 *ARF8* 正调控不定根的发生，说明调控不定根发生的机制在单双子叶植物中存在相同的路径。

在玉米中也发现了一个包含 LOB 结构域的基因-*RTCS*(rootless concerning crown and seminal roots)，其突变体的不定根和种子根都发生缺失。该基因的启动子序列中也存在生长素应答元件 AuxREs，受生长素诱导表达。进一步研究发现野生型和突变体的蛋白质组中生长素信号传导途径的相关蛋白存在表达差异，说明该基因也可能是通过生长素信号途径调控不定根的发生。研究发现，*RTCS* 基因和 *CRL*1/*ARL*1 基因的 LOB 结构域蛋白相似性达到 98%，而其他序列则仅有 51%，说明 LOB 结构域可能是其功能域。

*Osgnom*1/*crl*14 是另一个水稻不定根原基起始缺陷而导致不定根缺失突变体，其编码蛋白与拟南芥 *GNOM* 基因同源。与 *crl*1/*axl*1 不同的是除了不定根缺失外，该突变体侧根的发生也受到严重影响。拟南芥的 *GNOM* 基因又称 *EMB*30(embryo)基因，与植物胚胎发育有关。突变体的合子第一次分裂发生变化，为近似对称分裂结果形成两个大小接近的基细胞和顶细胞，改变了胚胎的顶-基轴模式，最终导致胚根和下胚轴缺失。*crl*4 突变体侧根发生受到抑制和 *GNOM* 部分功能缺失突变体中侧根发生受到抑制的表型一致。T-DNA 插入突变体 *wox*11 及敲除 *WOX*11 的转基因材料的不定根数目大量减少，而超表达该基因后，转基因植株异位产生不定根且发育延迟。*WOX*11 受生长素和细胞分裂素的诱导，研究 *WOX*11 直接调控 A 型 *RR2*(cytokinin-responsive regulator)基因表达，同时，还影响其他

A 型 *RR* 基因如：*RR*1、*RR*3、*RR*5、*RR*6 和 *RR*7 等的表达。在模式植物拟南芥中研究发现 A 型 *RRs* 基因受细胞分裂素诱导表达，又反馈抑制其他细胞分裂素基因表达，例如，*WUS* 基因受细胞分裂素诱导表达，而其反过来又抑制 A 型的 *RR* 基因 *RR*5、*RR*6、*RR*7 和 *RR*15 的表达。超表达 *OsRR*6 基因导致转基因水稻的根系营养生长和生殖生长均受到影响，植株体内内源细胞分裂素含量及相关基因的表达发生明显的变化。

三、不定根发育的影响

(一) 生长素与不定根形成

早在 20 世纪人们就发现产生于芽中的一种活性物质能够促进植物生根，切断根与芽之间的维管系统导致根的形成受到阻碍。随后发现生长素可以刺激菜豆产生不定根，同样用人工合成的 IAA 也具有类似效果。因此，人们在生产上利用 IAA 处理来解决植物生根难的问题。

不定根形成过程中并非每个阶段都需要生长素。如在诱导期施加 IBA(吲哚丁酸) 比重复施加 IBA 诱导产生不定根效果要好。若不采用 IBA 处理则不能生根。绿豆黄花苗切口并浸没于一定浓度的 IAA 或 IBA 溶液中达到 16h，就可产生大量的不定根。由此看来，外源生长素确实能够促进根原基的发生，并且这种促进作用具有一定的阶段性效应。

对于不定根形成过程中植物体内内源的 IAA 水平也有报道，如离体培养番茄下胚轴 72h 后，体内的 IAA 含量达到最高值，96h 后发现不定根原基的产生；在不添加激素的培养基上葡萄切枝的 IAA 水平在培养 12h 时显著提高，36h 后又降低到最低点。因此，有人提出不定根原基分生组织形成过程的前两个阶段细胞的分裂与生长素的积累密切相关，而第 3 个阶段以后则需要较低水平的 IAA。对于这个问题，布莱克斯雷等曾以绿豆为对象做了详细的研究，发现 6d 时植株的下胚轴很快地发端和出现，细胞的第一次分裂发生在 24h 以内，60h 就可看到发达的不定根原基，100h 后在外观上就能看到不定根；对离体的下胚轴中的内源 IAA 进行分析，发现下胚轴根部的生根区在离体 10h 后，游离态的 IAA 含量达到最高值，随后就下降，而下胚轴其他部位的 IAA 含量却变化很小。以上结果说明，IAA 含量的瞬间上升发生在不定根发生的第一个阶段之前，在随后的细胞分裂过程中 IAA 的水平就开始下降了。由此也可以肯定 IAA 对不定根的发生具有诱导作用，而与根原基的生长相对应的是 IAA 水平的下降。另外，游离态的 IAA 有利于不定根的发生，如不同季节洋槐的茎切枝的生根能力，春季较高，夏秋季较差，是因为切枝生根区的游离 IAA 水平在春季要明显高于夏季和秋季，夏季切枝中的 IAA 更多是束缚态的。

(二) 细胞分裂素与不定根形成

在不定根发生的早期阶段施加 CTK 会抑制生根，佩尔斯等在蓝桉苗外植体的研究中发现，预先用 10^{-5}mol/L 的 CTK 处理外植体 6h 就能完全抑制 IBA 对于生根的诱导作用。而如果先用 IBA 处理外植体 16h 后，随后将其在不同浓度的 CTK 培养基上培养 96h，发现 IBA 对根原基的诱导则不受 CTK 的抑制。德克勒克将苹果微切枝不定根的形成分为 3 个阶段：前 24h 是脱分化阶段，24～96h 是诱导阶段，之后是分化阶段。研究表明，在生根过程中，玉米素和玉米素核苷的含量没有明显变化，在诱导不定根形成的阶段，需要较高水平的生长素和较低水平的细胞分裂素。植物体的内源细胞分裂素的含量在不定根的形成过程中也有变化，如对绿豆切枝的内源 CTK 含量进行测定发现，刚切下时，CTK 的含量较高，但很快就开始下降，甚至会低于可以检测到的水平，在番茄和苍耳中也发现了类似的现象。由此可见，茎、枝切下时，基部的细胞经受着生长素和细胞分裂素含量的剧烈变化，这将刺激其重新分裂进入细胞分裂周期，从而分化形成不定根原基。

外源施加生长素促进不定根的发生而外源施加细胞分裂素则抑制不定根的发生，二者的作用截然相反，但彼此之间又相互制约共同调控植物不定根的发生(图 5-7)。

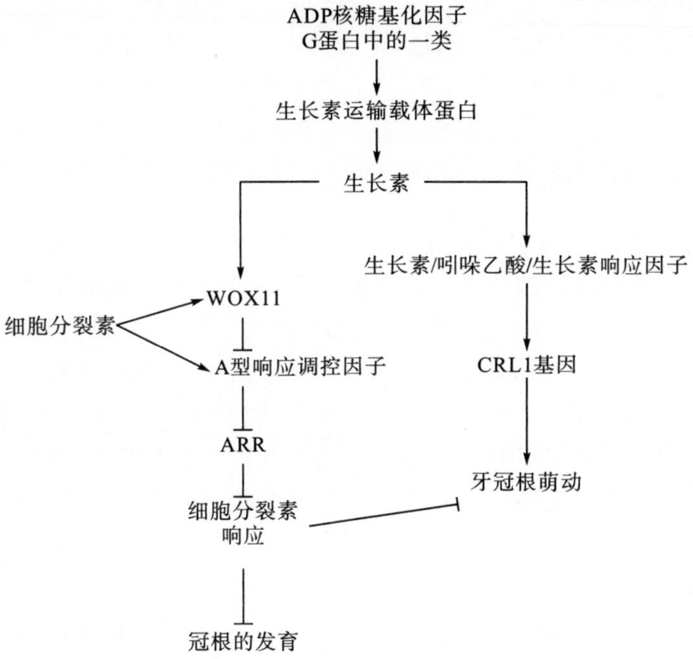

图 5-7 生长素和细胞分裂素对不定根发育的基因表达调控网络(邢国芳等，2012)

箭头表示正调控，横线表示负调控；

ARF. Auxin Response Factor；*ARL*. *ARR*，type-A RESPONSE REGULATOR；*AUX/IAA*. AUXIN/INDOLE-3-ACETIC ACID；*CR*. crown root；*CRL*. crown root less；*GNOM*1. membrane- associ-ated guanine-nucleotide exchange factor of the ADP-ribosylation factor G protein（ARF-GEF）that regulates the traffic of PINFORMED1（PIN1）auxin efflux carrier proteins；*WOX*11. WUSHEL-Related Homeobox 1

(三) 乙烯与不定根形成

在很多植物中发现施加高浓度的生长素会使得植物大量产生乙烯，因此人们推测生长素在不定根起始过程中的作用，很可能通过乙烯作为中介。用 IBA 处理离体的绿豆幼苗下胚轴，可刺激产生较多的乙烯及其合成前体 ACC，用 ACC 合成酶抑制剂 AVG(氨基乙酰基甘氨酸)可显著降低 IBA 对不定根发生的促进作用。在淹水时，玉米等植物的乙烯含量显著提高，形成大量不定根。但是关于乙烯对不定根形成的作用，目前报道尚不统一。

有实验报道乙烯抑制不定根的形成，但有人认为，二者没有关系。哈贝基等则认为，导致这些看似矛盾的结果可能是试验程序和植物材料的差异导致的。他们曾以两种根生能力不同的苹果微切枝为材料，研究乙烯对不定根生成的作用，发现随着 IBA 浓度增加，生成不定根数目增加，乙烯的释放量也随之增加，两个品系之间的不定根数目有明显差异，但乙烯的产生量却差异不大；减去微切枝基部的生根区，可以使不定根数目减少，但乙烯的释放量不受影响；在切枝前用乙烯处理繁殖芽，不能促进生根；IBA 引起的乙烯释放可以被 AVG 所解除，但不定根数目受 IBA 影响；ACC 可以逆转 IBA 和 AVG 对于生根的抑制，但单独施加 ACC 则对不定根数目无影响；萘丙酸（NPA）和三碘苯甲酸（TIBA）生长素极性运输抑制剂刺激使得乙烯的释放量增加，但对根数无影响。据此，他们认为，乙烯对于苹果微切枝不定根的形成没有作用。江铃等则认为，乙烯与不定根的形成没有直接关系，但高浓度的乙烯可能通过改变生长素运输、代谢或植物组织对生长素的敏感性，从而间接影响不定根的形成。

（四）赤霉素、脱落酸与不定根的形成

陆玲等在培养基中添加 3.8×10^{-7}mol/L 的 ABA，使得 3 日龄的黄瓜子叶切块的发根百分率增加了 11 倍，并使每个切块的平均生根率提高了 18 倍；同时添加 GA_3 与 ABA，则 10^{-5}mol/L 的 GA_3 就可以使 ABA 的效应显著得到逆转，10^{-5}mol/L 的则完全抑制瓜子叶生根；但加入 ABA 后 24h 再添加 GA_3，ABA 的效应则不再被 GA_3 拮抗。采用 1mg/L ABA 培养绿豆的上胚轴切枝，可使其发根率及根长显著增加，而 0.1～10mg/L 的 GA_3 则促进上胚轴伸长，抑制生根。对番茄切枝内源激素测定发现，不定根形成的启动分化阶段往往与高浓度的 ABA 有关，而根原基生长阶段则与低水平的 ABA 相伴随。唐玉林等报道分化根叶块在其分化之前，不仅具有较高的 IAA 和较低的 CTK 含量，而且 $ABA/GA_{1\text{-}3}$ 的比值也较高。在启动分化不定根阶段，高水平的 ABA 和低水平的 GA 对于其形成是有利的，GA 和 IBA 具有增效作用，但在根原基生长阶段，低水平的 ABA 和一定浓度的 GA 比较适宜。

（五）水杨酸（SA）和茉莉酸（JA）与不定根的形成

水杨酸和茉莉酸是两类新发现的植物激素，水杨酸是一种单元酚类化合物在植物中广泛存在；茉莉酸是另一类植物体中广泛存在的脂肪类衍生物。在绿豆中研究发现，SA 可刺激绿豆切枝不定根形成，是通过与生长素类物质的协同作用实现的。高格拉曾报道 JA 可增加马铃薯切段芽的长度，其通过促进侧根的形成和根毛区的扩大来影响不定根的发生。但现在仍没有直接证据表明，SA 和 JA 在不定根形成过程中的重要地位，也许其仅是通过影响植物内源的生长素和细胞分裂素的合成与代谢来影响不定根的形成。

因此，高水平的生长素可以诱导不定根原基的形成，高水平的 ABA 似乎具有相同的作用，但两者均有时效性；GA 可增强生长素对不定根原基的诱导，抑制 ABA 的作用，也具有时效性；CTK 抑制不定根的发生且具有时效性；乙烯与不定根的发生似乎没有直接关系。然而，这些激素是分别直接作用于不定根原基，还通过影响生长素的合成、代谢及运输，或是通过改变植物体内源激素之间的平衡状态起作用，目前尚无准确定论。

(六)环境条件对不定根形成与发育的影响

营养因子可以通过母体植株或者是插条来影响侧根的形成和发育。母株的砧木中的氮、磷、钾含量较多，对于插条不定根的形成具有促进作用。不定根原基的生长还需要微量元素硼。植物在缺硼条件下，不定根形成的诱导期和起始早期不受影响，但不能形成不定根原基。大豆在缺磷条件下不定根形成增多。糖类等碳水化合物能促进不定根形成。光对不定根形成也有影响。植物在光照弱的情况下易生根，如绿豆、大豆等黄化苗插条易生根，可能与光影响植物体内激素的水平有关系。在生产上，对难生根的树种，采取部分或全部遮光处理可以促进根条生根，弱光处理可以促进杨树或柳树插条生根。

第五节 甘蔗根毛的发生与发育

根毛是根系特化的表皮细胞向外伸出所形成的管状的突出物，根毛的主要作用是增加根表面积，从而使得植物根系能够有效吸收利用土壤中的水分和养分。尤其是在营养条件不好的情况下，植物就会发育形成大量的根毛来帮助机体吸收获取营养。绝大多数被子植物的根表皮细胞包括生毛细胞(trichoblast)(又称 H 细胞)和非生毛细胞(atrichoblast)(又称 N 细胞)两种，根表皮细胞特化即根毛的形成有三种主要的模式：第一种随机模式是大部分植物都具有的，即任何一个表皮细胞都有潜在的分化成根毛细胞的能力；第二种不对称分裂模式是由分生组织的不对称分裂所形成的小细胞发育成根毛，此模式主要存在于石松属、木贼属的植物以及一些单子叶植物和连科植物；第三种位置依赖型模式来源于根系表皮细胞，这种模式主要存在于芸薹属植物中。根毛发育过程大致可以分为 3 个阶段，即细胞命运特化阶段、根毛的起始阶段以及伸长阶段。在模式植物拟南芥中的研究已经对 3 个阶段有了详细的研究。水稻、玉米等禾本科植物也有部分研究，但在甘蔗上的研究还相对较少。

一、禾本科植物根毛的发育

禾本科植物根毛的发育研究要远远落后于模式植物拟南芥，对根毛发育不同阶段的分子机制研究目前还处在起步阶段，目前，对禾本科作物根毛的研究主要集中在水稻、玉米和大麦等作物上。

(一)水稻根毛的发育

水稻根毛的发育相当复杂，对其表皮细胞发育模式至今仍有争论，目前研究倾向于第二种模式，也有研究认为，其发育属于第一种模式。有关水稻的根毛突变体目前有两个分别由基因 *OsCSLD*1 和 *OsAPY* 控制，这两个基因均参与根毛的伸长。其中，*OsCSLD*1 基因与拟南芥中的 *KOJAK*/*AtCSLD*3 基因同源编码纤维素合成酶，位于水稻第十染色体上。*OsAP*Y 基因编码水解 *NTPs* 的磷酸双磷酸酶基因，位于水稻的第七染色体上，该基因还控制根的伸长和植株地上部的发育，具有一因多效性。

(二)玉米根毛的发生

玉米根毛发生属于第一种模式，其表皮细胞的最后一次分裂产生的两个细胞大小相同，均有发育形成根毛的可能。在玉米中报道了3个根毛发育受到抑制的突变体*RTH*1、*RTH*2、*RTH*3，其中除了*RTH*2基因目前还未报道外，其余两个基因的功能已有研究。*RTH*1编码胞吐复合物亚基*SEC*3的同源基因，与胞吐囊泡和膜融合前的栓系有关；*RTH*3编码的类COBRA蛋白是单子叶植物特异的，是植物特异性的糖基化磷脂酰肌醇(GPI)的锚定蛋白，参与细胞壁的合成与细胞的延伸的调节。

(三)大麦根毛发育的影响

大麦根毛的发生属于第二种模式，即表皮细胞的不对称分裂产生两种大小不同的细胞，分别称为长细胞和短细胞，其中短细胞最终分化发育成根毛。在大麦中发现了一个自发突变形成的无根毛突变体，遗憾的是至今还未克隆到其候选基因。目前，在大麦中仅发现了一个b-expansion(EXPB)基因*HvEXPB*1与大麦根毛的起始具有密切关系。

(四)甘蔗根毛的发生

甘蔗根毛发生属于何种模式尚不明确，但从编者对甘蔗根系的研究可初步认为与水稻及大麦相似，属于第二种模式。从甘蔗根系的结构及外形看，与水稻及大麦较为相似，具体属于何种模式还有待进一步研究

二、激素对根毛发育的影响

CTR1是乙烯信号途径中的一个负调控因子，其突变体根毛变少，利用ACC处理(乙烯合成的前体)能够诱导产生根毛，而采用乙烯生物合成抑制剂 AVG 或乙烯信号途径的抑制剂Ag^+则能抑制根毛的形成，表明根毛形成过程中，乙烯所起的调控作用是正向的。施加ACC或IAA能够挽救根毛起始异常突变体*rhd*6的表型。有人认为，乙烯在根毛发育过程中起着双重功能，一方面通过诱导非生毛细胞形成根毛细胞来促进根毛发生；另一方面可以促进根毛发生后的伸长生长。乙烯调控根毛发生位点的选择，这种调节作用受生长素的影响。生长素代谢途径的一些突变体如*aux1*、*axr1*、*axr2*和*axr3*表现出根毛发育异常的表型特征。说明植物激素乙烯和生长素在根毛的发育过程中扮演着重要的角色。研究发现茉莉酸(JA)茉莉酸甲酯(MeJA)能够促进拟南芥根毛的形成，乙烯信号途径抑制剂Ag^+或乙烯生物合成抑制剂 AVG 能够抑制茉莉酸对根毛发生的促进作用，乙烯不敏感突变体*etr1-1*和*etr1-3*对外源JA的作用也不敏感，但JA生物合成抑制剂异丁苯丙酸布洛芬(ibuprofen)和水杨羟戊酸(salicylhydroxamic acid)也能抑制ACC诱导根毛的形成过程，并能对*eto1-1*多根毛现象进行抑制，说明JA和乙烯的相互作用调节根毛的形成。

三、外界营养成分对根毛的影响

根毛一方面吸收营养物质促进根系生长；另一方面外界营养条件如土壤磷、铁、镁和

锌等元素的含量影响根毛的形成和发育。在拟南芥中研究发现，低磷增加根毛的密度主要存在几种机制：即促进形成根毛的细胞形成；促进生成根毛的细胞形成更多的根毛；促进非生毛细胞转化成为生毛细胞以及降低生毛细胞的长度等。缺铁同样能诱导根毛的形成和伸长，突变体分析发现缺铁不能诱导对生长素和乙烯不敏感的突变体 *axr1* 和 *axr2* 根毛的生长，但缺磷却能诱导这两个突变体根毛的生长。钙对根毛的生长，特别是顶端生长过程十分重要。降低钙浓度，根毛的顶端生长受到抑制。

主要参考文献

李想. 2006.细胞分裂素抑制拟南芥侧根起始及调控根系发育的分子机理研究[D]. 浙江大学博士学位论文.

邢国芳，马建华. 等. 2012.植物根系发育及其激素调控机理[M]. 北京：中国农业科学技术出版社.

严海燕. 2012.植物发育分子生物学[M]. 北京：科学出版社.

Achard P，Gusti A，Cherminant S，et al. 2009.Gibberellin signaling controls cell proliferation rate in *Arabidopsis*[J]. Current Biology，19(14)：1188-1193.

Beeckman T，Burssens S，Inze D. 2001.The peri-cell-cycle in *Arabidopsis* [J]. J Exp Bot，52：403-411.

Berleth T，Jurgens G. 1993 .The role of the monopteros gene in organising the basal body region of the *Arabidopsis* embrys[J]. Development，(2)：575-587.

Birnbaum K，Benfey P N. 2003.A gene expression map of the *Arabidopsis* root[J]. Science，302(5652)：1956-1960.

Blakely L M，Durham M，Evans T A，et al. 1982.Experimental studies on lateral root formation in radish seeding roots. Part 1. General methods，developmental stages and spontaneous formation of laterals [J]. Bot. Gaz，143：341-352.

Blakely W F，Ward J F，Joner E I. 1982. A quantitative assay of deoxyribonucleic acid strand breaks and their repair in mammalian cells [J]. Anal Biochem，15(1)：125-133.

Busov V，Meilan R，Pearce D W，et al. 2006.Transgenic modification of gai or rgl1 causes dwarfing and alters gibberellins，root growth，and metabolite profiles in *Populus*[J]. Planta，224(2)：288-299.

Casimiro I，Marchant A，Bhalerao R P，et al. 2001.Auxin transport promotes *Arabidopsis* lateral root initiation [J]. Plant Cell，13：843-852.

Charlton S J，Brown C A，Weisman G A，et al. 1996. Cloned and transfected P2Y4 receptors：characterization of a suramin and PPADS-insensitive response to UTP[J]. British Journal of Pharmacology，119(7)：1301-1303.

Cheng J C，Sung Z R. 1995.RML1 and RML2，*Arabidopsis* genes required for cell proliferation at the root tip[J]. Plant Physiology，107(2)：365-376

Hardtke C S, Ckurshumova W, Vidaurre D P, et al. 2004 .Overlapping and non-redundant functions of the *Arabidopsis* auxin response factors MONOPTEROS and NONPHOTOTROPIC HYPOCOTYL 4[J]. Development,131(5):1089-1100.

Fizames C，Muños S，Cazettes C，et al. 2004. The *Rabidopsis* root transcriptome by serial analysis of gene expression. Gene identification using the genome sequence[J]. Plant physiology，134(1)：67-80.

Gou J，Busov V B. 2010. Gibberellins regulate lateral root formation in *Populus* through interactions with auxin and other hormones[J]. Plant Cell，22(3)：623-639.

Grime J P, Campbell B D, Jml M, et al. 1991.Root plasticity, nitrogen capture and competitive ability. Plant Root Growth: An

Ecological Perspective[M]. Oxford：Blackwell Seientific Press，10，381-397.

Grossi J A S，Moraes P J D，Tinoco S D A，et al. 2005.Effects of paclobutrazol on growth and fruiting characteristics of ' Pitanga' ornamental pepper[J]. Acta Horticulturae，683(689):41-48.

Guo H S，Xie Q，Fei J F，et al. 2005. MicroRNA directs mRNA cleavage of the transcription factor NAC1 to downregulateauxin signals for *Arabidopsis* lateral root development[J]. Plant Cell，17(5)：1376-1386

Hamann T，et al.，2002. The *Arabidopsis* BODENLOS gene encodes an auxin response protein inhibiting MONOPTEROS-mediated embryo patterning[J]. Genes & Development，16(13)：1610-1615.

Hamann T，Mayer U，Jürgens G. 1999.The auxin-insensitive bodenlos mutation affects primary root formation and apical-basal patterning in the *Arabidopsis* embryo[J]. Development，126(7)：1387-1406.

Hao Z，Ichii M. 1999. A mutant RM109 of Rice（*Oryza sativa* L.）exhibiting altered lateral root initiation and gravitropism[J]. Japanese Journal of Crop Science，68(2)：245-252.

Himanenk，Boucheron E，Vanneste S，et al. 2002. Auxin-mediated cell cycle activation during early lateral root initiation[J]. Plant Cell，14(10)：2339-2351.

Hochholdinger F，Park W J，Feix G H. 2001 .Cooperative action of *SLR1* and *SLR2* is required for lateral root-specific cell elongation in maize[J]. Plant Physiology，125(3)：1529-1539.

Hochholdinger F，Woll K，Sauer M，et al. 2004. Genetic dissection of root formation in maize（*Zea mays*）reveals root-type specific developmental programmes[J]. Annals of Botany，93(4)：359-368.

Ichii M，Kawamura Y，Yang L，et al. 2000.Characterization of root hair defective mutant in rice[J]. Breeding Research，2(1)：137-141.

Ivanchenko M G，Muday G K，Dubrovsky J G. 2008.Ethylene-auxin interactions regulate lateral root initiation and emergence in *Arabidopsis thaliana*[J]. Plant Journal，55(2)：335-347.

Lee M M，Schiefelbein J. 1999.WEREWOLF，a MYB-related protein in *Arabidopsis*，is a position-dependent regulator of epidermal cell patterning[J]. Cell，99(5)：473-483.

Liu Y，Lamkemeyer T，Jakob A，et al. 2006. Comparative proteome analyses of maize（*Zea mays* L.）primary roots prior to lateral root initiation reveal differential protein expression in the lateral root initiation mutant *rum1*[J]. PROTEOMICS，6(15)：4300-4308.

Ljung K，et al.，2005.Sites and regulation of auxin biosynthesis in *Arabidopsis* roots[J]. The Plant cell，17(4)：1090-104.

Marchant A，Bhalerao R，Casimiro I，et al. 2002. *AUX1* promotes lateral root formation by facilitating indole-3-acetic acid distribution between sink and source tissues in the *Arabidopsis* seedling[J]. Plant Cell，14(3)：589-597.

Masucci J D，Rerie W G，Foreman D R，et al. 1996.The homeobox gene *GLABRA2* is required for position-dependent cell differentiation in the root epidermis of *Arabidopsis thaliana*[J]. Development，122(4)：1253-1260.

Nemhauser J L，Hong F，Chory J. 2006. Different plant hormones regulate similar processes through largely nonoverlapping transcriptional responses[J]. Cell，126(3)：467-475.

Neuteboom L W，Veth-Tello L M，Clijdesdale O R，et al. 1999.A novel subtilisin-like protease gene from *Arabidopsis thaliana* is-expressed at sites of lateral root emergence [J]. DNA Res，6：13-19

Nibau C，Gibbs D J，Coates J C. 2008. Branching out in new directions：the control of root architecture by lateral root formation[J]. New Phytologist，179(3)：595-614.

Okushima Y，Fukaki H，Onoda M，et al. 2007. *ARF7* and *ARF19* regulate lateral root formation via direct activation of *LBD/ASL* genes in *Arabidopsis*[J]. Plant Cell，19(1)：118-130.

Olsen A N，Ernst H A，Leggio L L，et al. 2005. *NAC* transcription factors：structurally distinct，functionally diverse [J]. Trends Plant Sci，10：79-87.

Pan J，et al.，2009.The E3 ubiquitin ligase SCFTIRI/AFB and membrane sterols play key roles in auxin regulation of endocytosis，recycling，and plasma membrane accumulation of the auxin efflux transporter *PIN2* in *Arabidopsis thaliana*[J]. Plant Cell，21(2)：568-80.

Poroyko V，Hejlek L G，Spollen W G，et al. 2005. The maize root transcriptome by serial analysis of gene expression[J]. Plant-physiology，138(3)：1700-1710.

Reed R C，Muday G K. 1998. Inhibition of auxin movement from the shoot into the root inhibits lateral root development in *Arabidopsis*[J]. Plant Physiology，118(118)：1369-1378.

Ruegger M，Estelle M. 1997. Reduced naphthylphthalamic acid binding in the tir3 mutant of *Arabidopsis* is associated with a reduction in polar auxin transport and diverse morphological defects[J]. Plant Cell，9(5)：745-757.

Sablowski R W M，Meyerowitz E M. 1998.Ahomolog of No *Apical meristem* is an immediate target of the floral homeotic genes *APETALA3/PISTILLA TA* [J]. Cell，92：93-103.

Scheres B，Benfey P，Dolan L. 2002. Root development[J]. The Arabidopsis Book.American Society of Plant Biologists.

Schindelman G，et al.，2001. *COBRA* encodes a putative GPI-anchored protein，which is polarly localized and necessary for oriented cell expansion in *Arabidopsis*[J]. Genes & Development，15(9)：p. 1115-1127.

Schwechheimer C，Serino G，Deng X W. 2002.Multiple ubiquitin ligase-mediated processes require COP9 signalosome and AXR1 function[J]. Plant Cell，14(10)：2553-2563.

Souer E，Van Houwelingen A，Kloos D，et al. 1996. The No *Apical meristem* gene of Petunia is required for pattern formation in embryos and flowers and is expressed at meristem and primordia boundaries [J]. Cell，85：159-170.

Sun Q，Wu L，Ni Z，et al. 2004. Differential gene expression patterns in leaves between hybrids and their parental inbreds are correlated with heterosis in a wheat diallel cross[J]. Plant Science，166(3)：651-657.

Takada S，Hibara K，Ishida T，et al. 2001.The *CUP-SHAPED COTYLEDON1* gene of *Arabidopsis* regulates shoot apical meristem formation [J]. Development，128：1127-1135.

Ueguchitanaka M，Ashikari M，Nakajima M，et al. 2005. *GIBBERELLIN INSENSITIVE DWARF1* encodes a soluble receptor for gibberellin[J]. Nature，437(7059)：693-698.

Vernoux T，Wilson R C，Seeley K A，et al. 2000. The *ROOT MERISTEMLESS1/CADMIUM SENSITIVE2* gene defines a glutathione-dependent pathway involved in initiation and maintenance of cell division during postembryonic root development[J]. Plant Cell，12(1)：97-109.

Vroemen C W，Mordhorst A P，Albrecht C，et al. 2003. The *CUP-SHAPED COTYLEDON3* gene is required for boundary and shoot meristem formation in *Arabidopsis* [J]. Plant Cell，15：1563-1577.

Weijers D，Benkova E，Jäger K E，et al. 2005. Developmental specificity of auxin response by pairs of *ARF* and *Aux/IAA* transcriptional regulators[J]. Embo Journal，24(10)：1874-1885.

Weir I，Lu J，Cook H，et al. 2004. *CUPULIFORMIS* establishes lateral organ boundaries in *Antirrhinum* [J]. Development，131：915-922

Wen T J. 1994. Analyses of mutants of three genes that influence root hair development in *Zea mays* (Gramineae) suggest that root hairs are dispensable[J]. American Journal of Botany，81(7)：1005-1012.

Woll K，Borsuk L A，Stransky H，et al. 2005. Isolation，characterization，and pericycle-specific transcriptome analyses of the novel maize lateral and seminal root initiation mutant rum1[J]. Plant Physiology，139(3)：1255-1267.

Xie Q，Frugis G，Colgan D，et al. 2000. *Arabidopsis* NAC1 transduces auxin signal downstream of *TIR1* to promote lateral root development[J]. Genes & Development，14(23)：3024-3036.

第六章　甘蔗根系与植株生长

第一节　甘蔗实生苗的根系形态

一、甘蔗实生苗苗期根系性状

赵丽萍等(2015)以 5 个组合[桂糖 92-66×CP72-1210、ROC22×川糖 89-103、粤糖 00-236×闽糖 96-1409、粤糖 96-86×云蔗 02-588、粤糖 00-236×云蔗 89-151(分别记为 A、B、C、D、E5 个杂交组合)]的实生苗为材料，采用盆栽方法，对实生苗根系性状进行研究。试验基质下层为珍珠岩，上层为河沙，体积比例为 3∶1，植株成活后开始浇营养液，每周 1 次，营养液选用 Hoagland' s(霍格兰氏)经典配方。实生苗在桶内生长 90 d。根系性状如表 6-1 所示。

表 6-1　实生苗苗期根系性状

组合编号	根系鲜重/g	根系干重/g	根冠比 Root	根长/cm	根表面积/cm^2	根直径/cm	根体积/cm^3	根尖数/个	根分叉数/条	根交叉数/条
A	10.43±2.13a	1.71±0.10a	0.3±0.04a	4937.1±402.12b	2804.2±419.00b	1.73±0.16a	153.33±41.35b	21242.8±1387.18ab	21897.4±1387.18b	903.39±110.96b
B	15.37±0.99b	2.55±0.16b	0.32±0.03a	5105.2±388.62b	2524.19±313.65ab	1.5±0.11a	111.00±19.80ab	24003.0±2239.51b	20549.8±2239.51ab	891.69±74.26a
C	11.71±1.36ab	1.84±0.05a	0.57±0.03	3834.5±378.62ab	1922.23±372.02ab	1.47±0.16a	90.39±23.86ab	17620.1±1759.18ab	15212.4±1759.18ab	647.94±92.17ab
D	11.05±0.40ab	1.78±0.26a	0.29±0.01a	3480.3±674.21ab	1631.23±432.45ab	1.36±0.15a	70.68±24.17ab	16439.4±2896.15a	12015.1±2896.14ab	526.02±139.26a
E	12.18±1.37ab	2.05±0.15ab	0.57±0.03a	3181.4±574.01a	1425.47±318.63a	1.33±0.06a	56.88±15.84a	15547.6±2502.7a	11200.7±2502.70a	504.21±124.53a

注：同列不同小写字体表示，差异达到显著水平($P<0.05$)，下同。

根冠比是根系与地上部干物质积累的具体反映，各组合的实生苗根冠比、根直径在苗期差异不显著(表 6-1)，其余根系性状均表现差异显著；其中实生苗根系鲜重 B 组合显著高于 A 组合；实生苗根系干重 B 组合显著高于 A、C、D 组合；实生苗根长 A、B 组合显著高于 E 组合。实生苗根表面积、根体积、根分枝数 A 组合显著高于 E 组合；实生苗根尖数 B 组合显著高于 D、E 组合。

二、实生苗苗期不同直径根的根长及分布比例

植物根系由不同粗细的根组成，本书研究将根直径划分为 0～0.5、0.5～1.0、1.0～1.5、1.5～2.0、2.0～2.5、2.5～3.0、3.0～3.5、3.5～4.0、4.0～4.5 和>4.5mm 共 10 个级别，并

定义 0～1.0 mm 内的根为细根，1.0～2.0 mm 为中粗根，2.0～3.0 mm 为粗根，>3.0 mm 为特粗根，分析根长在各级别的分布比例可知(表 6-2)，苗期不同组合甘蔗实生苗根直径主要集中在 0～1.0 mm，此直径范围内组合 A、B、C、D、E 占总根长的比例分别为 71.49 %、74.60%、73.95%、72.93%、75.24%，而根系直径大于 4.5 mm 的也占一定比例，但此部分根系多为新生的白根，说明在此阶段细根的数量决定根长。所以，不同组合在此阶段根长的差异主要是细根长。

表 6-2 苗期不同直径根的根长及所占百分比

组合编号	根长/cm									
	≤0.5mm	0.5～1.0mm	1.0～1.5 mm	1.5～2.0 mm	2.0～2.5 mm	2.5～3.0 mm	3.0～3.5 mm	3.5～4.0 mm	4.0～4.5 mm	>4.5mm
A/m·株$^{-1}$	2.04	1.47	0.49	0.22	0.14	0.09	0.06	0.05	0.05	0.3
百分比/%	41.55	29.94	9.98	4.48	2.85	1.83	1.22	1.02	1.02	6.11
B/m·株$^{-1}$	2.21	1.58	0.50	0.20	0.12	0.07	0.05	0.04	0.04	0.27
百分比/%	43.50	31.10	9.84	3.94	2.36	1.38	0.98	0.79	0.79	5.31
C/m·株$^{-1}$	1.71	1.10	0.36	0.17	0.10	0.06	0.04	0.04	0.04	0.18
百分比/%	45.00	28.95	9.47	4.47	2.63	1.58	1.05	1.05	1.05	4.74
D/m·株$^{-1}$	1.53	1.03	0.33	0.14	0.09	0.06	0.04	0.03	0.05	0.21
百分比/%	43.59	29.34	9.40	3.99	2.56	1.71	1.14	0.85	1.42	5.98
E/m·株$^{-1}$	1.45	0.92	0.30	0.13	0.08	0.05	0.03	0.03	0.04	0.12
百分比/%	46.03	29.21	9.52	4.13	2.54	1.59	0.95	0.95	1.27	3.81

第二节 甘蔗根系与地上部生长性状的关系

根系作为植物重要的组成部分，参与体内物质的合成和转化过程，对植物正常生理活动起着至关重要的作用，直接决定养分的吸收能力和抗倒能力。与地上部是一个相互依赖、相互作用的统一体，根系的生长性状直接影响地上部的性状和产量。研究根系对提高作物产量极为重要，因此，根系研究越来越受到人们的重视，并取得了一定的成果。但由于工作量与研究方法上的限制，根系的研究相对于地上部而言较薄弱。且根系生长于土壤中，难以采用常规方法全面了解其形态性状，导致甘蔗根系的遗传与育种学研究远远落后于人们对地上部农艺性状的认识深度。基于根系与地上部是一个有机整体，如果能明确根系性状与地上部性状之间的关系，就可以根据地上部的生长发育状况推知根系的生长情况，从而使研究效率提高。同时，研究根系与地上部的关系，可将调控技术由单一的地上部调控转变为地上部与地下部同时调控。

一、甘蔗家系苗期根系性状与地上部性状研究

甘蔗是高度杂合、遗传背景复杂的无性繁殖作物，常规品种选育盲目性大、周期长。如果能在实生苗阶段根据根系性状特性找出规律性进行早期品种选育将会为育种开辟一条新途径。实验以实生苗为材料(赵丽萍等，2015)，实生苗来源于桂糖 92-66×CP72-1210、ROC22×川糖 89-103、粤糖 00-236×闽糖 96-1409、粤糖 96-86×云蔗 02-588、粤糖 00-236

×云蔗 89-151(分别记为 A、B、C、D、E)5 个杂交组合。实验于 2012 年 3～9 月在云南省农业科学院甘蔗研究所进行，试验基质下层为珍珠岩，上层为河沙，体积比例为 3∶1。实生苗长至 4～5 叶时，从苗床挑选长势一致的苗移栽至桶内，试验设 3 个重复植株成活后开始浇营养液，每周 1 次，营养液选用 Hoagland' s(霍格兰氏)经典配方。2012 年 9 月收获(实生苗在桶内生长 90 d)。

从表 6-3 可看出，不同组合的实生苗苗期株高、茎径、植株干重未表现出显著差异，而分蘖数和植株鲜重差异显著，其中，B 组合的实生苗分蘖数显著高于 A、C、D 组合的实生苗分蘖数，B、E 组合的实生苗植株鲜重显著高于 A 组合实生苗植株鲜重。可见，不同组合的实生苗的苗期分蘖数和植株鲜重均表现出明显的基因型差异。

表 6-3　实生苗苗期地上部农艺性状

组合编号	株高/cm	茎径/cm	分蘖数/个	植株鲜重/g	植株干重/g
A	31.75±1.78a	0.97±0.03a	0.81±0.13a	34.54±3.88a	8.72±0.47a
B	36.04±3.82a	0.97±0.07a	1.8±0.44b	49.37±5.64b	10.75±1.18a
C	33.12±1.69a	0.97±0.03a	0.55±0.13a	46.82±5.02ab	9.61±0.65a
D	28.1±0.65a	1.00±0.06a	0.69±0.1a	38.70±2.31ab	9.27±0.79a
E	34.07±2.45a	1.07±0.03a	1.24±0.38ab	48.75±2.23b	10.40±0.25a

二、苗期不同组合实生苗根系性状与地上部性状相关性分析

不同组合实生苗苗期与地上部性状间的相互关系分析结果(表 6-4)表明，所测 10 个根系性状中根冠比与株高呈弱负相关，其余 9 个根系性状与株高均呈正相关；所测根系性状中除根系鲜重、根系干重、根冠比与茎径呈正相关外，其余根系性状与茎粗均呈弱负相关，分蘖数与所测根系性状均呈正相关性，但差异未达显著水平；植株鲜重与根系鲜重的相关系数在 0.01 水平上达到显著，与根冠比、根体积呈弱负相关，与其余根系性状呈正相关；植株干重与根系干重的相关系数在 0.05 水平上达到显著，与根直径呈弱负相关，与其余根系性状呈正相关。从本试验分析可知，实生苗苗期株高、分蘖数、植株鲜重、植株干重可作为判断根系性状的重要指标，株高、分蘖数与各根系性状差异未达显著水平，但与各根系性状均成正相关。

表 6-4　苗期根系性状与地上部性状的相关系数

测定项目	株高	茎径	分蘖数	植株鲜重	植株干重
根系鲜重	0.25	0.16	0.48	0.66**	0.46
根系干重	0.27	0.22	0.50	0.27	0.60*
根冠比	−0.12	0.35	0.04	−0.01	0.00
根长	0.27	−0.14	0.39	0.06	0.31
根表面积	0.20	−0.16	0.30	0.01	0.16
根直径	0.07	−0.08	0.16	0.01	−0.02
根体积	0.17	−0.15	0.19	−0.02	0.07

续表

测定项目	株高	茎径	分蘖数	植株鲜重	植株干重
根尖数	0.35	−0.10	0.41	0.21	0.45
根分叉数	0.22	−0.17	0.36	0.04	0.17
根交叉点	0.28	−0.14	0.38	0.08	0.26

注：*，**分别表示 5%和 1%水平上显著。后同。

三、根系性状间的相关性

从表 6-5 可知，根系性状间存在相关性，其中根长与根表面积、根体积极显著相关，根表面积与根体积极显著相关，其余根系性状间相关性无统计学意义。

表 6-5 盆栽试验根系性状间的相关系数

根系性状	根长	根表面积	根直径	根体积
根长	1.00			
根表面积	0.95**	1.00		
根直径	0.05	0.19	1.00	
根体积	0.67**	0.84**	0.20	1.00

四、盆栽试验实生苗根系性状与大田实生苗地上部生长性状的相关性

对盆栽试验根系性状与大田实生苗的新植和宿根农艺性状进行相关性分析，结果(表6-6)表明，根长、根表面积、根直径、根体积与新植的株高、茎径、锤度、成活率均极显著或显著相关；根长、根表面积、根体积与宿根株高显著相关。其中，根体积与宿根的理论产量显著相关，根直径与实生苗宿根农艺性状相关性无统计学意义。从表 6-6 也可看出，根系性状与实生苗新植农艺性状相关性较高。

表 6-6 盆栽试验实生苗根系性状与大田实生苗地上部生长性状的相关性

根系性状	新植株高	新植茎径	新植锤度	新植成活率	宿根株高	宿根茎径	宿根锤度	宿根理论产量
根长	0.37**	0.32**	0.32**	0.30*	0.26*	−0.11	0.13	0.19
根表面积	0.41**	0.36**	0.36**	0.36**	0.27*	−0.07	0.13	0.25
根直径	0.62**	0.59**	0.56**	0.51**	−0.07	0.09	0.07	−0.04
根体积	0.36**	0.33**	0.40**	0.38**	0.27*	−0.03	0.07	0.29*

五、根系与地上部茎、叶的关系

在植物的生活中，地下部分和地上部分的相互关系首先表现在相互依赖上。地下部分的生命活动必须依赖地上部分产生的糖类、蛋白质、维生素和某些生长物质，而地上部分的生命活动也必须依赖地下部分吸收的水肥以及产生的氨基酸和某些生长物质。地下部分

和地上部分在物质上的相互供应，使得它们相互促进，共同发展。“根深叶茂”“本固枝荣”等就是对这种关系最生动的说明。

地下部分和地上部分的相互关系还表现为两者相互制约。除这两部分的生长都需要营养物质从而会表现竞争性的制约外，还会由于环境条件对它们的影响不同而表现不同的反应。例如当土壤含水量开始下降时，地下部分一般不易发生水分亏缺而照常生长，但地上部分茎、叶的蒸腾和生长常因水分供不应求而明显受到抑制，凌启鸿等(1989)研究了水稻根系分布与叶角的关系认为，根系分布较深且多纵向时，叶角较小，叶片趋向于直立；根系分布浅且少纵向时，叶角较大，叶片趋向于披垂，即水稻根系与株型的关系体现为根系分布与叶角的几何学相关；叶角的大小同时受叶片大小的影响，根系分布较浅且少纵向时，较大的叶片更易披垂，叶角更大，根系分布较深且多纵向时较大的叶片仍可保持直立，较小的叶片更易直立，叶角更小。研究指出：叶角的大小在很大程度上受根系分布的调控。在群体叶面积指数较大的情况下，培育分布深而多纵向的根系，有利于改善群体通风透光，增加群体光合作用和提高产量。刘胜群等(2007)对玉米进行研究表明，整个生育期内，根系干重与地上部干重、根系干重与绿叶面积以及根系总吸收面积与绿叶面积均呈极显著正相关(P<0.01)。杨守仁等研究阐明，水稻的根型类似于株型，根系的氧化活力与叶角呈正相关(王金英等，1999)。丁颖(1983)指出植株的长高与根系的深扎同步。石庆华等(1997)对不同生育期的水稻根系性状与地上部的相关研究得出，三叶一心期根系干重与地上部干重、株高、第二叶长度、第三叶长、宽度呈显著或极显著正相关；分蘖期的根重与地上部干重、倒二叶长度、倒三叶长度、宽度呈显著或极显著正相关；抽穗期根重与地上部干重、倒三叶长度、穗重呈显著或极显著正相关。

地下部分和地上部分的重量之比，称为根冠比。虽然它只是一个相对数值，但它可以反映出栽培作物的生长状况，以及环境条件对作物地下部分和地上部分的不同影响。一般说来，温度较高、土壤水分较多、氮肥充足、磷肥供应较少、光照较弱时，常有利于地上部分的生长，所以根冠比降低；而在相反的情况下，则常有利于地下部分的生长，所以根冠比增大。根冠比能反映作物的生长状况及环境条件对根系与地上部生长的不同影响。由甘蔗生长期和成熟期根冠比可以看出(表 6-7)，伸长期根冠比数值较高，到成熟期根冠比下降，体现了植株在生长进程中生长中心的不同，生育前期植株处于营养生长期，根系是生长中心，根系生长迅速，因此根冠比较高。生育后期，甘蔗的生长中心转为地上部的生殖生长和糖分积累，用于根系的同化物减少，加之由于部分根系的衰老和呼吸消耗等原因，导致根系的生物量增加较少，因此，根系生长的减缓和地上部生殖器官的快速增长导致根冠比下降。

表 6-7　甘蔗品种根系性状及地上部性状

品种		总根长/cm	总根表面积/cm^2	总根平均直径/mm	总根体积/cm^3	总根鲜重/g	总根干重/g	地上部生物量/g	根比冠	产量/(g/株)
ROC22	伸长期	29125.86a	9877.25a	1.05b	274.05a	217.8a	22.23a	168.33a	0.13a	
	成熟期	82691.97a	18471.52a	0.72b	334.62ab	425.00a	57.85a	620.40ab	0.09b	1822.50ab
05-51	伸长期	38929.19a	12139.47a	0.99a	312.28a	312.28ab	33.00a	297.00a	0.11a	
	成熟期	113436.76a	24096.91a	0.70a	424.78a	652.50a	90.60a	1100.60a	0.08b	3285.00a

注：试验于 2015 年 4～12 月在抗旱大棚土内柱进行。

石庆华等(1997)对水稻进行研究表明，种子根的长度与地上部性状相关不显著。种子根的直径仅与地上部干重呈显著正相关。不定根数与地上部干重、第一叶长度、第二叶长度、第二叶宽度及第三叶宽度呈显著或极显著正相关。不定根长度与地上部的性状相关均不显著，不定根直径与地上部干重、第一叶长度、第二叶长度、第二叶宽度、第三叶长度及第三叶宽度呈显著或极显著正相关。种子千粒重与根重、种子根直径分别达极显著相关。

分蘖期的根重与地上部干重、倒二叶长度、倒三叶长度及倒三叶宽度呈显著或极显著正相关。根数与地上部干重、倒三叶长度及每株分蘖数呈显著或极显著正相关。根长与倒一叶宽度呈显著正相关，与其他性状相关不显著。根直径与倒一叶宽度、倒二叶宽度、倒三叶宽度及茎宽均呈极显著正相关。抽穗期根重与地上部干重、倒三叶长度及穗重呈显著或极显著正相关。根长与倒二叶长度、倒三叶长度及穗长呈显著正相关。每株根数与地上部干重、每株穗数呈显著或极显著相关，单株根数与每穗一、二次枝梗数及每穗粒数呈显著或极显著相关。根直径与剑叶宽度，倒二叶宽度，倒三叶宽度，每穗一、二次枝梗数及每穗粒数呈显著正相关，与每株穗数呈显著负相关。

对伸长期和成熟期土柱栽培试验 ROC22 根系性状和地上部性状的相关性关系研究表明，在伸长期总根长、根表面积与地上部干重呈显著的正相关，而与其他地上部性状相关不显著，成熟期根直径与株高显著相关，根表面积与分蘖数呈显著相关关系，根长、根表面积、根鲜重与分蘖茎干重呈显著相关关系(表 6-8)。

表 6-8　ROC22 生育期根系性状与地上部性状的相关系数(n=3)

指标	总根长	根表面积	根直径	根体积	根鲜重	根干重
伸长期						
株高	0.71	0.86	0.86	0.87	0.91	0.85
茎径	0.86	0.78	−0.28	0.69	0.62	0.72
有效径	0.87	0.93	0.69	0.97	0.98	0.96
地上部干重	0.99*	0.99*	0.32	0.98	0.95	0.98
主茎叶干重	0.71	0.80	0.86	0.87	0.91	0.85
分蘖叶干重	0.49	0.36	−0.72	0.25	0.15	0.28
主茎干重	0.66	0.76	0.89	0.84	0.89	0.81
分蘖茎干重	−0.01	−0.15	−0.97	−0.27	−0.37	−0.24
成熟期						
株高	−0.89	−0.94	0.99*	−0.83	−0.90	−0.98
茎径	0.94	0.97	−0.98	0.74	0.95	0.93
有效径	−0.32	−0.21	−0.12	0.68	−0.31	0.36
地上部干重	−0.95	−0.91	0.68	−0.20	−0.95	−0.54
主茎叶干重	−0.92	−0.87	0.62	−0.11	−0.92	−0.47
分蘖叶干重	0.99	0.99*	−0.94	0.61	0.99	0.86
主茎干重	−0.93	−0.97	0.99	−0.77	−0.94	−0.95
分蘖茎干重	0.99*	0.99*	−0.90	0.54	0.99*	0.81

第三节　根系与地上部衰老的关系

根系是作物吸收水分和养分的主要器官，也是多种激素合成的场所。叶片衰老和根系衰老之间存在密切关系。传统观点认为，地上部分叶的衰老早于地下部分，叶光合作用能力的降低、根系营养的不足均可引起根系的衰老。有关根叶早衰谁先谁后的问题至今仍不清楚。魏道智等(2004)研究表明，根系活力的衰退速率快于地上部分功能的衰退速率，植物体由幼苗发育成植株，由营养生长过渡到生殖生长，其器官功能的逐渐衰退是其发育的必然结果。根系功能的衰退快于地上部分叶片功能的衰退，这种发育进程上的时差，实际上是有利于地上部分生育后期生物学成熟的一种生物学特性，是植物体整体发育过程中的一种自身调控，但在实际生产中，根系营养胁迫，逆境胁迫，地上、地下部生理代谢失调等原因往往造成根系功能过早地非正常衰退，因而导致地上部分响应性早衰，从而影响产量。因此，注重培养生育前期强壮的根系群体，调节和保证前、中期较高的根系活力是预防后期地上部功能早衰的关键。

植株生育后期叶片的过早衰亡会导致根系营养的缺乏，进而加速根系的衰老；若根系早衰，叶片所需的水分和营养供应不足，就会引起植株叶片早衰的发生。甘蔗早衰是在细胞衰老的基础之上首先表现出器官水平上的衰老，然后逐渐地引起整个植株的衰老。器官水平衰老最主要、最明显的表现是失绿和变枯。其内部结构上的表现为细胞的程序化死亡，叶绿体结构的完整性遭到破坏，结构和功能发生变化、叶绿素含量降低。叶片早衰的一个典型特征是光合作用的降低，而这种降低是由叶绿体结构与功能发生变化所引起的，主要体现在光反应和暗反应两个过程中。甘蔗早衰植株表现为叶片早枯、茎秆变软、易倒伏，引起叶片同化功能减退，限制了甘蔗糖分的积累及产量潜力的发挥。甘蔗叶片的生长发育与衰老进程对光能的利用率起着决定性作用，叶片过早衰老会导致绿色叶面积减少、叶片光合作用降低、光合产物积累减少，表现出植株未老先衰，严重时植株大面积的枯死，对产量造成巨大的损失。

根系作为吸收养分和水分的重要器官，其生长特性与地上部器官的生长发育、光合作用具有极大的相关性。根系的干重和地上部叶片的绿叶面积具有极显著正相关关系。根系是植物体内细胞分裂素合成的主要部位，其合成的细胞分裂素通过蒸腾运输到地上部，所以根系生理活性的强弱，会直接影响细胞分裂素的合成量和运输到地上部的量，细胞分裂素不仅影响叶片的生理代谢，还可抑制其作用部位的脱落酸(ABA)合成(魏道智等，2004)，因而具有抗组织衰老的作用。地上、地下部之间除了通过营养交流，促进彼此的生长和发育，更重要的是通过激素信号传递调控信息，相互影响其生理功能的表达，细胞分裂素(CTK)是地上部分感知地下部分代谢调节及抗早衰的关键因子，根系特别是根尖合成的细胞分裂素(CTK)、赤霉素(GA)能有效防止叶片的衰老，当根系活力下降时，其激素合成能力也随之下降，致使地上部抗衰老能力大大降低，最终导致衰老，根系活力与叶片衰老关系密切，根系活性高，叶片衰老慢。根系活力是指根系新陈代谢活动的强弱，是反应根系吸收功能的一项综合指标，根系活力作为根系生理特性的重要组成部分，其强弱直接影响到地上部生长发育速度及产量，并与叶片衰老密切相关。

作物产量和品质的形成是根系与地上部共同作用的结果，魏道智等(2004)研究表明，根系活力的衰退早且快于叶片叶绿素含量和光合速率的衰退，根系活力与叶片光合速率呈正相关关系，拔节期追施氮肥，改善根际营养条件，叶片的光合速率、根系活力明显提高，叶片中脱落酸(ABA)含量降低，超氧化物歧化酶(SOD)活性增加，说明根系活力与地上部叶片的衰老密切相关，改善根际营养，提高生育期的根系活力有助于延缓地上部的衰老。刘殿英等(1993)研究表明在叶片正常衰老的过程中，根系活性影响其衰老速度，根系活性强，叶片衰老速度慢。根系活性与光合强度亦呈正相关关系。根系与叶片衰老密切相关、相互影响。根系活性强，可保证地上部的水分和养分供应，延缓叶片功能期，而叶片衰老的延缓又为根系的生长和活力的保持提供能量基础，二者相互协调，相辅相成。

甘蔗叶片衰老过程中质膜相对透性的增加与膜脂过氧化产物丙二醛(MDA)含量增加的紧密相关表明，甘蔗衰老叶片中膜脂过氧化的加剧引起了膜系统的损伤和破坏。陈少裕(1992)研究表明甘蔗叶片叶绿素含量的急剧下降与 MDA 的急剧增加是在相同的叶龄发生的。在甘蔗叶片衰老过程中，伴随着 MDA 含量的急剧上升，质膜透性迅速增大；膜脂过氧化防御酶超氧物歧化酶(SOD)活性和抗氧化物质抗坏血酸、还原型谷光甘肽(GSH)等含量显著下降，组织自动氧化速率明显增大。可以认为，膜脂过氧化是甘蔗叶片衰老的重要原因之一。甘蔗叶片的衰老影响了叶片执行各种同化功能的持续期和同化能力，但光合强度已逐渐下降的下部衰老叶片内含物的及时降解和撤离转移，对蔗株其他部分也是有利的。

根部与地上部衰老关系密切的可能原因如下。①根系特别是根尖是合成激素的场所，生长素、细胞分裂素、赤霉素能明显抑制叶片的早衰。CTK 可以显著延缓叶片衰老，可能是作为一种能够导引同化物移动的重要信号，来诱导营养物质向其移动，改变或维持作物的源库关系。当地下部分活力下降时，激素的合成能力也随之下降，致使地上部分抗衰老能力下降。②由于根系活力的下降，根系对矿物质的吸收能力降低，而矿物质中的一些离子如 Ag^{2+}、Ni^{2+}、Co^{2+}、Ca^{2+}也能延缓衰老，其中 Ag^{2+}是内源乙烯的抑制剂，Ni^{2+}、Co^{2+}同时具有抑制内源乙烯和脱落酸产生的双重作用，Ca^{2+}可维持纤维素支持细胞膜，因而能防止衰老。这些矿物质的缺少也能引起地上部分的抗衰老能力的下降。③随着根系活力的下降，根对土壤营养的吸收也明显下降，激素向上疏导和根部的吸收转化能力变化，可能是地下部分调控地上部分衰老的一个重要因素。

第四节　甘蔗根系与产量的关系

任何作物的稳产高产都需要一个发育良好的根系为基础，根系既是水分和养分吸收的主要器官，又是多种激素、有机酸和氨基酸合成的重要场所，也是与地上部进行物质交流的代谢器官，其形态和生理特性与地上部的生长发育、产量和品质形成均有密切的关系。前人研究表明，根系性状中根质量和根体积与地上部质量、总质量和产量呈显著相关关系(蔡昆争等，2005)。

甘蔗根系研究最终的目的是阐明甘蔗根系吸水、吸肥，合成营养物质和激素等方面的机理，研究甘蔗在消耗光合产物不增加或增加较少的情况下，增加甘蔗对水分，营养的吸收和利用能力，合成甘蔗生长发育所需物质，从而增加甘蔗产量和品质。传统上普遍认为，根系越大，获得的水分就越多，因而产量就越高，即高产需要庞大根系来支撑。然而，与地上部相比，过于庞大的根系往往消耗大量的光合产物，减少输送到地上部的同化物质。

根系和地上部是一个统一的整体，两者彼此联系，相互制约，地上部和地下部协调生长对作物的高产很重要，根系对产量的作用主要是通过根系各项形态、生理指标对产量构成因素的影响而实现。

一、根系形态与产量的关系

根系形态与产量的关系已有很多报道，但在甘蔗上的报道较少。蔡昆争等(2005)研究表明，根质量在各生育期均与地上部质量、总质量呈显著或极显著正相关关系，根活力与分蘖期地上部各性状和成熟期产量呈显著正相关关系，而抽穗期和成熟期的根冠比均与产量呈极显著负相关关系，相关系数分别达-0.8616 和-0.8890。以产量最大化为目标，根冠比大的品种存在根系的生长冗余。较早的研究结果认为，根数、根重、根系吸收面积与产量密切相关；根重与穗数及根数与穗重、穗数、穗粒数、千粒重关系密切，根系活力(根系氧化力、脱氢酶活力和根系伤流量)和产量呈显著或极显著正相关(杨建昌，2011)。但近年来，一些研究者得到了与上述不同的结果。刘桃菊等通过建立数学回归模型的方法，分析了产量与根长密度和根重密度的关系，表明在根系数量较少的情况下，增加根长和根重可以增加产量，但当根长和根重增加到一定程度后，产量反而会随根量的增加而下降。另有学者指出，根系既是水分养分的吸收器官，但同时又需要为根系的建成消耗地上部提供的光合产物并维持生长。与地上部相比，用于生产单位根干物质量的能量是地上部的 2 倍(Passioura，1983)。基于这种认识，有人提出了“根系冗余生长”的观点，即根冠比过大或根量过大会造成无效消耗而对产量产生不利的影响(蔡昆争等，2003；刘文兆等，2003；汪强等，2004)，即根冠比大的品种产量较低，根冠比小的品种产量较高。蔡昆争等的研究结果也表明适当降低根冠比不会对植株性状产生明显不良影响，甚至在某种程度上还促进了根系和地上部生理活性的提高。根系是吸收水肥的主要器官，如果根系适当缩小，将会有更多的同化产物分配到地上部，这对甘蔗的产量是十分有利的。根冠比大是因品种由于过多地与地上部竞争光合产物，从而减少地上部碳水化合物的分配比例，使产量受到影响。根系在一定范围内所占同化物的比例越小，产量越高。由此推断根冠比大的品种存在根系方面的生长冗余，产量较低，适当降低根系大小有利于产量的提高。成熟期根系活力与产量有显著的正相关关系，因此生育后期保持较高的根系活力是高产的重要基础。

二、根尖细胞超微结构与地上部生长发育的关系

根尖(包括根冠和根分生区)是根系生理活性最活跃的部分，具有感知重力方向、响应和传递环境信号、吸收水分和养分及合成物质等重要功能根尖细胞的内质网、线粒体、高尔基体、核糖体、液泡、微体和质膜 ATPase 等对执行根的功能发挥重要作用。Hayashi

发现在通气条件下根尖细胞中的线粒体脊和核糖体明显多于厌氧条件，由此推测，根尖细胞的超微结构可能与根的代谢能力有关系。杨建昌等(2011)研究表明随品种演进和产量水平的提高，根尖细胞中线粒体、高尔基体和核糖体等数目显著增加。相关分析表明，分蘖期根尖细胞中线粒体和高尔基体数目与根干重、根系氧化力、苗干重和分蘖数呈显著或极显著的正相关。根尖细胞超微结构与根的生长、根生理活性及地上部分生长发育和产量形成均有密切的关系。多年来，一些育种家希望通过选择适宜的根系指标来提高品种的产量潜力。但到目前为止，在甘蔗育种科研与实践中对于根系这一极为重要器官的形态与生理性状的改良却未能在育种计划中得到具体体现。其中一个重要的原因就是缺乏一个具体的、明确的与产量形成有关的根系形态与生理指标。这是一个非常值得深思的问题，需要人们对甘蔗根系的研究作出新的思考，用新的方法和新的手段更深入地研究根系的形态与生理。杨建昌等(2011)对水稻根尖细胞超微结构观察发现，水稻根尖细胞超微结构具有三个特点：①根尖细胞中线粒体、高尔基体、核糖体等细胞器数目等既是根系形态的体现，又反映了根系生理状况；②根尖细胞超微结构对土壤环境的反应比较敏感，即当土壤水分和养分等条件改变，根重、根数、根长密度、根系氧化力等形态生理指标还没有明显变化时，根尖细胞中细胞器如线粒体、高尔基体、核糖体、内质网等数目已有明显不同；③根尖细胞中线粒体、高尔基体、核糖体等数目与分蘖数、每穗颖花数、结实率等均有密切关系。根部淀粉粒数目和大小不仅反映了地上器官向根部的同化产物转运量，而且也反映了根部自身的“消化”能力。

第五节　根系活力与产量的构成关系

根系活力是反应根系发育的一个重要指标，是根系与地上部分正常的物质交流和循环，也是植物生长正常的重要保证。就农作物而言，高产优质往往决定于根系的正常代谢，根系处于不良条件下代谢失调，常是减产的直接原因。国内外许多研究者把伤流液的收集和分析作为作物根系活力的指标。

一、伤流量与品种、生长时期的关系

1974 年 9 月，研究人员测定了栽培管理相同的春植台塘 134 和粤糖 57/423 的伤流量，1975 年 8 月下旬和 12 月上旬测定了春植品种比较试验区中的不同品种的伤流量(莫家让，1981)，结果如表 6-9 所示。

表 6-9　甘蔗不同品种、不同生长时期的伤流量

品种	实验区编号	测定日期/(年-月-日)	切口直径/cm	伤流量/[mg/(茎·h)]
台糖 134	1	1975-08-25	2.4	5890
桂农 71-3	1	1975-08-25	2.7	4630
台糖 134	1	1975-12-06	2.5	720
桂农 71-3	1	1975-12-06	2.9	80

续表

品种	实验区编号	测定日期/(年-月-日)	切口直径/cm	伤流量/[mg/(茎·h)]
粤糖 57/423	1	1975-12--6	2.8	120
台糖 134	2	1974-09-26	2.6	7760
粤糖 57/423	2	1974-09-26	2.9	3440

从表 6-9 看出，不同品种的伤流量差异较大，不同品种的根系活力与其遗传性有关。过去有人认为根压大的甘蔗品种抗旱力较强。如果这是普遍规律，台糖 134 抗旱力要比粤糖 57/423 和桂农 71-3 强。蔗株处于不同生长时期的伤流量也存在很大差别。8 月份伤流量的测定位与 12 月份的测定值相差很大。伤流量与根系吸收表面积有高度的正相关；伤流液随植株的衰老而减少。表 6-9 中 8 月份的测定值之所以显著高于 12 月份测定值，是因为 8 月份蔗株生理活动、干物积累能力比 12 月份强，可能 8 月份根系吸收表面积也大。此外，8 月份的许多外界因素如温度、水分条件明显优于 12 月份，这对根系生理活动有一定良好的影响。

二、伤流液及其内含物的昼夜变化

10 月下旬测定了春植试验区(行距 4 尺，每亩种植 6000 芽)的粤糖 57/423 伤流量的昼夜变化，同时分析了伤流液中无机磷和氧化钾总量的昼夜变化，我们把 7:00～19:00 算为白天，19:00～次日 7:00 算为夜间，比较了白天和夜间伤流量、随伤流液上运无机磷和 K_2O 总量。结果如图 6-1 所示。

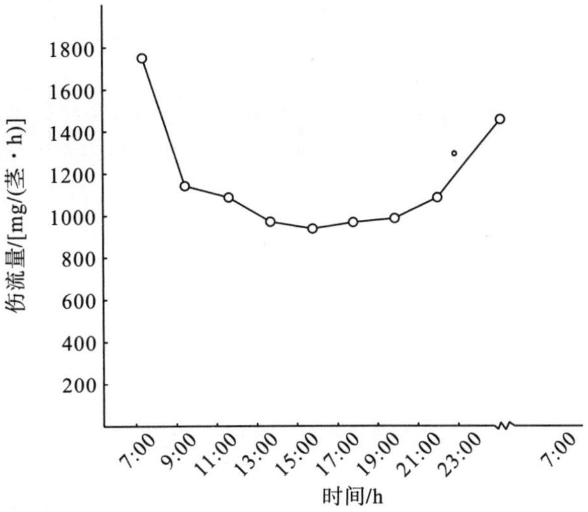

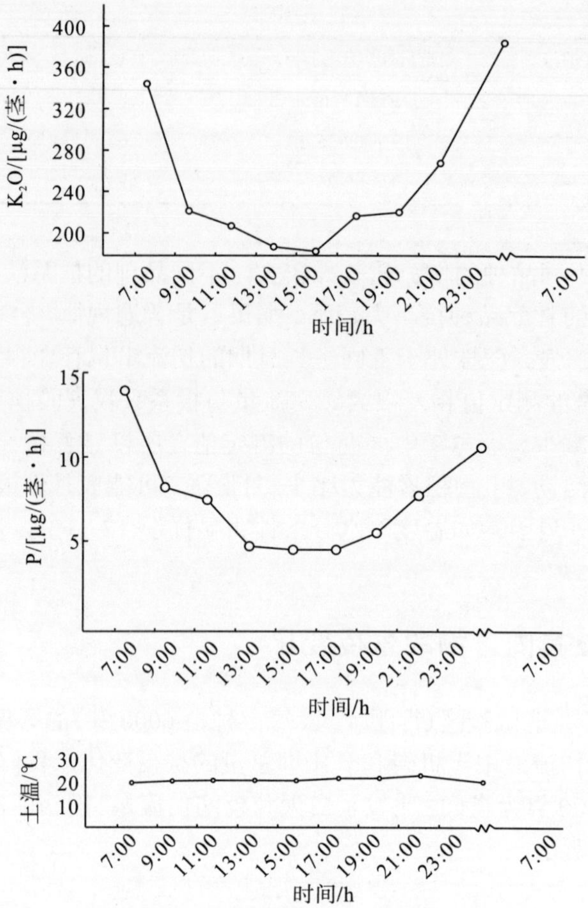

图 6-1 伤流及其内含物的昼夜变化

图 6-1 表明，在一昼夜内，土表下 10～20 cm 的温度基本无变化，但不同时间伤流量的差别是明显的，以午前和夜间九时以后伤流量高，午后至夜间九时的伤流量低。白天的总伤流量和平均每小时产生的伤流量也比夜间低(表 6-10)，且甘蔗一昼夜内伤流量的变化幅度大些。其最高值比最低值多 86%(莫家让，1981)。其原因可能是甘蔗原产于热带，植株高大，生长于炎热季节的植株，白天蒸腾失水甚多，夜间蒸腾弱，加强主动吸水能力，利于体内水分的恢复和保持，故从深夜一直至次日上午保持着较高的主动吸水能力，可能是其长期适应炎热生长环境的结果。

表 6-10 白天和夜间茎伤流量及其内含物转运量的比较

时间	伤流量		无机磷转运量		K_2O 转运量	
	mg/12 h	mg/h	μg/12 h	μg/h	μg/12 h	μg/h
白天	13780	1149	88.86	7.4	2832	286
夜间	15460	1290	111.2	9.2	4050	388

甘蔗伤流液中无机磷和氧化钾上运量的昼夜变化与伤流量的变化趋势相同。中国科学

院植物生理研究所测定水稻伤流液中磷含量的昼夜变化，也获得白天低，早、晚高的相似动态。植物根系吸入无机磷之后几秒钟即参与氧化磷酸化反应，形成 ATP，与此同时，ATP 几乎以同样速度被消耗于糖类的活化和氨基酸的活化等反应中，然后，磷通过薄壁组织以无机磷形式分泌到导管中，随上行液流而被运输。莫家让(1981)证实了甘蔗与其他植物一样，体内的无机磷能够随木质部液流上运，甘蔗根系主动促进此种途径运输的推力是夜间大于白天。甘蔗伤流液中钾的上运量是夜间多于白天，且最高值与最低值相差约一倍，说明甘蔗在一昼夜内通过木质部液流把钾运往地上部分，若不受蒸腾拉力的影响，则能以较稳定的速率来进行。

由于在一昼夜中甘蔗伤流量及伤流液中无机磷、钾含量均以上午 9:00 前和夜间 21:00 以后较高，故若收集伤流液或作 P、K 分析，判断根系活力，则以早晨进行测定比较适宜。

三、倒伏对根系活力和蔗茎产量、品质的影响

为了研究倒伏对根系活力和蔗茎产量、品质的影响，将部分已倒的蔗株立即搭架扶起，另一部分不做处理，收获前数日测定了不同处理的根系活力调查了若干经济性状，结果如表 6-11 所示。

表 6-11 倒伏对根系活力及茎重、品质的影响

倒伏或扶起	株高	伤流量		伤流液中无机磷和钾转运量				茎径/cm	锤度	空蒲节间/%	单茎重	
				P		K_2O						
		mg/(茎，h)	对比	ug/(茎，h)	对比	ug/(茎，h)	对比				/kg	对比
正常植株	374	1353	100	20.3	100	1082	100	3.62	20.18	20.7	3.16	100
倒后扶起	386	1267	93.6	19	93.5	760	70.2	3.35	18.73	34	3.10	98.1
倒后不扶	371	1253	92.6	5.01	24.7	564	52.1	3.31	13.87	55	2.89	91.6

从表 6-11 可见，倒伏对茎重和品质都有明显影响。倒伏的单茎重比正常植株下降 8.4%，锤度减少 6.31，空蒲心节间百分率增加一倍以上。其原因除倒伏植株利用阳光进行光合作用受到严重妨碍外，还与根系活力下降有关。多年来已积累的资料表明，磷和钾是甘蔗和其他植物促进光合、促进碳水化合物的转移与积累最为重要的元素，在甘蔗整个生长过程中 P、K 不断地被吸收，并积累于体内，这是甘蔗营养生理的基本特点之一，因此，蔗株在整个生长过程中顺利地从外界获得 P、K 的持续供应，是其正常生长、高产优质的必要条件。植物根系是否从外界吸收了磷，能迅速地从伤流液中的含磷数量上反映出来。表 6-11 表明，倒伏蔗株伤流液中磷含量仅为正常植株的 1/4，钾大约相当于正常植株的 1/2，说明根系吸收磷、钾的能力急剧地降低了。据此可以认为，倒伏蔗株在收获前的几个月里，不能从土中吸收比较适量的 P、K 供应地上部分，必然影响整个植株糖的形成、运转和积累，这可能是品质下降的重要因素之一。由此看来，生产上分析甘蔗倒伏对产量和品质的不利影响时既要考虑地上部分生理活动受到的阻碍，还要注意根系生理活动遭受的危害。倒后立即扶起，对甘蔗的重量和品质的保持有良好效果，已扶起的蔗株，除钾的转运量与

正常植株存在较大差距外，其他几项经济指标均与对照接近，这与根系活力得到较好的恢复有关。因此，在生产上加强田间管理，尽量减少倒伏是十分重要的，当倒伏发生后，需立即扶起，以免造成损失。

主要参考文献

蔡昆争，骆世明，段舜山. 2003. 水稻根系在根袋处理条件下对氮养分的反应[J]. 生态学报，15(06)：1109-1116.

蔡昆争，骆世明，段舜山. 2005. 水稻群体根系特征与地上部生长发育和产量的关系[J]. 华南农业大学学报，26(2)：1-4.

陈少裕. 1992. 甘蔗叶片衰老与膜脂过氧化[J]. 作物学报，18(02)：111-115.

丁颖. 1983. 稻根发展分布情形之观察[M]//丁颖稻作论文选集. 北京：农业出版社：174-182.

凌启鸿，陆卫平，蔡建中，等. 1989. 水稻根系分布与叶角关系的研究初报[J]. 作物学报，21(02)：123-131.

刘殿英，石立岩，黄炳茹，等. 1993. 冬小麦根系与地上部性状相关性的研究[J]. 山东农业大学学报，29(04)：359-364.

刘胜群，宋凤斌，王燕. 2007. 玉米根系性状与地上部性状的相关性研究[J]. 吉林农业大学学报，29(1)：1-6.

刘文兆，李秧秧. 2003. 断伤作物根系对籽粒产量与水分利用效率的影响研究现状及问题[J]. 西北植物学报，23(08)：1320-1324.

莫家让. 1981. 甘蔗根系活力的研究[J]. 广西植物，(01)：25-30.

石庆华，黄英金，李木英，等. 1997. 水稻根系性状与地上部的相关及根系性状的遗传研究[J]. 中国农业科学，16(04)：62-68.

汪强，樊小林，刘芳，等. 2004. 断根和覆草旱作条件下水稻的产量效应[J]. 中国水稻科学，11(05)：63-68.

王金英，江川. 1999. 综述水稻根系及其与地上部的关系[J]. 福建稻麦科技，9(04)：23-25.

魏道智，宁书菊，林文雄. 2004. 小麦根系活力变化与叶片衰老的研究[J]. 应用生态学报，15(09)：1565-1569.

杨建昌. 2011. 水稻根系形态生理与产量、品质形成及养分吸收利用的关系[J]. 中国农业科学，44(01)：36-46.

赵丽萍，刘家勇，赵培方，等. 2015. 甘蔗家系苗期根系性状与地上部性状研究[J]. 西南农业学报，28(03)：1009-1013.

Passioura J B. 1983. Roots and drought resistance[J]. Agricultural Water Manage，7(1-3)：265-280.

第七章　甘蔗根系杂种优势

杂种优势(hybrid vigor，heterosis)是指两个遗传基础不同的品种、品系或自交系进行杂交，所产生的杂种一代在生活力、生长势、抗逆性、适应性、产量及品质等方面均超过其双亲的现象(Shull，1914)。作为自然界中普遍存在的一种现象，杂种优势被广泛应用于农业生产中，为人类的生存和发展做出了巨大的贡献。近年来，随着分子生物学技术的发展，有关杂种优势分子机理的研究已经成为国内外关注的热点。德国政府于2002年启动了包括玉米在内的植物杂种优势机理研究项目；美国政府2005年启动了玉米亲本基因组测序计划，其中之一也是为了阐明玉米杂种优势形成的分子机理。我国也启动了两期国家重点基础研究发展规划项目(973 项目)“农作物杂种优势及其利用的分子生物学基础”(2002～2006 年和 2007～2011 年)，发现并定位了一批与杂种优势相关的 QTL 位点和基因，并对其部分重要候选基因的功能进行了研究，探索其在分子设计育种中的作用，并对重要农作物小麦、玉米、水稻和油菜的雄性不育机理进行了研究，发现了相关不育基因。

开展杂种优势机理及利用新途径研究，加深对杂种优势机理的认识，对提高强优势组合选配的成功率，增强预见性，并进一步挖掘和提高杂种优势潜力具有重要的理论指导意义。尽管 20 世纪农作物杂交品种在农业生产上获得大规模推广和应用，但人类对杂种优势机理认识不够深入，仍停留在“显性假说”和“超显性假说”水平上，从而使杂种优势育种面临不少制约因素，如强优势杂交种目前仍然主要依靠大量配置组合大田筛选，选育成功率极低(1%左右)而进一步挖掘和提高杂种优势潜力也缺少可靠的理论依据和有效的方法。因此，尽快阐明杂种优势机理，特别是分子机理，是指导杂交育种实践的需要，也是丰富遗传育种理论的需要。

过去几十年，人们对杂种优势机理的研究主要围绕着产量等对人们“有利”的性状开展研究，而这些性状遗传发育过程相当复杂，这在一定程度上限制了对杂种优势机理的认识。根系是植物从环境中吸收水分和养分的重要器官。研究证实，与地上部相比，小麦根系具有更明显的杂种优势。另外根系所有组织和细胞类型都是从一个顶端分生组织来的，因此，在结构上是相对简单的，特别适合进行发育机理的研究。据此，我们提出以“遗传发育相对简单的根系”作为模式性状开展研究，将有助于加深对小麦杂种优势分子机理的认识。

第一节　杂种优势表现极其利用

一、杂种优势的概念及其表现

杂种优势现象普遍存在，但其又是一种复杂的生物学现象，其表现也是多样化的，并且不同的作物种类、杂交组合方式及具体性状的表现亦不同。从作物种类来看，不同作物的杂种优势表现存在很大的差异。一般来说，异花授粉作物杂种优势往往大于自然授粉作物，二倍体作物大于多倍体作物。例如，玉米和水稻杂交种平均增产幅度为20%～30%，高粱为30%～50%，油菜则为30%～80%。同一作物，不同的杂交组合杂种优势也存在很大差异。一般来说，亲缘关系越远，遗传差异越大，杂种优势越明显。以玉米为例，美国玉米的杂种优势归功于北方硬粒和南方马齿之间巨大的遗传差异，从而使两个杂种优势群的标准测验种B73和Mo17组配的杂交种具有较大的杂种优势，成为美国玉米带很长一段时间内主推的杂交种(杨培珠等，2011)。同一组合，不同性状的杂种优势表现程度也是不同的。Springer等(2015)总结前人研究结果，对玉米组合B73/Mo17杂交组合的产量、穗粒数、穗粒重、株高、节间数、穗位节、叶长、叶宽、吐丝期、开花期、雄穗分支数、穗长和发芽后的第11天苗高及生物量等性状进行了统计分析，结果发现穗粒重杂种优势最高，籽粒产量和苗期生物量次之，而开花期和节间数很低(表7-1)。综上所述，杂种优势是一种复杂的生物学现象，其表现也是多样化的。因此，解析杂种优势形成的遗传及分子生物学基础，应从特定性状分析入手，并确定其杂种优势形成的关键发育时期。

表7-1 B73/Mo17组合田间表现及杂种优势分析

性状	B73	Mo17	B73/Mo17	杂种优势/%
产量/(mg/hm^2)	6.32	4.06	10.41	64.7
穗粒数/粒	430	271	628	46.0
穗粒重/g	115	98	232	101.7
株高/cm	173.3	169	211.1	21.8
节间数/个	14.6	13.3	15.1	3.4
穗位节/个	8.9	8.4	9.2	3.4
叶长/cm	75.3	62.7	87	15.5
叶宽/mm	90.1	84.2	106.4	18.1
吐丝期/d	70.1	77.1	68.05	2.9
开花期/d	68.9	71.1	65.95	4.3
雄穗分支数/个	9.3	6.9	9.75	4.8
穗长/cm	12.7	14.3	21.2	48.3
11d苗高/cm	32.4	27.3	41	26.5
11d生物量/g	0.42	0.32	0.71	69

注：引自Gennome Research，2007.

二、杂种优势利用

早在1761～1766年，德国研究学者Kolreuter曾利用早熟的普通烟草与比较晚熟的心叶烟草进行种间杂交，得到早熟并且品质优良的种间杂种，并提出种植烟草杂交种的建议；在1865年，孟德尔通过在豌豆杂交试验中发现杂种优势现象，首次提出了杂种活力；随后，达尔文在其撰写的《物种起源》中，对植物杂种优势现象进行了系统的理论研究，并第一个指出玉米杂种优势现象；1906 年，美国遗传学家 Shull 在研究玉米遗传中观察到近亲繁殖生命力减退，而杂交后生命力得到恢复的规律后，杂种优势首先在玉米上得到了利用；1918 年，Jones 率先提供了 4 个自交系的杂交种；1921 年，Connecticut 试验站第一个发表报告育成了玉米双杂交种并进行生产推广。此后，玉米杂交种在生产上得到了大面积的推广应用。到目前为止，杂种优势已经在玉米、水稻、高粱、甘蔗、油菜、棉花、烟草、大豆等作物上广泛应用，并产生了巨大的经济效益和社会效益。

甘蔗杂交育种是目前世界上最常用、最普遍、成效最大的育种方式。我国育成的甘蔗品种中，通过杂交育成的甘蔗品种占 98%以上。甘蔗杂交育种始于 1987～1988 年，荷兰人 Sotwedel 以及英国人 Harrison 和 Boyell 相继在爪哇和巴巴多斯发现了甘蔗天然杂交形成的实生苗，此后，各产蔗国无不以杂交育种作为改良甘蔗品种的主要方法，尤其以种间杂交为主，并育成许多优良甘蔗品种，为世界甘蔗育种事业奠定了基础。

甘蔗实生苗被发现约 10 年后，甘蔗育种家 Jeswiet 首创了甘蔗高贵化育种法。在高贵化过程中，大茎、多汁、高产、高糖抗逆性差的热带种被称为高贵种(noble cane)，而细茎、低糖、低产、抗逆性强、生势好的割手密被称为野生种(wild cane)。利用高贵种和野生种杂交获得第一代高贵化杂交种 F_1，F_1 再回交高贵种获得第二代高贵化杂交种 F_2，F_2 再回交获得第三代高贵化杂交种 F_3。以此思路，他利用热带种 Black Cheribon 与割手密 Glagah 的天然杂交种 Kassoer(第一代高贵种)同 POJ100 回交，获得了 POJ2364(第二代高贵种)。1921 年，Jeswiet 利用 POJ2364 与另外一个热带种 EK28 回交，获得一批第三代高贵化杂交种，对 F_1、BC_1、BC_2 细胞学分析时发现 F_1 和 BC_1 配子结合后，高贵种亲本的配子染色体加倍，即高贵化过程把热带种的优良遗传物质加倍结合到新的杂交种中，此为甘蔗高贵化育种的重要发现。采用高贵化育种选育出蔗茎产量、含糖量兼顾抗逆性和适应性优越的 POJ2878。该品种的选育，是甘蔗热带种跟割手密杂交取得的最大突破，在 1927～1930 年遍及爪哇，振兴当地糖业，后来成为全球甘蔗育种的最重要亲本。

20 世纪 20 年代，在印度哥印巴托(Coimbatore)育成的 Co213、Co281、Co290 具有热带种、印度种和印度野生种的三元杂交种，它们集爪哇热带种、印度种和印度野生种的抗病、高产、高糖为一体。这些品种不仅成为印度的主栽品种，而且被引种到南非、阿根廷、美国、中国、澳大利亚等国家推广种植，成为世界性的品种，显示了三元杂交种广泛的适应性，这些品种也成为世界主要甘蔗育种场的重要杂交亲本。美国夏威夷甘蔗育种场以热带种、割手密、印度种、大茎野生种和中国种 5 个种杂交，育成 H32-8560、H49-5 等优良品种。世界各国不惜斥巨资从事甘蔗杂交和新品种选育，并取得重大进展。

第二节　杂种优势形成的遗传基础

一、遗传假说

对于杂种优势的遗传学基础，早在 20 世纪初，就有人提出了显性和超显性假说。两种假说虽存在差别，但都承认杂种优势的产生是来源于杂交种 F1，等位基因和非等位基因间的互作，都认为互作效应的大小和方向是不相同的，从而表现出正向或负向的中亲优势或超亲优势。两种假说是相互补充的，而不是对立的，等位基因间和非等位基因间的互作效应是复杂的，既有显性、加性效应，也有上位性效应。大量数量性状的分析表明，一些性状的遗传以加性效应为主，非加性效应的作用较小，另一些性状的遗传则以显性或上位性效应为主。而作物最终的产量性状，是各个产量因素的综合体现，必然是多种基因互作效应的结果。两种假说都忽视了细胞质基因和核质互作对杂种优势的作用，而叶绿体遗传、细胞质雄性不育性状遗传以及某些性状表现的正反交差异等事例，都证实了细胞质和核质的效应，显然是两种假说的不足之处。

二、甘蔗杂交亲本选配原则

杂交亲本的选择和组合的选配是甘蔗杂交育种的关键环节。实践证明杂交亲本的选择和组合的选配是决定能否培育出优良甘蔗品种的关键。杂交亲本及组合选配恰当，使基因能表现出很好的互补与重组，则出现优良后代材料的概率将越大。反之，如果亲本选择不当，组合选配不合适，则后代表现不佳，很难选育出优良甘蔗新品种，且将造成人力、物力和财力的浪费。因此，应深入了解亲本的育种潜力及后代表现特点，将亲本分别作为父本或母本的杂交优势充分体现，合理选配组合，是甘蔗杂交育种的关键。亲本的选择直接影响育种效益，甘蔗育种中选择亲本的原则是一定的，但由于育种目标不同，选择亲本的重点也相应不同，反映在育种效果上也不一致。

甘蔗亲本的异质性主要来源于甘蔗属的不同种，如热带种、印度种、中国种、细茎野生种和大茎野生种。随着属间远缘杂交不断取得新进展，蔗茅、斑茅和滇蔗茅等野生种质的血缘也在不断渗入甘蔗品种中，甘蔗品种的种性不断取得突破。两个亲本间血缘异质性越大，杂种后代的遗传越丰富，基因重组数越多，杂种优势就越强。突破性品种的培育依赖于突破性种质的发掘。不断增加新的血缘，充分利用未被利用过的优良种质，通过杂种优势理论将优良基因配对重组，将有利于培育更为优良的甘蔗新品种。

亲本本身优良性状多、缺点少，是选择亲本的重要依据，但并非所有优良品种都是优良的亲本。吴才文等(2014)通过对多年来国内培育出的甘蔗新品种进行亲本比较分析，发现桂糖 11 号曾在我国大面积种植，但作亲本使用，获得成功较少，并未有性状表现突出的后代材料。而华南 56-63 本身表现并不突出的品种却是很好的亲本，用其做亲本与其他品种杂交，在我国北缘蔗区育成不少高产、优质、抗寒性强的优良品种。近年来，甘蔗杂交育种，通过评价亲本的配合力、育种值和经济育种值筛选优良亲本、选配组合取得较大进展。因此，亲本选配时，除要注意品种本身的优缺点外，还要通过杂交育种实践，借助现代科学技术，筛选出好的亲本，才能获得较好的结果。

三、QTL 定位与杂种优势

杂种优势是一种复杂的生物学现象，其表现也是多样化的。对于同一杂交组合，不同性状的杂种优势存在很大的差异，说明杂种优势是由多个基因组位点共同控制的，并且不同性状的杂种优势是由众多不重合的位点组合所决定的。虽然个体发育涉及复杂的生理代谢途径，但归根结底还是由遗传机制所控制。因此，定位出控制不同性状杂种优势的相关

QTL 位点，解析其遗传效应和互作模式，将有助于加深对杂种优势形成机理的认识。QTL 定位在玉米、水稻和番茄上都取得一定进展，甘蔗上也在积极开展各项研究工作。相信随着植物基因组学研究的深入和发展，精细定位杂种优势相关的 QTL 位点或基因，分离并克隆杂种优势 QTL 或基因，并完成其功能分析，将对进一步阐明杂种优势的遗传学基础起到重要的推动作用。

第三节　杂种优势形成的分子生物学基础

一、基因差异表达与杂种优势

多项研究表明，表型变异的分子基础在于基因表达的变化。但从基因组组成上看，杂交种的全部基因组来自父母双亲，并没有新的基因出现，其性状大多并非亲本性状的简单组合，这可能与来自亲本的基因在杂种一代表达方式的改变有关(Romagnoli et al.，1990；Sun et al.，2004)。近期研究表明，杂交后代与亲本相比，不但在转录组水平上出现显著变化(Song et al.，2003；Ni et al.，2008；Yao et al.，2009)，而且在蛋白质组上也发生明显的表达改变(Song et al. 2007)，表现为加性和非加性等差异表达模式，其中，加性表达是指杂交后代中的基因表达水平等于两个亲本的平均值，即中亲表达，可以解释为基因的加性效应；在非加性表达模式中，存在单亲沉默、双亲共沉默、杂种特异、杂种增强、杂种减弱、杂种偏低亲和杂种偏高亲等多种差异表达类型。其中单亲沉默、杂种偏低亲和杂种偏高亲可解释为基因显性效应；双亲共沉默、杂种特异、增强和减弱可解释为基因的超显性效应，这与基因组水平相关研究结果一致，即多种分子模型共同对植物杂种优势的形成起作用(Swanson-Wagner et al.，2006；Song et al.，2007)。在甘蔗杂交育种中发现，有些亲本组合中，两个亲本都是优良亲本，生产性能均较好，但两个亲本杂交的后代材料出现生势差、产量低、病害严重等多种问题，由此可反映出这一亲本组合的选配并不适合，杂交后代出现超显性效应。

二、非编码 RNA 与杂种优势

非编码 RNA 是不参与蛋白质编码的 RNA 的总称，其中，小 RNA(Small RNA)和长链非编码 RNA(long noncoding RNA，ln-cRNA)是目前生命科学领域研究热点之一。小 RNA 是一类广泛存在于各种真核生物体中的小分子 RNA，长度通常为 20～25 个碱基。有研究表明，小 RNA 在植物的整个生命周期中起着非常重要的作用，但与杂种优势关系的研究至今没有系统开展。Mica 等(2006)克隆了 5 个 MicroRNA 家族并进行了表达分析，发现 miR166 在杂交种 B73/H99 及亲本 B73 籽粒中的表达水平明显低于另外一个亲本 H99。此外，在杂交种的籽粒中，miR167 的表达模式也与亲本显著不同。

三、激素代谢调控与杂种优势

植物激素在植物生长发育过程中起着重要的调控作用。其中，赤霉素与株高、细胞分裂素与水稻穗粒数(Ashikari et al.，2005)以及生长素与植物侧根的生长等(Fukaki et al.，2007)，这些性状在主要农作物中都表现出很强的杂种优势。研究发现，杂交种幼苗的长势表现出杂种优势与内源激素代谢变化有着直接关系，而自交系长势较弱则与内源激素亏缺有关(Rood et al.，1988)。

第四节 甘蔗根系杂种优势研究展望

一、甘蔗长势与根系杂种优势

根系对植物的生长起到至关重要的决定性作用。植物生长所需的营养元素，大部分均要通过根系来进行吸收或合成，并运输到植物叶片以用于光合作用，最终使植株得到生长。一个农作物品种，要获得高产，必须要有发达的根系系统作为基础支撑，以收获植株为最终目的的经济作物甘蔗也是如此。甘蔗的每个节上都有一圈根带，根带上有许多根点，甘蔗的根系从根带上的根点生长发育而来，根点的数量在很大程度上决定了根的数量，然而也不排除根的数量与根点的萌发有关。笔者研究发现，不同品种间的根点数存在一定差异，但多数品种的差异不显著，具体结论有待进一步研究证实(表 7-2)。生产上大面积种植，占我国甘蔗种植总面积 80%以上的甘蔗品种新台糖 22 号，其根点的数目也仅是一般水平。然而地下根系的数量不单由每个节上的根点数决定，还与地下节间的长度有很大关系。甘蔗种植离土表较近，经过中耕培土后，地底部最深处离土表达 15～20 cm。不同甘蔗品种，在相同的种植管理条件下，当地下节间距越小时，被埋于土表以下的节数就越多，从理论上来看，发育形成的根系数量也就越多，因此，植株对养分的吸收能力就越强，生势越好，产量越高。然而，不同的甘蔗品种，其根系的活力有所差异，根系活力越强，衰老的速度越慢，则吸收养分的能力越强，甘蔗生势越好，有利于获得高产。虽然根系对产量起支撑作用的影响因素较多，但这均说明了良好的根系基础是获得高产的关键。通过杂交组合的合理选配，培育出根系性状优良的后代材料，有望获得突破性甘蔗新品种。

表 7-2 蔗茎根点数分析

材料	节径/cm	根点数/个	根点数/节径
云蔗 06-407	2.26	90.13b	39.86a
云蔗 06-408	2.71	77.20c	28.58b
云蔗 06-415	2.45	98.40a	40.14a
云蔗 06-416	2.74	76.93c	28.20b
新台糖 10 号	2.71	74.27c	27.56b
新台糖 22 号	2.65	77.27c	29.23b

注：a、b、c 为 0.05 显著水平差异比较。

二、甘蔗倒伏与根系杂种优势

甘蔗的倒伏性状与根系密切相关，这与杂种优势密不可分。影响甘蔗倒伏的因素较多，包括根系的拉力、根系的数量、侧根的数量、根系的抓地力、甘蔗的株型和蔗茎的组织结构等。虽然影响因素较多，但根系的作用占主要地位。如甘蔗品种根系数量多、侧根数量多，这将在数量水平上占优势地位，可使甘蔗的抗倒伏能力得到加强；然而根系的拉力和抓地力也至关重要，若拉力强、抓地力强，则根系不容易被拉断，植株的根基将更加稳固。笔者及其他甘蔗育种研究人员在甘蔗育种过程中发现，甘蔗的倒伏与杂交组合的选配密切相关。甘蔗除杂交育种的实生苗阶段用到种子外，其他阶段及生产上均以蔗茎的无性繁殖来生产。因此实生苗阶段，种植的均为杂交种子播种得到幼苗，每棵幼苗为一个杂交后代单株。种植时一个组合有几十棵苗甚至几百棵苗种植于 1 个小区，经观察发现，出现倒伏的情况一般以组合的形式出现，即同一组合杂交后代倒伏情况一致，而不同组合间倒伏情况存在差异。这充分说明甘蔗的倒伏性状与杂种优势有密切关系，要选育出抗倒伏能力较强的甘蔗新品种，亲本的选配尤为关键。

三、甘蔗抗旱性与根系杂种优势

甘蔗是一种喜温、生长期长、植株高大、蒸腾旺盛、需水较多的糖料作物，曾有资料报道，每生产 1kg 蔗糖需水 1000～4380 L。我国甘蔗 80%以上甘蔗种植在红、黄壤旱坡地，沙洲地等边际性土地上，立地条件差，年蒸发量大于降水量，土壤贫瘠，有机质缺乏，渗漏性大，宜耕性差，水土流失严重。

甘蔗的抗旱性是指甘蔗抵抗和适应干旱的能力。在甘蔗长期适应热带和亚热带环境的系统发育过程中，往往通过形态、生理生化等多条途径的变化来维持干旱胁迫下体内水分的平衡，其中通过生理生化代谢途径变化的生理耐旱为最主要的适应方式。为此，世界各国的科学家在抗旱生理机制研究的基础上，利用强抗逆性的甘蔗野生种质和抗旱性相关基因，通过杂交选育、基因工程等途径，采用形态学、生理生化选择指标，结合常规选择技术选育抗旱甘蔗新品种，开展了大量工作，取得了明显成效。其中，甘蔗对干旱胁迫的适应方式有两种：避旱性和抗旱性。避旱性是通过栽培技术使甘蔗生长发育过程对水分的敏感期与干旱期错开，使甘蔗免受干旱危害。而抗旱性是指甘蔗在干旱胁迫下，通过自身保护机制，抵御逆境伤害，对水分反应良好，蔗茎产量和品质没有明显下降，是甘蔗抗逆遗传改良的主要目标之一。

甘蔗抗旱性包括：形态学御旱和生理生化耐旱。形态学御旱是在水分胁迫条件下，甘蔗通过限制水分的丧失和保持一定的吸水能力，维持体内较高的水势，并使细胞处于正常的微环境中，各种生理生化过程仍保持正常的状态，属于形态学抗旱范畴。由于甘蔗生长发育过程中所需要的水分主要来源于根系的吸收，因此甘蔗根系发达程度与抗旱性有密切关系。抗旱育种中宜选择根系强大、生理活性强(如较大的根压和上流量)的品种。根系吸收的水除了少量用于生理代谢外，绝大部分通过叶片蒸腾作用散发出去。因此，叶窄而厚、直立，长/宽大，遇旱卷叶，表皮细胞角质化程度高，毛多而长，单位面积气孔数较少、下陷，气孔扩散阻力高的品种较抗旱。如 Co421 叶片气孔数量抗旱性弱的品种 Co205；桂糖 11 叶片长而窄、根系发达；而粤糖 57-423 叶片宽薄，根系不发达，伤流少，御旱性差。生理生化耐旱是指甘蔗在干旱条件下能通过渗透调节、酶活性变化以及增强体内自由基清除能力，防止膜脂过氧化和激活多胺代谢等方式，保护细胞精细结构不受到严重损伤，并能在胁迫解除后迅速恢复生理活动，获得一定的产量。

干旱条件下，表层土壤水分含量少，甘蔗根系需要纵向延伸生长到土壤更深处吸收水分来维持生长，因此，根系纵向分布深的甘蔗品种抗旱性也相对较好。对甘蔗亲本进行根系形态学研究，指导组合的合理选配，将有利于培育出根系发达、抗旱性好的优良后代材料。

主要参考文献

陈如凯. 2011. 现代甘蔗遗传育种[M]. 北京：中国农业出版社.

吴才文，赵培方，夏红明. 2014. 现代甘蔗杂交育种及选择技术[M]. 北京：科学出版社.

邢国芳，等. 2012. 植物根系发育及其激素调控机理[M]. 北京：中国农业科学技术出版社.

杨培珠，钟国祥，谢虹，等. 2011. 玉米种质资源的背景与利用现状[J]. 中国农学通报，27(5)：25-28.

Ashikari M，Sakakibara H，Lin S，et al. 2005. Cytokinin oxidase regulates rice grain production[J] Science.，309(5735)：741.

Fukaki H，Okushima Y，Tasaka M. 2007. Auxin-mediated lateral root formation in higher plants[J]. International Review of Cytology，256：111-137.

Ni Z，Kim E D，Ha M，et al. 2008. Altered circadian rhythms regulate growth vigour in hybrids and allopolyploids[J]. Nature，457(7227)：327-331.

Mica E，Gianfranceschi L，Pè M E. 2006. Characterization of five microRNA families in maize[J]. Journal of Experimental Botany，57(11)：2601-2612.

Msomi，N F. 1997. Conversion of RAPD markers for fibre in sugarcane of sequence characterized amplified regions[J]. Plant & Animal Gnome. 1.

Romagnoli S，Maddaloni M，Livini C，et al. 1990. Relationship between gene expression and hybrid vigor in primary root tips of young maize（*Zea mays* L.）plantlets[J]. Theoretical and Applied Genetics，80(6)：769-775.

Rood S B，Buzzell R I，Mander L N，et al. 1988. Gibberellins：a phytohormonal basis for heterosis in maize[J]. Science，241(4870)：1216-1218.

Shull G H. 1914. Duplicate genes for capsule-form in Bursa bursa-pastoris[J]. Molecular Genetics and Genomics，12(1)：97-149.

Song R，Messing J. 2003. Gene expression of a gene family in maize based on noncollinear haplotypes[J]. Proceedings of the National Academy of Sciences of the United States of America，100(15)：9055-9060.

Song X，Ni Z，Yao Y，et al. 2007. Wheat（*Triticum aestivum* L.）root proteome and differentially expressed root proteins between hybrid and parents[J]. Proteomics，7(19)：3538-3557.

Springer N M，Stupar R M. 2015. Allelic variation and heterosis in maize[J]. Genome Research，17(3)：264-275.

Sun Q，Wu L，Ni Z，et al. 2004. Differential gene expression patterns in leaves between hybrids and their parental inbreds are correlated with heterosis in a wheat diallel cross[J]. Plant Science，166(3)：651-657.

Swanson-Wagner R A，Jia Y，Decook R，et al. 2006. All possible modes of gene action are observed in a global comparison of gene expression in a maize F1 hybrid and its inbred parents[J]. Proceedings of the National Academy of Sciences，103(18)：6805-6810.

Ueguchi-Tanaka M，Ashikari M，Nakajima M，et al. 2005. GIBBERELLIN INSENSITIVE DWARF1 encodes a soluble receptor for gibberellin[J]. Nature，437(7059)：693.

Yao Y，Ni Z，Du J，et al. 2009. Ectopic overexpression of wheat Adenosine Diphosphate-ribosylation factor，TaARF，increases growth rate in Arabidopsis[J]. Journal of Integrative Plant Biology，51(1)：35-44.

第八章　根系性状的遗传改良

作物根系是地上部光合生产系统的基础，其发育状况直接影响作物高产稳产，作物根系的发育不仅受其所处的环境和相关农艺措施的影响与调节，更重要的是受自身遗传基础的控制。根系是吸收营养和水分的主要通道，也是抵御土壤毒害的重要器官。因此，要培育养分高效、耐土壤毒害、高产的甘蔗品种，就必须首先对甘蔗根系进行遗传改良。这就是所谓的“根系育种”。虽然甘蔗“根系育种”工作还未系统开展，但是许多科研工作者对甘蔗根系进行了大量的研究(Chopart et al.，2010；De Silva et al.，2011；Armour et al.，2013；Yang et al.，2015)，而且人们一直在间接地进行根系性状的改良。事实上，虽然育种家没有对根系性状进行直接的选择，但育出的品种在根系形态、结构及功能上往往都表现出较好的适应性。人们在改良根部性状时很难进行直接选择的原因是根系生长在土壤中，且甘蔗根系庞大，分布较深，因而选择的难度较大。但随着科技的发展，一些根系观察、鉴定及研究的技术被开发出来，育种家完全可以借鉴作物育种的基本原理和方法，利用新的选择和观测鉴定技术对植物的根系进行改良。虽然“根系育种”工作有一定的难度和特殊性，但是根系性状的改良与地上部性状的改良在原理和方法上应该是基本一致的。因此，本章将结合甘蔗育种的基本原理，介绍甘蔗根系性状遗传育种的主要内容、方法及其最新研究进展。

第一节　根系性状及其遗传学概述

遗传学中把生物个体所表现的形态特征和生理生化特征称为性状(汪强等，2004)。所谓的甘蔗根系性状是指甘蔗所表现的根部的形态特征和生理生化特征。根系性状质量的优劣直接关系到地上部性状的发育，并最终影响甘蔗个体的抗逆性和经济产量。甘蔗的根系性状表现为数量性状，是受多基因控制的，同时，也容易受到土壤和栽培条件等因素的影响而发生变异。这种变异是不遗传的，但往往与可遗传的变异相混淆。因此，从无明确区分界线的根系表型去推测其基因型是不可能实现的。

在总结了前人大量工作的基础上，Caradus(1995)对作物不同根系性状的遗传力进行了比较，结果认为：①衡量根系大小的指标，如根重、根体积、根数量、根长、根表面积、根冠比等具有较高的遗传力；②衡量根系形态的指标，如根直径、根毛长度、不定根级值、分枝级值、根密度和根长密度等也具有较高的遗传力；③衡量根系生长的指标，如单位时段内的根系生物量、根体积和根数量的增加量等的遗传力则较低。

抗逆育种实践中，往往仅凭一两个根系性状指标难以去准确地反映不同品种(系)抗逆性的强弱，这主要是根系基因与性状之间复杂的关系造成的(景蕊莲等，1997；王敏等，2002；关军锋等，2004)。一方面，根系基因与性状间存在“多因一效”的关系；另一方面，二者间“一因多效”的关系也普遍存在。因此，在抗逆育种过程中，根系性状指标的选择，不能单单从一两个指标入手，而应多指标综合考虑。

一、根系性状的遗传特性

根系性状包括根的生物量、根的形态构型特征以及根系的生理生化特性等指标，由于土壤限制根系的可观测性，根系研究变得比较困难，因此根系的研究没有地上部深入，与地上部相比较，甘蔗根系性状的遗传研究开展的较少，对根系生理生化性状的研究也报道较少。近年来，作物根系吸收水分及矿物质方面的遗传变异研究越来越受到关注。有关研究业已表明，无论是不同的作物种属还是同一种作物的不同品种(系)，在水分吸收及抗旱能力、营养吸收与同化能力以及抗倒伏能力等方面都存在着差异。

同一种作物不同基因型之间根系特征也存在着明显的差异。不同基因型甘蔗的根长、根表面积、根直径、根体积、不同直径范围内根长和总根量不同(赵丽萍等，2015)，株高、茎径、冠鲜重及冠干重等也存在着明显的遗传差异。

作物根系性状的遗传差异是普遍存在的，具有很大的遗传改良潜力。因此，筛选出理想的根系基因型，并创造出适宜的栽培环境，就可以通过调控根系发育突破高产优质瓶颈。然而，人们迄今对根系性状的遗传还缺乏明确而系统的认识，虽然发现根系性状是可遗传的，但其遗传力的高低、控制基因数目以及基因间的相互作用等问题，至今仍悬而未决(史晓江等，2006)。

(一)甘蔗根系性状的遗传方式

徐良年等(2006)对CL系列甘蔗品种作杂交亲本的遗传特点研究表明，锤度的遗传主要受母本加性基因效应控制，株高的遗传主要受父母本加性基因控制，而锤度的遗传主要受非加性基因效应所制约。作物根系性状的遗传方式比较复杂，多数属于数量性状，但以加性效应为主还是以显性效应为主尚未取得一致结果。根长、根数量主要由一个亲本显性等位基因控制，根、冠比高低可能由显性或隐性等位基因控制，但所有这些性状都存在加性和显性效应。石庆华等(1997)研究表明根数、根重和根直径分别与地上部有关性状相关显著。3个根系性状均为数量遗传，与细胞质基因无关。根数的遗传变异中加性效应贡献较大，而根直径、根重的遗传变异中显性和上位性效应贡献较大。3个根系性状的遗传变异中，加性、显性和上位性都很重要。因此，根数应有较高的一般配合力方差和狭义遗传力，对亲代的选择能有较大的比例在子代得到实现，因而采用有助于基因累积的育种手段选育纯系品种可以收到比较好的改良效果，而且在杂交的早期世代就可以进行选择。根直径、根重两个性状杂种优势潜力较大，在选育纯系品种的方案中应在较高世代进行选择为宜。根系活力以非加性效应为主，而其衰退值则以加性效应为主，二者均表现为正向优势(衰退值以负向优势为好)，这表明利用杂种优势改良根系活性这一性状比较困难(史晓江等，2006)。上述的研究结果表明，根系性状的遗传方式呈多样性，不同品种各个性状的遗传变异方式本身存在差异。而且还存在基因型和环境互作。因此，由于采用的材料和试验环境不同，研究结果也会存在差异。

根据数量遗传分析所选用的遗传模型，估算表现型方差的各项方差分量。在此基础上，进一步估算性状的各种遗传效应分量的变异量的相对大小，这对于根系的选择育种有重要的指导意义。

(二)甘蔗根系性状的遗传力

遗传力分为广义遗传力和狭义遗传力。性状的遗传力是表示亲代传给子代的能力。因此，遗传力可以作为杂种后代进行选择的一个指标。明确主要根系性状的遗传力对于确定选择策略，提高选择效率都有重要意义。赵丽萍等(2014)采用桶栽方式，研究甘蔗实生苗根系性状的遗传效应。结果表明：根长、根交叉数受母本、父本和组合的影响显著，根表面积受母本和父本的影响显著，根系干重受组合的影响显著；亲本及组合的选配方式对根系遗传力大小的贡献率表现为母本、组合、父本依次减小；9 个根系性状中，根交叉数、根长、根表面积、根尖数、根干重、根体积的遗传力均大于 60%。

由表 8-1 可见，亲本及组合的选配方式对根系遗传力的贡献率表现为母本(68.30%)、组合(64.10%)、父本(62.52%)依次减小，说明母本对后代的影响大，组合对后代的影响其次，父本的影响相对较小。从后代各性状的平均遗传力看，根交叉数、根长、根表面积、根尖数、根干重、根体积、根直径、根分枝数、根鲜重的遗传力呈依次减小的变化趋势，根交叉数、根长、根表面积的遗传力均大于 70.00%，根分枝数和根鲜重的遗传力相对较低，分别为 52.50%和 46.99%，根交叉数、根长、根表面积、根尖数、根干重、根体积及根直径 7 个性状的遗传力均在 55.00%以上，遗传力较高，能稳定遗传，因此，在选择亲本和配组合时应重视对这 7 个性状的选择。

表 8-1　父本、母本及组合根系性状的遗传力 (单位：%)

变异来源	遗传力/%									
	根鲜重	根干重	根长	根表面积	根直径	根体积	根尖数	根分枝数	根交叉数	平均
组合	37.31	60.24	76.57	71.88	49.38	61.88	64.83	76.50	78.28	64.10
父本	50.09	70.75	79.60	75.84	60.99	68.53	71.57	3.82	81.47	62.52
母本	53.57	64.77	77.61	72.76	54.65	64.25	70.39	77.16	79.59	68.30
平均	46.99	65.25	77.93	73.49	55.01	64.89	68.93	52.50	79.78	64.97

二、种质资源根系性状的遗传

(一)种质资源根系育种

甘蔗的野生种中蕴藏着大量的优异基因，如丛生性、适应性、抗病、抗寒、抗旱及抗倒等。但近半个世纪以来，世界甘蔗育种中野生种质、远缘杂交有效利用少，育种效益不高，没有产生突破性品种。因此，开展珍贵野生种质与栽培原种、商业品种间的远缘杂交并进行遗传规律研究已引起甘蔗育种工作者的普遍关注。甘蔗百年育种利用野生种质与热带种的远缘杂交产生了大量优良品种和亲本，如 POJ2878、Co419、F134、CP49/50 等，都是甘蔗远缘杂交的后代，在甘蔗的野生种中，蕴藏着大量的优异基因。

种质资源是育种工作的物质基础，在决定了甘蔗育种目标后，首先要准确地选择种质资源，这在很大程度上决定育种的效果和成败。甘蔗优良品种选育的主要途径是杂交育种，组合选配则是选育优良品种成败的关键，组合选配得好，其后代就会出现较多的优良变异，就有可能选育出新的优良品种，因此研究不同种质的遗传关系对组合选配具有重大意义在根系性状的遗传改良上也不例外。昝逢刚等(2014)认为不同种质资源在根系性状上有明显的差异，可为改良提供丰富的遗传资源。一般来说，根系性状存在杂种优势，远源杂交根系性状存在杂种优势，杂种甘蔗深层根的比例较大，因此，抗旱性较强。这些不同基因型的种质资源为根系育种提供了宝贵的遗传资源。

(二)根系性状种质资源的评价和利用

甘蔗种质资源是甘蔗育种的基础，甘蔗种质改良和突破性育种的巨大成就主要依赖于种质资源的发掘利用。甘蔗种质资源是云南得天独厚的一大优势，除了长期栽培的地方品种、杂交品种外，还有甘蔗属的多个种，以及在育种上有价值的蔗茅属、芒属等甘蔗近缘植物。云南省种蔗历史悠久，甘蔗种质资源丰富，位于高纬度、高海拔的边远地区，早在20世纪80年代中期就开始了甘蔗有性杂交的试探研究，证实了内陆高原地区进行有性杂交的可行性。1989年建起了光周期室；1990年开始对甘蔗种质资源进行开花诱导研究；随着设施设备逐渐完善，技术力量不断加强，从1998年开始，甘蔗的开花诱导和杂交技术不断取得新进展。利用热带种、地方种、常用亲本与割手密、斑茅、滇蔗茅、河八王、大茎野生种等野生种质杂交，创造了一批含有热带种和野生种血缘的优异种质，为筛选优良亲本和进一步选育优良品种奠定了坚实的基础(王丽萍等，2003)。

从育种的角度，种质资源可划分为地方品种、主栽品种、原始栽培类型、野生近缘种、育种材料等五类。种质资源工作的主要内容是：收集、保存、研究、利用和创新。国家甘蔗种质资源圃目前已保存了来自20多个国家和中国10个省区的甘蔗品种资源约1200多份(刘新龙等，2010)，既有重要的原始优良亲本，又有新育成的优良品种，组成了我国宝贵的甘蔗种质资源基因库。为了提高甘蔗品种资源的利用效率，为甘蔗遗传育种亲本的选择、杂交组合配制及核心种质构建提供理论指导，刘新龙等(2010)利用17个质量性状和5个数量性状分析了来自13个国家共20个地区的1160份甘蔗品种资源的遗传变异、遗传结构和遗传距离等。结果表明：5个数量性状在不同来源地品种群体之间的变异系数值(CV)变化较大，说明不同来源地品种群体的数量遗传变异有较大差异，其中来自海南的品种其群体遗传变异最丰富。质量性状的Shannon-Wiener多样性指数表明，来自美国的品种群体遗传多样性最高，其次为中国台湾，第三为澳大利亚，说明上述3个地区的甘蔗种质创新比较活跃，在遗传育种中使用了更多表型性状多样化的亲本。不同来源地品种其群体的遗传分化系数(G_{st})和基因流(N_m)显示甘蔗品种群体表型性状的遗传变异主要来自来源地内部，且不同来源地品种群体之间存在较大的基因交流。遗传距离和UPGMA聚类分析结果表明，各来源地品种群体之间遗传距离为0.0261～0.2945，其中以福建和广东的品种最为相似，其次为古巴和美国、广西和云南、澳大利亚和菲律宾、江西和四川、巴西和法国，说明上述地区在杂交亲本的选择上比较相近。但是对于种质资源的评价利用工作还较少，尤其是对根系性状的评价和利用还相对落后。在其他作物如大豆等重要根系性状根构型进行了系统的评价和比较分析，但甘蔗种质根系遗传研究较少。

第二节　甘蔗根系性状的遗传改良

一、根系性状的形成及改良

迄今为止，生产中推广的优良甘蔗新品种，极大部分是通过常规育种方法选育出来的，常规育种方法是建立在孟德尔遗传学基本规律基础上的各种杂交、回交、自交、诱变和选择等经典育种方法。借助这些方法可以将目的基因导入改良的品种中，实现基因重组，在后代中选出理想基因型。因此，虽然生物技术发展迅猛，但常规育种仍是甘蔗育种应用最广泛和最有效的育种途径，在根系性状的遗传改良工作中得到广泛的应用。

在长期的驯化和栽培过程中，进化力促使植物群体的形态、生理生化和遗传特性均发生重大演变，从而形成现有不同作物的栽培种和品种，而一些重要的作物根系性状就是在这一过程中逐渐形成的。但人工驯化过程并没有系统地将根系作为选择目标，作物根系性状的形成是随着其他主要性状的进化而被动演变的。由于人们长期以来对品种的选择大都在肥沃、没有营养胁迫的土壤上进行，驯化过程没有对根系性状的形成造成选择压力，所以大部分根系性状发生了性状退步。然而，这种性状退步可能更有利于植株体经济产量的提高。

近些年来，人们逐渐认识到了作物根系性状遗传改良的重要性，并且开展了一定的工作，但应用遗传育种方法以改良根系性状方面的工作尚没有广泛开展。从遗传育种原理上看，根系性状的遗传改良与其他农艺性状的改良基本上是一致的。根系性状的表达除受作物本身的遗传因素控制外，在很大程度上还受到外界环境条件以及基因与环境间互作的影响。罗海斌等(2012)在干旱胁迫条件下，以新台糖 22 号甘蔗根系为材料，采用 SMART 技术构建 c DNA 文库，并进行 EST 序列分析。文库构建质量鉴定结果显示，文库库容量为 $1.0×10^6$ PFU/mL，重组率约 95%，文库插入片段长度在 500～2000 bp，平均长度约 1102.1 bp。挑选 526 个阳性克隆进行单向测序后，共获得 523 个 ESTs 序列，去除载体、接头序列以及长度低于 100 bp 的序列后，进行聚类分析并组装，共得到 468 个 Uni-ESTs，其中 congtig 29 个、singlets 439 个，分别占总数的 6.5%和 93.5％。通过与 NCBI 非冗余蛋白库进行 BLASTX 比对，发现 444 个 Uni-ESTs 在 Gen Bank 有同源序列，占 94.87%；获得 24 个未知蛋白功能基因，占 5.13%。甘蔗根系性状的研究还只是处于初步的探索阶段，尚没有在育种实践中得到应用。

二、根系性状的生物技术改良

甘蔗许多重要性状是质量性状或数量性状，受单基因或多基因控制，对这些性状进行基因定位对甘蔗育种研究具有重要意义。近年来随着分子生物学特别是分子标记技术的快速发展，使质量、数量性状基因定位研究可以更深入地进行，同时也促进了标记辅助选择(marker-assisted-Selection，MAS)育种技术快速发展起来。一些重要性状如糖分、产量等性状受多基因控制，利用现代生物技术进行基因定位对标记辅助选择育种研究具有重要意义。

三、根系离体培养及优点

离体培养(in vitro culture)是指用无菌方法使植物体离体器官、组织和细胞在人为提供的条件下生长和发育的所有培养技术的总称。根作为甘蔗的重要器官，当放在特定的培养基上进行离体培养时，离体根就会进行再分化。根的离体培养属于器官培养的一种，是植物组织培养中一个重要的方面。

在自然的情况下，根主要为植物吸收和固定的重要器官。在组织培养的研究中，离体根培养在培养方法的历史上占有重要地位，它们是第一次通过无菌培养方法连续转移使根保持了很长时间。这个领域的先驱者要数德国的科特(Kotte)和美国的罗宾(Robbis)，他们在1922年就报告了离体根尖获得某些成功。但直至1934年，当怀特在含有元机盐、糖和酵母提取物的液体培养基上使番茄根进行连续继代培养并建立了第一个活跃生长的无性繁殖系以后，离体根的培养试验才算获得真正的成功。

离体根的培养，由于具有生长迅速、代谢活跃、生理功能正常、遗传基础完全一致、能保持根系所具有的特征性结构、在已知条件下可根据需要增减培养基中的成分等优点，易控制生长环境条件，故多用来探索植物根系的生理及代谢活动。如研究碳素和氮素代谢，无机营养的需要，维生素的合成与作用，根的营养吸收、生长和代谢、生物碱的合成与分泌等。其次，对根的切割与再生，形成层中细胞的分裂、分化与伸长以及芽和根的相关性等方面也做了不少工作。由于离体根的培养不受土壤、生长季节以及病虫害的干扰，因此甘蔗根的离体培养还可用于研究根系发育、根系营养、生理和代谢等。根系无性繁殖生长在完全没有地上部供给有机养分条件下，还可用来精确地研究根系生产的有机种类、数量等生理生化问题，离体报也已用于研究有关次生维管组织发生和发育的因素。很多种植物的离体根均未发育出维管形成层，所以也未形成次生维管组织。通过利用根的切断来诱导愈伤组织或再生植株，它的培养方法与形态发生方式与茎段培养的情况类似。根段的离体培养研究，对探讨细胞的全能性及形态分化和生物合成等问题，也可提供另一方面的资料。

四、根系性状分子标记辅助育种

甘蔗是重要的糖料作物，提高甘蔗含糖量、产量和抗性是甘蔗育种研究的主要目标。甘蔗是异源多倍体植物，一些重要性状如糖分、产量等性状受多基因控制，利用现代生物技术进行基因定位对标记辅助选择育种研究具有重要意义。

(一)图谱构建

1991年，Buquist用32个单剂量限制性片段RFLP完成了甘蔗属细茎野生种(*S.spontaneum*)SES208的分子连锁图，共有8个连锁群群，这是甘蔗基因组的第一张遗传图谱(刘新龙等，2006)。Mudge(1996)等利用热带种与大茎野生种杂交的81个后代个体作为作图群体，共得到279个单剂量标记，构建了50个连锁群组成的连锁图谱。栽培品种 R570 是目前品种图谱构建的常用材料，Hoarau 等(2001)于 2001 年使用 31 对 AFLP 引物获得 1185 个多态性标记，构建了 R570 的 AFLP 甘蔗遗传图谱，其中 939 个是单一标记，939 个标记中有 887 个标记分布在 120 个共分离群中，52 个标记保持非连锁；其中 11 个连锁群来自甘蔗细茎野生种，79 个来自热带种，11 个可能来自 2 个种染色体重组。所有连锁群的长度是 5849cm，约覆盖了整个基因组的 1/3。2005 年，Kaern 使用 AFLP 标记、SSR 标记、RAF 标记构建了甘蔗栽培品种 Q165 分子图谱，获得了 1365 个多态位点，910 个分布在 116 个连锁群上。

(二)质量性状基因定位

甘蔗的性状根据其在分离世代的分布可分为质量性状和数量性状，甘蔗抗逆性状主要为质量性状，多数由单一基因或主效基因控制。Huckett 等(1995)研究甘蔗品种 N11 和 NC0376 及其家系多态性时，发现 2 个与抗花叶病毒基因相连锁的 RAPD 标记。1996 年法国国际农业研究发展中心(French Agricultural Research Centre for International Development，CIRAD)的 Girvet 等报道了在栽培品种 R570 中寻找到与甘蔗抗锈病相连锁的 RFLP 标记(探针 CDSR29)，遗传距离为 10cM；同年，Mudge 等(1996)采用分离群体分组法 BSA(bulk segregant analysis)在热带种 La Purple 标记到与抗眼点病连锁的 PCR 分子标记，遗传图距为 7.3cm。1999 年澳大利亚昆士兰大学、联邦科学与工业研究组织(Commonwealth Seientific and Industrial Research，CSIRO)和甘蔗试验总局(Bureau of Sugar Experiment Stations，BSES)的科研人员利用 RFLP、AFLP、SSR 等标记，分离出与甘蔗糖分合成积累相关的蔗糖磷酸合成酶基因(SSP 基因)和酸性转化基因(AI 基因)，以及与甘蔗加工过程中蔗糖颜色有关的多酚氧化酶基因(PPO 基因)(Welsh et al.，1990；Besse et al.，1997)。中国在利用分子标记进行甘蔗种质资源研究方面取得一定进展，通过研究同一生态类型不同表现和具有特殊农艺性状的类群，寻找到与糖分密切相关的 RAPD 标记(陈辉等，2001)。

(三)数量性状基因位点(QTLs)定位

大多数植物根系性状(如根长、根重等)表现为数量性状的遗传特点。甘蔗重要农艺及工艺性状为数量性状，受多基因控制。由于甘蔗自身遗传基础复杂，QTL 定位研究较为困难。随着分子生物技术的不断发展和软件技术的开发应用及统计模型的建立，一定程度上促进了数量性状基因位点(QTL)定位研究的快速发展。Msomi 等(1997)采用 BSA 法和 RAPD 标记，以商业种、热带种、细茎野生种杂交代分离群体为材料，找到 6 个与纤维含量连锁的 RAPD 标记，并转化为 SCAR 标记。Ming 等(2001)通过 31 个 RFLP 引物发现 31 个与糖分变化和非连锁位点有关的 QTLs，大多数 QTL 的表型效应同亲本的表型效应一致。次年，Ming 等(2002)以热带种和细茎野生种杂交得到 2 个分离群体(子代数分别为 264 和 239)为材料，使用 186 个 RFLP 探针共获得 735 个 DNA 位点，定位了与产量、糖分、茎高、茎重、茎数、纤维含量、灰分含量相关的 QTLs，102 个相关标记被发现，61 个能定位到甘蔗连锁图谱上，41 个与非连锁标记有关，同时发现有些 QTLs 可能有着不同的等位基因形式。Hoarau(2002)用 R570 的 295 份后代材料，1000 个 AFLP 标记，找到了与甘蔗产量、株高、茎数量、茎径和锤度相关的 40 个 QTLs；并分析了基因间的上位效应，发现 41 个独立的 Di-genic 相互作用，认为以上因素可以解释这些性状表型变异的 30%～55%。Jordan 等(2004)使用 RFLP 和 RASF 标记分析了 2 个澳大利亚优良甘蔗品种 108 个后代材料，发现 16 个(7 个 RFLPs 和 9 个 RAFs)和 14 个(6 个 RFLPs 和 8 个 RAFs)标记分别与甘蔗的茎数和吸根相关，并认为利用高粱的 QTLs 对于寻找与甘蔗茎数和吸根相关的标记十分有用。

利用分子标记技术，可将控制某一数量性状的多个基因进行分解，将它们定位于染色体上，分析各个基因的独立效应及互作效应。定位 QTL 是在分子标记遗传图谱构建基础上进行的，因此分子标记遗传图谱包括的标记的数量越多，就越有可能准确地估计 QTL 的位置。

(四)分子标记辅助选择育种(Marker Assisted Selection，MAS)

常规育种通过表现型间接对基因型进行选择，受环境和人为因素影响较大。借助分子标记对目标性状进行选择，即分子标记辅助选择(MAS)，是实现对基因型进行直接选择的重要途径。目前，分子标记辅助选择技术在甘蔗育种中的应用仅表现在对杂交后代真实性鉴定。

利用已获得的 QTLs 连锁标记进行分子标记辅助选择至今未见报道，这可能因为甘蔗的遗传背景复杂、缺乏高效 DNA 标记和紧密饱和的分子遗传图谱、有效的统计模型分析方法，使研究者对所得到的 QTLs 连锁标记精确度和稳定性还没有足够信心，实际应用中所得结果不可靠。但是随着现代生物技术的迅速发展和完善，其他作物 QTLs 精确定位的成功经验。稳定可靠的 QTLs 连锁标记的发现、优良性状基因的精确定位，都将为标记辅助选择在甘蔗育种上得以广泛应用开辟道路。

(五)根系性状分子标记辅助选择育种

根系对甘蔗的重要作用科研工作者早已了解，但针对根系的遗传改良工作并未成为作物遗传改良的重要内容，主要是因为甘蔗根系的庞大，测量和操作比较困难，但最近几年甘蔗根系的研究越来越受到重视。随着根系性状的 QTL 分析及相关基因的研究广泛开展，利用生物技术改良根系性状将快速推动根系的改良。

通过 QTL 的标记辅助选择来改良数量性状在多个其他作物均有成功应用的例子。用分子标记辅助选择根系性状最早由 Shen 等(2001)报道，在用 IR64/AzucenaDH 群体定位了根系性状 QTL 的基础上，用标记辅助选择方法将影响根系性状的 4 个 QTL 通过回交方法从 AzucenaDH 转入 IR64。将选出的 29 个 BC3F3 近等基因系和 IR64 进行目标根系性状和 3 个非目标性状比较，发现根系性状、深层根系重量、最大根长均明显改善。罗海滨等(2012)以 ROC22 甘蔗苗期根系为研究对象构建了干旱胁迫下甘蔗幼苗根系全长文库，随机挑选 526 个阳性克隆进行测序分析，得到了 523 条高质量的 EST 序列。序列组装拼接后分别得到了 468 个 Uni-ESTS，其中 centigs 29 条和 singlets 439 条。通过同源性比对，获得了 444 条与已知功能基因同源或相似的 Uni-ESTs，24 条与未知功能基因同源或相似的 Uni-ESTs，55 条未找到同源性，为甘蔗新基因。

标记辅助选择根系性状是可行的，但并未达到人们期望的效果，主要原因可能是：①甘蔗是异源多倍体，基因组庞大，染色体不仅数量多，而且传递配对行为复杂，同时控制重要农艺性状的基因遗传规律复杂；②缺乏高分辨率的分子标记图谱，目前的分子遗传图谱不能覆盖整个甘蔗基因组，位点饱和度小，标记间距大，初步定位的连锁标记与相关基因所在 DNA 片段过大，很难拿到功能基因；③研究思路方面，研究者普遍认为，开展标记辅助育种的第一步应该是先定位目标基因，第二步才是标记辅助选择，特别是对数量性状，只有在定位出所有的 QTL，将其复杂的遗传基础分解成一个个独立的孟德尔因子之后，才进行标记辅助选择；④缺乏适合甘蔗基因定位的有效标记和统计方法，使甘蔗基因定位、含目标性状的染色体系构建变得十分复杂困难；⑤目前甘蔗基因定位所选分离群体数偏小，影响了定位精确性，尤其对典型的数量性状定位的精确性、稳定性仍不十分理想；⑥环境因素，在实际的研究中发现，QTLs 的表达是受环境影响的，将同一批实验材料种植在不同的地方，基因组遗传定位的结果是相同的，但数量性状位点的结果可能是不同的，因此在进行标记辅助选择时应充分考虑环境的影响，排除环境效应对 QTL 定位的影响。

总之，由于甘蔗的遗传基础的复杂性，影响了饱和分子遗传图谱的构建、质量和数量性状基因的定位，从而导致标记辅助育种在甘蔗育种上还未广泛、深入应用，但是随着生物技术及生物统计方法的快速发展，有理由相信，标记辅助育种必将在甘蔗育种上发挥举足轻重的作用。

五、根系性状的遗传学研究展望

甘蔗根系性状是连续变异的数量性状，在各世代遗传相对稳定的情况下，环境变化对根系某些性状的影响较大。鉴于此，应在不同生育阶段、不同环境条件(特别是土壤、水分、肥力等条件)下，系统开展作物根系适应性反应研究。在此基础上，全面了解根系对环境的平衡调节机制，以便对根系育种指标的选择有整体的认识，从而进一步确定根系育种的选择指标及其权重。反映甘蔗根系性状的指标主要是通过对抗逆及产量的贡献来衡量。如何确定某个根系性状具有正效应或负效应，需要构建一整套由多级数量指标组成的评价体系。同时，由于基因与性状之间关系复杂，不仅要考虑一个指标或某几个指标对产量的影响，同时还要考虑多指标的综合平衡。也就是说，不仅要确定性状指标的权重，还应明确指标间的相关性。确定根系性状的改良目标之后，还要做好根系遗传资源的收集与储存工作。通过自然和人工驯化从野生种进化到栽培种，根系的抗逆性等性状也已随着对环境变化的适应而进化与野生种有较大不同。因此，不仅要在作物的不同品种之间，同时还应在不同种属作物之间收集和储存优良的根系性状遗传资源，然后通过一定的指标评价体系做出评价，以备利用。

主要参考文献

陈辉，范源洪，史宪伟，等. 2001. 甘蔗细茎野生种(*Saccharum spontaneum* L.)的遗传多样性和系统演化研究[J]. 作物学报，27(05)：644-652.

关军锋，马春红，李广敏. 2004. 干旱胁迫下小麦根冠生物量变化及其与抗旱性的关系[J]. 河北农业大学学报，27(01)：1-5.

景蕊莲，胡荣海，朱志华，等. 1997. 冬小麦不同基因型幼苗形态性状遗传力和抗旱性的研究[J]. 西北植物学报，(02)：152-157.

刘新龙，蔡青，马丽，等. 2006. 甘蔗基因定位及分子标记辅助育种研究[C]. 云南省作物学会2004～2006年优秀论文选集.

刘新龙、蔡青、吴才文，等. 2010. 甘蔗品种资源的表型遗传多样性[J]. 生物多样性，(01)：37-43.

罗海斌. 2012. 甘蔗苗期根系抗旱生理及相关基因研究[D]. 广西师范大学硕士学位论文.

罗海斌，曹辉庆，魏源文，等. 2012. 干旱胁迫下甘蔗苗期根系全长cDNA文库构建及EST序列分析[J]. 南方农业学报，(06)：733-737.

石庆华，黄英金，李木英，等. 1997. 水稻根系性状与地上部的相关及根系性状的遗传研究[J]. 中国农业科学，(04)：62-68.

史晓江、贺德先、詹克慧，等. 2006. 作物根系性状的遗传学研究进展[J]. 河南农业科学，(01)：12-16.

汪强，樊小林，刘芳，等. 2004. 断根和覆草旱作条件下水稻的产量效应[J]. 中国水稻科学，(05)：63-68.

王丽萍，范源洪，蔡青，等. 2003. 甘蔗种质资源杂交利用研究进展[J]. 甘蔗，(03)：17-23.

王敏，姚维传，张从宇，等. 2002. 小麦抗旱性的形态性状及初生根解剖结构研究[J]. 种子，(06)：14-18.

徐良年，邓祖湖，陈如凯，等. 2006. CL系列甘蔗亲本的遗传力及配合力分析[J]. 植物遗传资源学报，(04)：445-449.

昝逢刚，吴才文，陈学宽，等. 2014. 118份甘蔗种质资源遗传多样性的AFLP分析[J]. 作物学报，(10)：1877-1883.

赵丽萍，刘家勇，覃伟，等. 2014. 甘蔗实生苗根系性状的遗传分析[J]. 湖南农业大学学报(自然科学版)，(05)：470-475.

赵丽萍，刘家勇，昝逢刚，等. 2015. 磷素对不同基因型甘蔗生长的影响[J]. 湖南农业大学学报(自然科学版)，(06)：590-594.

Armour J D，Nelson P N，Daniells J W，et al. 2013. Nitrogen leaching from the root zone of sugarcane and bananas in the humid tropics of Australia[J]. Agriculture，Ecosystems & Environment，180：68-78.

Besse P，Mcintyre C L，Berding N. 1997. Characterisation of erianthus sect. ripidium and saccharum germplasm (Andropogoneae-Saccharinae) using RFLP markers[J]. Euphytica，93(3)：283-292.

Caradus J R. 1995. Genetic control of pHosphorus uptake and pHosphorus status in plants：genetic manipulation of crop plants to enhance integrated nutrient management in cropping systems[C]. Patancheru，India：ICRISAT Asia Centre，55-57.

Chopart J L，Azevedo M C B，Le Mézo L，et al. 2010. Functional relationship between sugarcane root biomass and length for cropping system applications[J]. Sugar Tech，12(04)：317-321.

De Silva A L C，De Costa W A J M，Bandara D M U S. 2011. Growth of root system and the patterns of soil moisture utilization in sugarcane under rain-fed and irrigated conditions in Sri Lanka[J]. Sugar Tech，13(03)：198-205.

Hoarau J Y，Grivet L，Offmann B，et al. 2002. Genetic dissection of a modern sugarcane cultivar (*Saccharum* spp.) .II. Detection of QTLs for yield components[J]. Theor Appl Genet，105(6)：1027-1037.

Hoarau J Y，Offmann B，D Hont A，et al. 2001. Genetic dissection of a modern sugarcane cultivar (*Saccharum* spp.). I. Genome mapping with AFLP markers[J]. Theor Appl Genet，103(01)：84-97.

Huckett B I，Botha F C. 1995. Stability and potential use of RAPD markers in a sugarcane genealogy[J]. Euphytica，86(02)：117-125.

Jordan D R，Casu R E，Besse P，et al. 2004. Markers associated with stalk number and suckering in sugarcane colocate with tillering and rhizomatousness QTLs in sorghum[J]. Genome，47(05)：988-993.

Ming R，Wang Y，Draye X，et al. 2002. Molecular dissection of complex traits in autopolyploids：mapping QTLs affecting sugar yield and related traits in sugarcane[J]. Theor Appl Genet，105(02)：332-345.

Mudge J，Fairbanks D J. 1996. A RAPD Genetic Map of saccharum officinarum[J]. Crop Sci，36(05)：1362-1366.

Ray Ming S L P H. 2001. QTL analysis in a complex autopolyploid：genetic control of sugar content in sugarcane[J]. Genome Res，11(12)：2075-2084.

Shen L，Courtois B，Mcnally K L，et al. 2001. Evaluation of near-isogenic lines of rice introgressed with QTLs for root depth through marker-aided selection[J]. Theor Appl Genet，103(1)：75-83.

Welsh J，Mcclelland M. 1990. Fingerprinting genomes using PCR with arbitrary primers[J]. Nucleic Acids Res，18(24)：7213-7218.

Yang L，Liao F，Huang M，et al. 2015. Biochar improves sugarcane seedling root and soil properties under a pot experiment[J]. Sugar Tech，17(01)：36-40.

第九章　甘蔗根系研究方法

根系是植物直接与土壤接触的器官。作为植物的重要组成部分，根系是植物生长发育、新陈代谢的主要营养器官。根系不断地从土壤中获得养分和水分，不断满足植物生长发育，直接参与土壤中物质循环和能量流动两大生态过程，对土壤结构的改善、肥力的发展和土壤生产力的维持发挥着重要的作用。根系形态参数是反映根系生长状况的主要因素，定期测量和分析植物根系形态参数对于了解、研究植物的生长发育状况以及防治病虫灾害均具有重要意义。但根系生长在地下，准确取样、测定、观察存在一定困难，因此根系研究方法进展缓慢，传统的根系研究方法如挖掘法、剖面法、盆栽法、土柱法、容器法仍在大量使用。近十多年来随着放射性同位素示踪、X-射线断层摄影法、微根室法等在国际上普遍使用，根系的研究方法前进了一大步（蔡昆争等，2002；2005）。

Böhm（1979）在《*Methods of Studying Root Systems*》（根系研究方法）一书中曾将根系研究的方法分为挖掘法、整段标本法、土钻法、剖面法、玻璃壁法、间接法、容器法、其他方法。Smit 等（2000）编著的《*Root Methods*》（根的方法）一书中，由国际上著名研究根系的专家围绕各种根系研究方法撰写了十六章内容，特别对根的模拟、根的新型研究方法（如根室法、同位素示踪、计算机辅助拓扑学、核磁共振等方法）进行过详细介绍。此外，Waisel 等（2002）和 Gregory（2005）也在其著作中对根系的研究方法做了部分介绍。

根系相关的研究方法在甘蔗根系研究上均可使用，但甘蔗根系目前所应用的研究方法主要有挖掘法、土钻法、水培法、沙培法、微根室法等。

第一节　传统研究方法

一、挖掘法（digging methods）

挖掘法是最早也是研究植物根系最常用的一种方法。早在 1919 年，B.W.E 对大田作物根系的大量研究就已采用挖掘法，直到现在仍被广泛使用（B.W.E，1962）。这种方法的主要做法是：在田间选择正常生长、均匀分布的植株，从植株一侧连土带苗一起取出，根据研究要求，深度一般为 0.2～1m。挖出包含作物根系的整个土体后，用水小心将根系与土粒分离，直至根泥完全分离获得实体根系为止。通过此法可获得根长、根生物量、根尖数、菌根生物量、根分布、根养分含量等性状指标。严小龙（2007）介绍了用土槽观察法在田间对菜豆根构型进行的观察和取样。具体方法是：先在植株周围挖一个土槽，再用透明塑料纸沿土壤剖面铺好，将根系与透明纸之间的交接点标在塑料纸上，再根据根系在茎基部、水平距离和垂直距离等计算根系的角度。

这种方法因为简单、易行、直观性强，得到了广泛应用。但是其对根系的损伤特别大，据统计有30%的根系在清洗的过程中脱落，这样就降低了实际测量的精度和可靠性，而且在每次测量时都必须将根系挖出，既损伤了作物，又限定了研究内容和范围，使得同一作物生长全过程观测无法成为现实。

二、土钻法(soil auger methods)

土钻法是国际上广泛使用的根系取样方法。其要点是：土钻一般为圆筒状铁筒(筒高约15 cm，内径通常为5～10 cm)，钻筒外缘为锋利锯齿形，钻筒上端固定一个中空的柄，长100 cm(图9-1)。在不同生育期插入一定土壤深度来获取土壤-根系原状样品，通过清洗附着在根表面的土壤后分析根系形态、生物量、生理活性等指标。其获得的数据可以直观地用单位体积或面积土壤的根量来表示，如根长密度、根体积密度、根干重密度等。在所有根系取样技术之中，土钻法是制取一定容积土壤-根系样品的最适宜方法(Böhm，1979；Smit et al. 2000)。缺点是土柱直径小，重复量大，另外对于来自1 m以下的数据较少，而且由于石块等阻碍难于插入，很难获得根腐烂方面的数据(Böhm，1979)。

图9-1　土钻法

土钻法由于钻头直径比较小，在田间所代表的图样也小，特别是对于条播作物和穴播作物，取样地点的选择和重复次数非常重要(张喜英，1999)。作物种植的行间和行上根系分布差异较大(图9-2)，因此在取样时，既要有行上的数据，也要有行间的数据，才能反应根系实际在土壤中的分布状态。关于根钻取样的重复次数，多数研究人员采取3～6次重复。

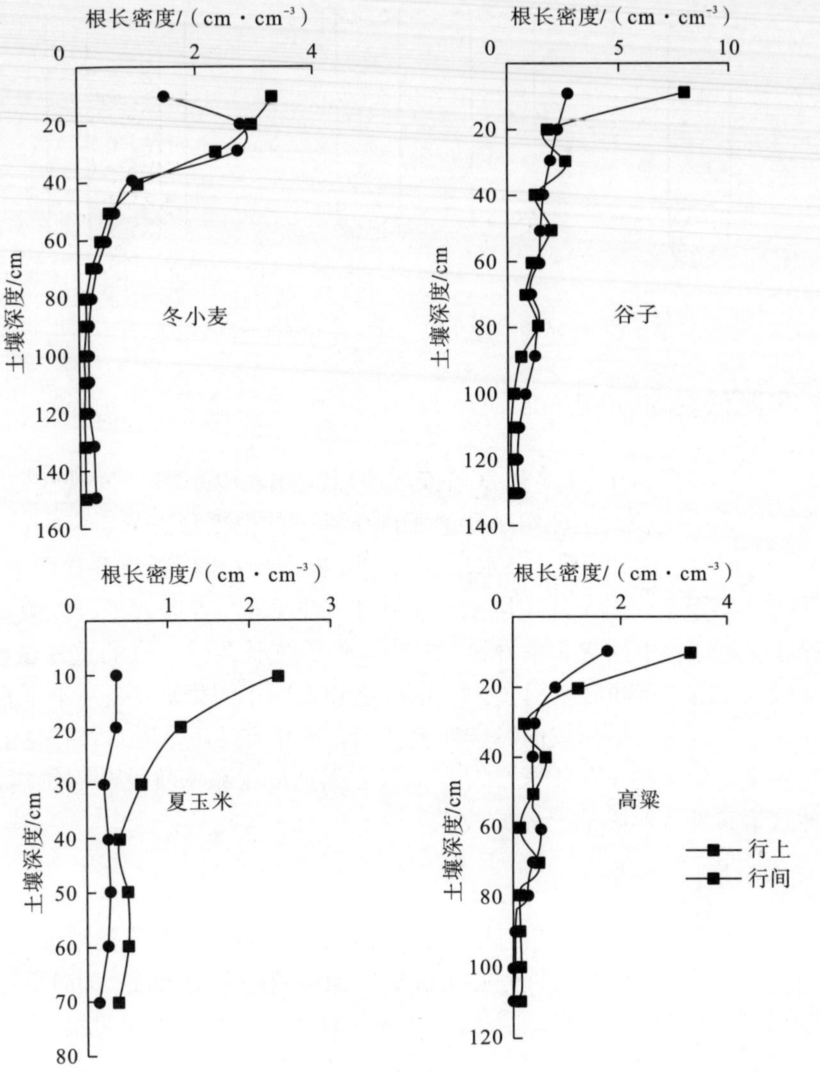

图 9-2　谷子、高粱、小麦、玉米行上和行间根系分布差异比较（张喜英，1999）

三、土柱法（soil column methods）

将工程塑料管纵向劈为两半，用金属套加螺丝合拢固定于深土坑中，管口与地表齐平，内装按试验要求所配制的土壤，土壤可由蛭石、细沙、细土组成（图 9-3）。播前在表层施入适量 N、P、K 肥和有机肥，为便于取样和防止水分自管壁渗出，内衬塑料套。取样时先将地上部分收割，再将管挖出，平放于水池中；去掉塑料管的合拢套，打开塑料管，露出土柱；待土柱变得松散后，用水轻洗根系；冲洗干净后，从水中取出完整根系，进行各项指标测定（Lehman et al，1991；Turman et al.，1995；Thorup-Kristensen，1998）。

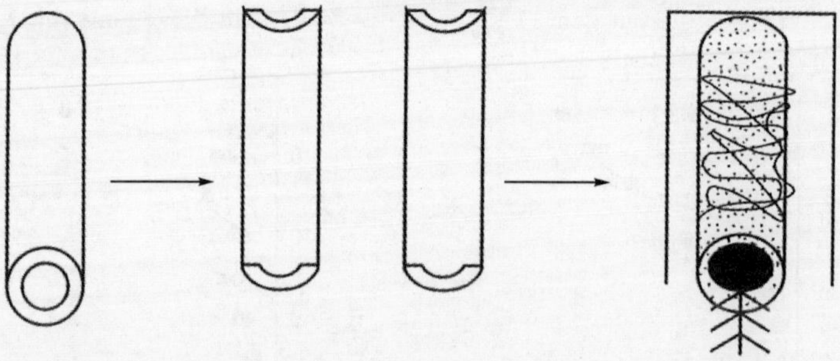

图 9-3　塑料管土柱法研究装置示意图(蔡昆争，2011)

四、容器法(pot methods)

用一定规格的容器盛土(或者用水培液或沙)栽培作物以代替田间观测，即让根系在比田间小得多的容器中生长，主要用来研究不同条件下的根系形态学、生物化学、生理学、根系生态学。包括土培法、沙培法、水培法、气培法等。它可以通过各种因素的不同配合，获得有关单个环境因素或多个环境因素对根系生长的影响，容器大小可以根据试验目的来决定。这种方法对试验中的生长条件易于控制，便于生长条件一致的重复试验，地点可选择的余地比较大，适合于同时采用多种土壤类型和设置不同处理，在互不干扰的条件下对根系进行研究，能迅速获得相关的特殊研究资料，操作方便，是禾本科作物的重要研究手段。缺点是测定的结果是个体生长情况，而且容器壁处根系密集，从而影响根系的生长，与田间群体栽培条件下实际情况差异较大。

(一)水培法

使用不透明的容器(或以锡箔包裹容器)，以防止光照及避免藻类繁殖，并经常通气。无论是溶液培养还是沙基培养，首先必须保证所加溶液是平衡溶液，同时要注意它的总浓度和 pH 值必须符合植物的要求。在水培时还要注意通气和防止光线对根系的直接照射等。

在研究植物必需的矿质元素时，可在配制的营养液中除去或加入某一元素，以观察植物生长发育不良，并出现特有的病症，当加入该元素后，症状消失，则说明该元素为植物的必需元素。反之，若减去某一元素对植物生长发育无不良影响，即表示该元素为非植物必需元素。溶液培养和沙基培养不仅用于植物对矿质元素必需性的研究，而且已广泛地用于植物材料的培养和无土栽培。

(二)沙培法

以沙子或细石作为植物根系生长的固体介质，使植物稳固地生长在沙石环境中，同时应用营养液作为植物养分的能源，它是介于土培和溶液培养之间的实验方法。该方法需要间歇性供水，通气性比溶液培养好。在沙培中，植物很少发生缺铁失绿症。因为铁化合物经常沉淀在沙石的表面，当它同植物根系接触时，仍可被利用。缺点是不容易严格控制植物根系附近营养物质的浓度和 pH，营养更换比溶液培养麻烦，另外沙石中可能含有少量的微量元素，实验前处理工作相对繁杂。

(三)气培法或雾培法(aeroponic methods)

将根系置于营养液气雾中栽培植物的方法称为气培法(图 9-4)。也可用硬塑料袋做培养容器，袋内插入一块与塑料袋面积差不多的塑料纤维板，仅在袋底放培养液。容器中的营养液被空气压缩机产生的高压气体雾化，经底部的喷嘴不断地喷到作物根上，多余的营养液又滴到桶底容器中而得到回收。此法既可得到完整的根系，又可充分地利用营养液。将所培养植物的基部固定在纤维板上，由于根系在袋内沿纤维板扁平生长，因而很容易观察或拍摄到根系的生长状况，如将纤维板取出用扫描仪扫描，还可测量根长度和计算根表面积等。它是目前所有的无土栽培技术中解决根系供氧问题的最好办法，但目前使用的范围不大。

图 9-4 气培法示玉米大量的气生根根原基(蔡昆争，2011)

五、网袋法(ingrowth methods)

网袋法又称内生芯法，即先在田间或试验地点按试验要求设置样点，先挖一定大小的孔洞，将一定孔径且套有铁筒的网袋埋入土中，网袋的长度和直径与孔洞相同，然后填上土，取出铁筒。每点按规格种植作物，并竖杆标记(图 9-5，图 9-6)。取样时先将地上部分收割，然后从设置的样点上将尼龙袋连同作物根系带土取出，冲净泥土，获得较完整的根系，最后进行根系参数测定。网袋内也可填沙，这样做的好处是容易将根从沙子中分离，但缺点是形成了与周围完全不同的环境，这会对根的生长有一定程度的影响(蔡昆争等，2003b；张永清等，2006)。这种方法的优点是可以直接在大田里进行试验操作，可测定根系的生长发育及土壤化学性质对根系生长的影响，避免田间取样时部分根系不容易取到，所获得的根系样本具有较好的普遍性和代表性，缺点是活根、死根一起测量，不能按时获取根死亡的信息，不能同时测量细根生产、死亡和消失，对于研究根系的生产力和周转有局限性(Steen et al.，1991)。

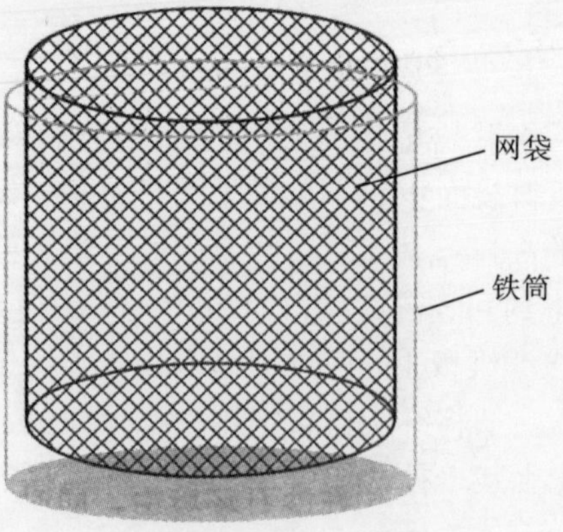

图 9-5 网袋法示意图(蔡昆争，2011)

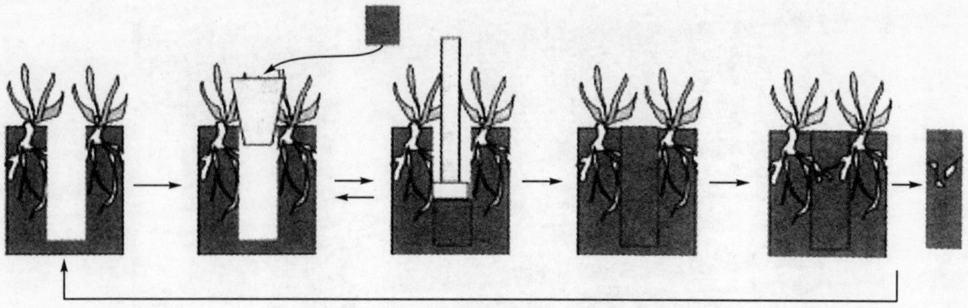

图 9-6 内生芯法(蔡昆争，2011)

六、分根法

分根移位法是指以保证作物地上部分的稳定生长为前提条件，将作物产生的根系均匀地分成两等份再种植在两个不同条件(如水分、营养等)的介质中，从而观察不同条件对作物根系及作物生长发育的影响、局部根与整体植株间的关系(马元喜，1999)。这种方法便于清楚地观察分离出的根系的数量变化，可以获得准确的根系信息。该方法适合于苗期实验。但是其丧失了自然环境的试验条件，而且容器壁处影响了根系的生长，同时需要查验初、次生根发展及作用的动态变化，对水肥等条件依赖较大，操作费时费力。

七、水上种植法

利用该方法对水稻根系的研究具有直观、取样方便、不容易损伤根系的特点。吴伟明等(2000)采用该方法进行水稻根系研究，并与水田条件下的水稻根系进行比较，取得比较好的效果。具体做法是：在鱼塘内进行，水深 1.5 m 左右，采用聚苯乙烯发泡板作种植用浮床，在泡沫板上打孔种植水稻，以海绵为固定基质，采用固体混合肥为水上肥料(图 9-7)。在不同生育时期进行根系数量、根粗、氧化力、根系表面积等形态和生理指标测定。

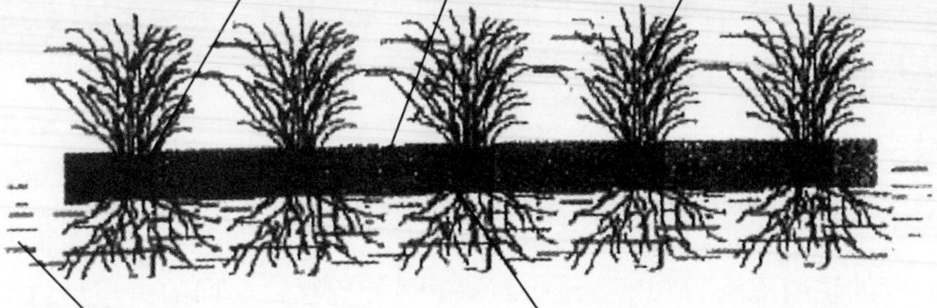

图 9-7　水上种稻示意（吴伟明等，2000）

该方法的特点是简单易行，可对大量品种同时进行根系形状（特别是根的分支特性）的研究，另外其群体和产量与水田基本接近，其根系的生理和生态也能更好地反映高产群体的状况。

八、玻璃壁法（glass wall methods）

用特制的玻璃箱或在土壤剖面一侧设置玻璃板，通过透明的玻璃板，可以观察土壤剖面与玻璃板交界处的根系生长分布情况（图 9-8）。可以对根系的生长发育进行连续原位观察，用出现在玻璃窗上的根段数估计出根的长度，然后再求出根系的体积和生物量。用这种方法定量地测定根的生物量。观察窗和土壤剖面之间不能有空隙，否则会有水分凝结在空隙部位或有碎土滑落从而使根系环境发生改变，影响根系的生长状况。此外，在玻璃壁的外面需要进行遮阴，防止光线直接照射到根系。

图 9-8　玻璃壁观察根系（蔡昆争，2011）

这种方法定量地测定根的生物量，需要一些条件（黄建辉等，1999）：①出现在窗壁上的根与生长在其他地方的根没有任何区别；②观察窗壁上的根的密度具有代表性；③观察窗的位置在根的水平分布上具有代表性；④观察到的根的样品量足够大；⑤观察到的根的生长的周期性同其他地方的根系统是相似的；⑥从观察窗观察到的根生长的分布可以代表其他部位根系生长的分布。

此法可长时间跟踪根的生长，适合长期的研究。不过此法在自然森林生态系统研究中用得比较少，原因是在定量估计上还存在一定的难度，因此只能结合其他方法使用，如钻土芯法和挖土块法。

九、根室法(rhizotron methods)

建造地下人工根系实验室。实验的植物其他地上部分处于自然条件，而其根系则通过地下通道所设置的透明观察窗观察，造价较高。另外观察窗后面的土壤可以分为未经开垦的自然土壤剖面和填有特定土壤的非自然剖面。

世界上比较著名的如建于1961年和1966年的英国东马林实验站(East Malling Research Station)，这两座拥有48个观察窗的地下建筑物成为各国许多根系实验室的参考模型。

荷兰在1990年建立了世界上著名的瓦赫宁根根系实验室，研究根系和地上部发育动态(图9-9)。作物生长在半自然田间条件下，周围大气、土壤可控制和测量，还可测定地上部分的光合、呼吸作用。利用该实验室可研究不同环境条件下(如不同土壤结构、温度、水肥、有机胁迫与污染等)根的分支，根冠比，根的衰老及土壤、根系、地上部和大气的相互作用，大气 CO_2 浓度对地上部和地下部碳的分配，碳的流动(光合作用)，土壤和根的呼吸等。目前，该根系实验室的研究新领域包括根系在有机和无机环境中生长与表现，根系在植物修复(如减轻重金属、有机污染物的积累)中的作用。华南农业大学根系生物学研究中心也建立了先进的根系实验室(图9-10)。

图9-9 瓦赫宁根根系实验室(Wageningen Rhizolab)

图9-10 华南农业大学根系生物学根室图(蔡昆争，2011)

第二节　现代研究方法

一、同位素放射示踪法

利用放射性示踪物以测定自然土壤剖面植株根系发育和活性，如根系的生长及空间分布、水分和离子吸收、营养元素的运转和循环、碳的分配等。目前大田根系生态研究普遍使用的放射性示踪方法有两种，即土壤注射法和植株注射法。

(一) 土壤注射法

土壤注射法是在作物植株周围不同点和深度的土层施放射性元素，利用这些植株所吸收的发射性元素来衡量根系活性的强度。使用此方法时，必须假定根群和每个注射线的示踪物相遇概率相等，示踪物在土壤中保持不移动状态而又可被根系吸收，以及注射的示踪物比活性一致，^{32}P 是能满足上述前提条件的最适宜示踪物。

(二) 植株注射法

植株注射法是把放射性示踪物注入植株茎部以后，经过一定时间，待示踪物分布于整株后制取土壤-根系样品，并对根系样品进行示踪物检测，可分析根系的放射性元素含量并作为土壤中活根群数量的指标，以此检测根系活性。但此法不能反映根系在特定时间内从土壤剖面吸取营养物质的能力，应用不当会对环境造成污染。

最普遍使用与作物根系研究的同位素 ^{32}P，它的半衰期是 14.3d，它在植物体内的易移动性足以在短时期内比较均衡地分布于整个根系，另外花费也比较便宜。此外，^{86}Rb、^{131}I 、^{42}K、^{14}C、^{34}S、^{15}N 等也经常用于根系的研究。而同位素 ^{14}C 的应用是根系生态研究比较新的方法，也是最有希望的方法之一(Böhm，1979)。它是通过在密闭空间内对植物叶片提供 $^{14}CO_2$，让植物进行光合作用，经过一段时间后，再支取土柱原状样品，将冲洗后得到的根系样品进行 X 射线放射性显影，得到完整的根系分布影像，最后对得到的影像进行分析，并通过测得的根系长度与显影测得的长度进行比较，以计算样品中的活根百分率。这种方法具有灵敏度高、样品制备简单、测定方便、可靠易行、费用低等优点，它可用于测定根系的总生长量、死亡率、转移到根系的植株光合产物比例、不同深度光合产物运转的季节性以及区别死根和活根。但是根系在显影板上平放时的分布不均匀，交叉过多会降低测量的准确性。

放射性示踪法可用于获得根系在不同土层中吸收各种营养元素的动态状况。其主要优点是该方法不必使根系与土壤分离而能获得根系的有关资料。但此法所需仪器设备昂贵，成本较高。

二、微根室法

微根室(minirhizotron)于1937年首次由Bates(1937)提出来并应用于微根系生长研究，并在土壤中正式地或通过图像记录一般难以接近的植物根系生长情况，作为一种非常有用的工具来观察根系和研究根系的功能(Taylor et al.，1970；Heeramam et al.，1993；Upchurch et al.，2010)，目前已成为国际上比较先进的根系研究方法。目前，一个典型的微根管系统是由一个插入土壤中的微根管、摄像机、标定手柄、控制装置和一台计算机组成(Vamerali et al.，1999；Pateña et al.，2000；Johnson et al.，2001)。

其主要做法是：作为非破坏土壤的方法，借助于光合镜子或电视摄像机，用一根放置在土壤剖面中的透明玻璃管从根的一侧来观察生长中的根。一个在倾斜面上装有玻璃的种植箱或竖直面与水平方向呈 20°～30° 的斜插的半透明管，在保持黑暗的情况下，当根接触到玻璃并顺着向下生长时，可以显示出根的生长速率和扩展深度(图 9-11)。将透明玻璃管插入土壤中，沿着管的根界面通过一个小型摄像机获得根系的图像，包括根的生长、死亡、活力，可以长期定位观察(白文明等，2005)。还可将不同的图像处理系统和软件包与 Minirhizotron 方法结合，如 PC 软件包[PC-based software package (Roots)]，可连续获得根的图像(图 9-12)，并进行分析处理(Tanaka et al.，1995；Andrén et al.，1996)。本方法能获得有关根系的一些定量数据，如根长、根死亡率、生活力、发根密度和根直径等。

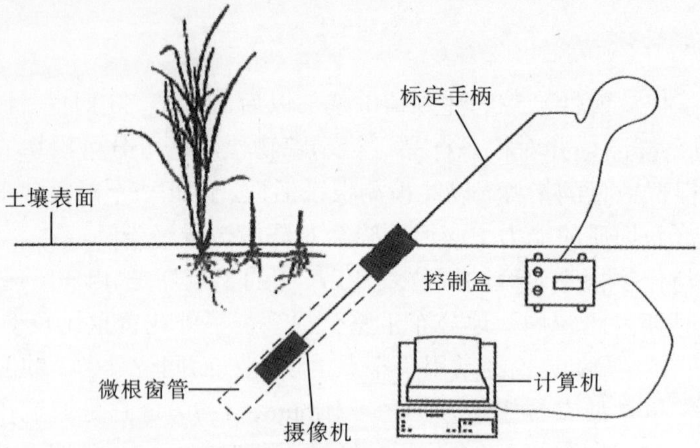

图 9-11 根窗图像采集系统(白文明等，2005)

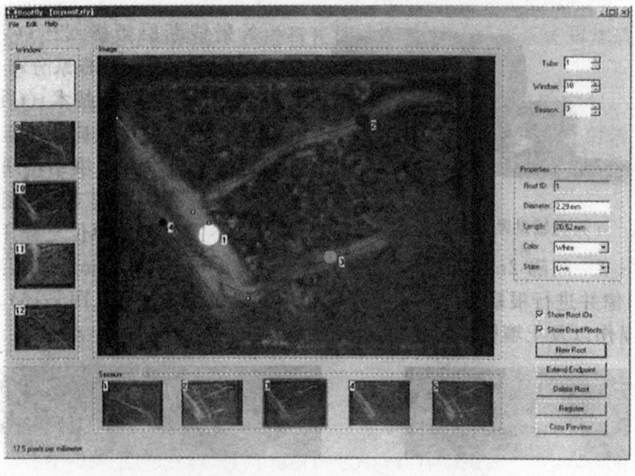

图 9-12 通过计算机检测微根室根系生长状况(蔡昆争，2011)

Poelman 等(1996)设计了一种可以获得图像的 8cm×8cm 的微根室。该系统由微根室外壁、微型摄像机、透明管、镜子、卤灯、闪光灯、观测孔组成：微根室一端镜子与微根室管外壁呈 45°夹角，另一端是可以伸缩的照相机，电子闪光灯用以拍照，卤灯用于聚焦，如果用 600 mm 的长焦镜头，那么管子的长度就应限制在 140 cm。

微根管是一种破坏性较小、定点原位野外观测根系(特别是细根)生长动态状况的方法，利用微根管可以在不同生育时期对根系进行原位重复观测，克服了仅依靠对根系进行物理取样所带来的诸多缺陷。微根室法利用微根管对根系进行实时监测，最大优点是在不影响根系生长过程的前提下，长期检测某个根系片段或单个根系生长发育的变化趋势。可用于不同试验管理条件，如施肥方式对根寿命的影响，间苗对根生长的影响；还可获得一些定性的信息，如根菌的频率、根的颜色、分支特性和根的分解、腐烂(Majdi，1996)。此外还可用来详细研究根系的生长、死亡和物候等特征，对生态系统地下部分生产力估计及根系吸水模型的建立非常有效(Majdi，1996；Kage et al.，2004)，是估计生态系统地下碳分配和碳平衡研究的有效方法。这项技术目前已广泛地应用于草地、农作物、果园、沙漠植物和森林等人工或自然植物群落的根系研究中，是目前比较先进、应用广泛的一种方法，因而被认为是作物根系观测研究进程中的一个重要里程碑。缺点是不能像剖面取样法那样获得有关根际土壤中根系的化学组成方面的信息，根长数据不能直接转换为根干重生物量数据，仪器插入土壤较困难(Majdi，1996)。另外微根管的安装不可避免地改变土壤的原有状态，影响细根在正常环境下的生长。同时这种方法需要价格昂贵的仪器设备、较复杂的技术，或者耗费大量人力和时间，因此应用起来也有难度。

三、计算机辅助拓扑学和核磁共振法

核磁共振成像法就是利用核磁共振成像技术对植物根系进行观测的一种方法，该方法能够在对根无损伤的状态下获取根系长度、根系数量、根系结构以及水分运移动力学等信息(朱桂林等，2008)，该项技术最初应用于医学诊断。Osama 等(1985)首次将此项技术应用于植物根系研究。与其他根系研究方法相比，该法是在无损伤状态下获取根系信息。因此，可以就地对根系重复测量，同时与 X 射线的成像技术获取二维影像相比，该法可以获取三维影像，从而更加直观、精确地研究根系性状。

X 射线断层摄影 CT(computed tomography)可用来测定根系分布、水分含量等。计算机辅助断层扫描技术是现代无损探测新技术，已广泛应用于医学等领域(图 9-13)。CT 技术在土壤结构研究中也有着较重要的应用，可建立 3D 图像。首先将植物周围不同位置的原位土样用环氧树脂渗透稳定，然后利用 CT 间隔 2 mm 分析稳定后的土柱(200 mm×500 mm)，最后利用图像分析软件重建 3D 图像并进行根系长度分布、密度、角度以及空间分布(图 9-14)。CT 技术应用具有精确、非损伤以及土壤样品制备简洁等优点。

图 9-13 计算机辅助断层扫描技术(蔡昆争，2011)

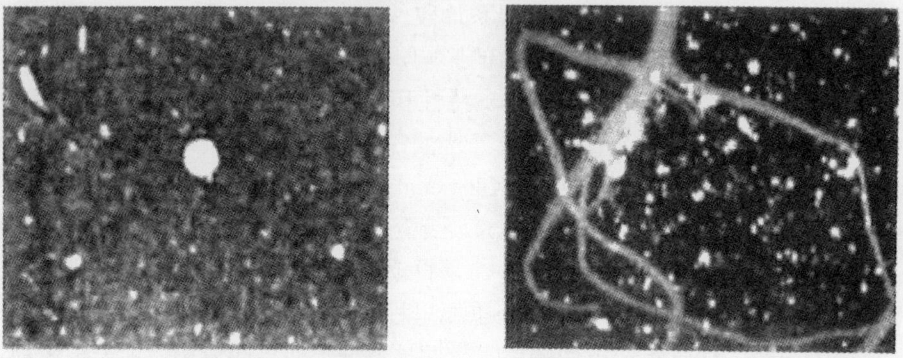

图 9-14 植物根系的 CT 影像(罗锡文等，2004)

四、植物根系 X 射线扫描分析系统

美国 Phenotype Screening 公司的植物根系 X 射线扫描分析系统是在美国能源部创新项目资助看下研发成功的一套新型、高效率、高精度、非破坏性的测量系统(www.zealquest.com)，用于对盆栽植物的根系进行原位成像分析，可以拍摄根系的立体 X 射线照片(图 9-15，图 9-16)。

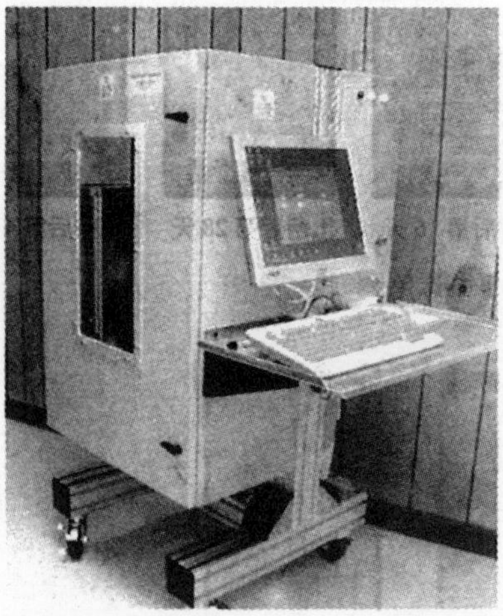

图 9-15 植物根系 X 射线扫描分析系统(蔡昆争，2011)

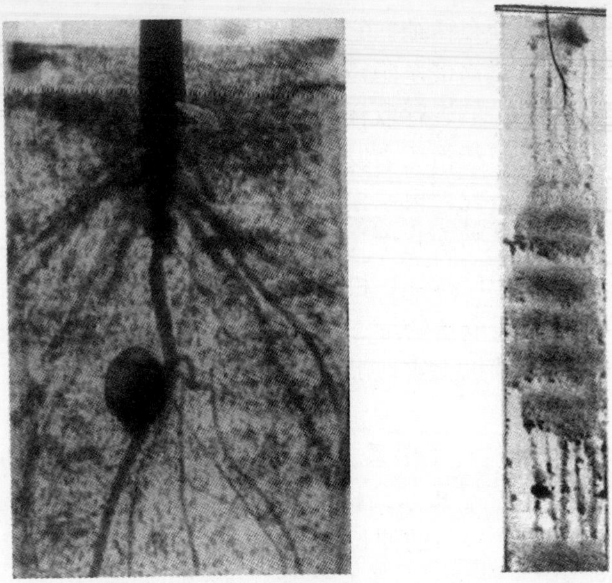

图 9-16 植物根系 X 射线扫描根系照片(蔡昆争，2011)

传统的根视系统需要将根取出清洗后，借助扫描仪进行分析，这个过程往往会折断植物的根尖等脆弱部分，而且属于离体分析，不能进行动态监测。而植物根系 X 射线扫描分析系统是非破坏性的原位分析系统，可以全方位分析植物根系所有部分(包括根尖等)，并且可以在植物生长的不同阶段对多根系的生长进行长期动态监测。这套系统非常适合于研究植物根系对胁迫的动态响应。

植物根系系统生长在特制的 X 射线可穿透的培养容器和培养介质中，一侧用低能数字 X 射线发射器发出 X 射线，另一侧利用 X 射线相机进行检测。X 射线发射器前带有可开关的防护门，当门关闭后，所有 X 射线被屏蔽掉(图 9-17)。仪器外壳带有内锁，不会发生 X 射线泄漏。

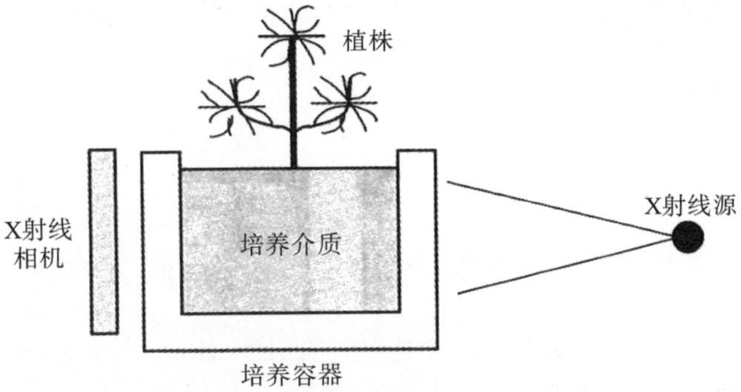

图 9-17 植物根系 X 射线成像示意(蔡昆争，2011)

五、根系三维模拟

植物主要从土壤中获取水分、养分，而其获取能力一方面依赖于根系的长度和表面积，另一方面是根系的空间分布特征，它决定了根系获取水、肥的空间范围和其他植物根系的资源竞争能力。由于植物根系隐藏于地下，很难对其进行直接的观察，研究人员通常通过根系取样进行研究，但进行取样研究工作量巨大，而且取样时很容易造成根系的缺失，在取样过程中其空间结构还会发生很大改变。技术手段的缺乏，使根系结构的研究大大滞后于地上部分的研究。根系模拟的研究步骤是：①对不同生长条件、不同生育阶段的植物进行定性观察，判别其生长模式，确定描述其形态结构的总体框架；②定量化测定植物的拓扑结构、几何特征、机械性能等；③将测定数据输入数据库，通过数理统计、模式识别等方法，提取植物形态结构规则；④模型依据植物生长规则模拟植物生长，应用可视化技术在计算机上实现虚拟植物，基于所建立的虚拟模型，可进行虚拟实验等方面的研究。

1972 年，Hackett 等首次进行了根系二维分支的模拟研究。为借助模型研究根系的生长，1988 年，Diggle 首次建立了根系结构的三维模型“ROOTMAP”，该模型可模拟根的年龄、位置、根段取向以及根系的伸长速率和分支强度，但没有考虑根系半径的变化及生长。Pages 等(1989)基于观察所得的根系结构动态特征，运用了几何和运动的原则模拟根的伸展，开发了玉米根系的结构模型(图 9-18)。上述模型没有将根系的结构与功能联系起来。为此，Clausnitzer 等 1994)将三维根系生长模型与非稳态土壤水流模型结合，使根系的空间展开和土壤水分、养分资源的获取联系起来，显示了三维模型在分析根系结构的功能领域的用途。金明现和王天铎应用面向对象的程序设计方法建立了玉米根系着生的三维模型，模拟了根系在不同土壤水分剖面的生长过程，探讨了根系向水性的产生机制。

图 9-18 玉米根系的三维模拟结构(Pagès et al.，1989)

Lynch 等(1997)在根段直径的径向变化的基础上，建立了 SimRoot 根系模型，该模型能模拟根系直径变化，研究者应用该模型模拟了大豆根系结构与根系周围土壤磷吸收的关系，评估了不同根系形态结构的资源利用效率。但该模型还不能反映土壤的布局状况的影响、与相邻根系的相互作用与竞争等。冯斌等(2000)利用分形理论建立了植物根系分形度量的计算机模型，实现了对植物根系生长过程发育形态的计算机模拟。但这些模型都未将根系的结构与功能联系起来。廖红等(2001)以菜豆和水稻为研究对象，通过计算机模拟和实验证实相结合的方法，建立了适应水分和磷素耦合胁迫的磷高效吸收的理想根构型(图 9-19)，表明了在特定土壤水分条件下，以菜豆为代表的直根系植物高效吸收理想根构型为基根变浅、主根加深，形成浅层基根吸磷、深扎主根吸水的伞状构型；而以旱种水稻为代表的须根系植物的理想根构型为不定根及次生侧根适当分散、均匀分布，形成多数根留在表层吸磷、少数根扎到深处吸水的须状构型。该研究为通过遗传育种途径定向改良作物磷吸收效率、提高低磷土壤中的作物产量提供理论依据。

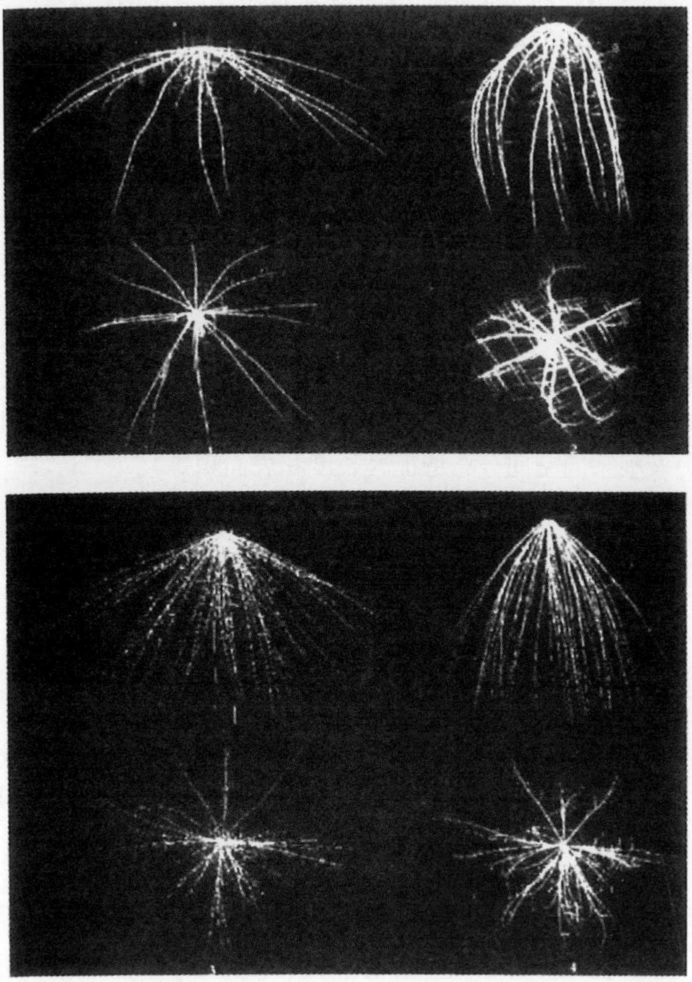

图 9-19　直根系与须根系理想根构型的计算机模拟三维模型(廖红等，2001)

六、模型研究法

通过田间实验和模拟实验相结合来建立根系模型。有关研究建立了作物根系的生长发育和空间分布模型(Porter et al.，1986；Diggle，1988；Pagès et al.，1989；Kleemola et al.，1996)，主要用于旱地作物的模拟(如玉米、小麦、大豆等)。Morita 等在规定三个假设条件(即初生根在任何方向伸展状况一样，初生根的分支一样，根区呈半球形)的前提下，建立了水稻根系形态和空间分布模型来描述不定根的伸展方向、根系状况和根长密度(Morita et al.，1988；1995)。Huguenin 等(2003)建立了不同水分条件水稻根系对磷的吸收模型，同时给出了计算根系周围 P 的扩散系数和缓冲能力的方法。国内于贵瑞等(1993)，蔡昆争等(2003a)建立了水稻根系的干重、长度、体积、表面积和活性吸收面积的空间分布规律模型。廖红等(2001)通过实验和模型相结合证实了以旱种水稻为代表的须根系植物的理想根构型为不定根及侧根适当分散、均匀分布，形成多数根留在表面吸磷，少数根扎到深处吸水的须状构型。迟道才等(2004)在总结国内外作物根系吸水模型研究的基础上，运用有限差分法对根系吸水条件下的稻田土壤水分运动进行了模拟，导出了水稻根系吸水模型。

第三节 根系有关指标的测定方法

一、根系生长指标

根系生长指标包括根长、根重、根的体积、根表面积、根直径、根总根数等。植物的根系是吸收水肥的主要器官，优势物质同化、转化和合成的器官，因此根的生长情况和活动能力直接影响植物个体的生长状况、营养水平，其获取水、肥的空间范围与其他植物根系的资源竞争能力及根系的空间分布特征、长度和表面积等。

(一)根重

根重是根系生长发育的重要特征，它综合反映根系生长与其所处环境的关系，因此，常可作为抗倒性、抗旱性和品种丰产性的重要指标之一。衡量根重有鲜重和干重两个指标，二者各有不同的应用价值，不少情况下它们都有必要。

1. 鲜重

测定根系鲜重最简单的方法，是将冲洗干净的根系用吸水纸吸干水分后称重，但是这种方法准确性常因为操作不一致而产生误差，而用平纹细布包裹洗净的根系在台式低速离心机中适当离心、称重，则可获得满意效果。

2. 干重

测定根系干重有两种方法，一种是将洗净的根在 80℃条件下烘至恒重，而后称重。该法的特点是根组织不受破坏，而根系上的附着水又能基本去除。由于在 80℃条件下烘干，根样表面的吸附水已极少，所以该法的测定结果可代表根的实际重量，即表示根在形成发展过程中积累的有机物总量。在研究不同生态条件下根系有机物质总量的变化规律或不同农业措施对根系有机物质积累的影响，以此法测得的干重为尺度来衡量比较切合实际。另一种方法是把洗净的根系在 105℃条件下烘至恒重、称重。该法所测得的干物质重量，表示不含水的、真实的干物质重量。采用该法时，为使无水的干物质量更精确，可再将干根置于 650℃的茂福炉中灰化，并用盐酸处理冷却的灰分，经倾析过滤，再用 105℃高温干燥、称重。需要指出，用盐酸处理灰分，目的是为了溶解根系的矿物质。105℃烘干残渣的重量表示根系样品未溶解土粒的重量，而根的干重减去灰分残渣的重量，即为无灰分的根系有机物质的重量(既无水分又不包括根中矿物质的、真正的有机物的重量)。乍看起开，采用该法所获得的干重具有较强的可比性，可作为比较客观判别标准，但是在实际应用中，人们对此有不同的认识。有研究者认为，测定无灰分根系的重量是很有必要的，因为根系虽然经过冲洗但常有土粒不能除净，以致无法比较其真正的重量。

(二)根冠比

根冠比是指植物地下部分与地上部分的鲜种或干重的比值，反映了植物地下部分与地上部分的相关性；取样时收集植物上部茎叶，下部用自来水冲洗出植株的根系。然后叶和根用去离子水冲净，吸水纸擦干表面水分称其鲜重。然后将植物的根、茎、叶置于 65℃的烘箱内 24h。烘干后称干重。根冠比按下列公式计算：

$$\text{根冠比}=\text{地下部干重}/\text{地上部干重} \tag{9-1}$$

(三)根长

根长是根系生长发育的另一重要特征，常可作为根系生长和吸收方面的衡量指标。例如，单位体积土壤中的根长是估算根系吸收水分和养分能力的重要依据，单株根长是衡量根系生长能力的重要标志。近十多年来，关于根长的测定方法有不少新进展，不同方法各有其实际意义。

1. 直接测量法

该法属于基本和常规的测量方法，比较简便，因此为国内外根系研究者所采用。具体操作是取一张颜色与根的颜色有较大反差的纸平铺在试验台上(或直接在实验台上操作)，其上并列粘贴 4 条长 25 cm、宽 0.5 cm 的计算纸条，纸条间距 5 cm；用镊子把清洗干净并风干的根顺计算纸条拉直摆放(分支根剪开后分别摆放)，4 个纸条均摆足后(共 1 m 长)，将根收集到一边；如此边摆放边收集，直至将根摆完；摆到最后，很可能剩余一些很细小的碎根段，此时可用镊子另一端(平头)把碎段理成如根粗细的细梗，计梗长为根长；上述各次测量结果汇总起来，即为所测样品的总长。如果待测根为刚冲洗的湿根，可用一块玻板压在计算纸条上，并如前法摆放。测定过程中，为了精确测量细根，可以把每一条根浸于胶液中，然后再一根接一根地摆在计算纸上以总计其长度。研究中除了测定根长外，根样尚有其他测定项目时不能采用此法。

2. 重量法

重量法实际上仍是一种直接测量法。一般当根样数量较多，很难全部直接测量时采用。其操作方法是，称量出根总重后将根样充分混匀，撒在有黑色背景的玻璃板上，用四分法连续分样直至得到合适的小样，精确称出对角两部分的重量，然后用上述直接测量方法测出所选小样的根长度，并据此计算出总根样品的长度。采用此法(将样品进行四分)时必须注意务必使粗根分布均匀，这是因为粗、细根的直径和重量差异十分显著，例如次生根基部的直径和重量比其远端和分支根的直径和重量要大好多倍。

3. 交叉法

为克服直接测量法存在的耗时、费力等弊端，有关研究者根据根段在平面方格纸上垂直线和水平线交叉的总数与根段长度直线相关的测定原理，而提出交叉法以快速测量出根长。该法的具体操作是，将已知长度的根样均匀撒在方格纸上，用镊子做适当调整，勿使根段相互交叉，然后盖上玻板，借助计数器记录根系与方格纸垂直线和水平线的相交点数；再取已知根长根样，重复上述操作；如此通过数次操作，便可求得根长与交叉点总数间的标准方程或曲线；最后通过待测根样与垂直线和水平线的交叉点总数求出根样长度。

(四)根长密度($cm \cdot cm^{-3}$)和根重密度

根长密度和根重密度都是用来表示单位土壤体积植物根量的指标。测定方法是在取样后，用天平称量各级根系鲜重，于低温(-4℃)保存带回实验室对根系长度、根长密度等指标进行测定，从各级根系中取适量样品在 80℃烘干，测得水分换算系数，用于计算各层根系的干重。

依照下列公式计算根长密度和根重密度(王进鑫等，2004；单长卷等，2006)。

$$RLD = \frac{L_r}{V_s} \qquad RWD = \frac{W_d}{V_s} \tag{9-2}$$

式中，RLD——根长密度，$cm \cdot cm^{-3}$；

RWD——根重密度，$g \cdot cm^{-3}$；

L_r——根系长度，cm；

W_d——根系干重，g；

V_s——土壤体积，cm^{-3}。

若根系长度 L_r 和根重 W_d 为吸收根的测定值，则所得到的 RLD 或 RWD 被称为有效根长密度或有效根重密度。每一相同层、段取算术平均值，用于分析与比较。

根长密度也可以采用 DT-SCAN 软件及扫描仪扫描计算(图 9-20)。

图 9-20　SCAN 根系分析系统(蔡昆争，2011)

（五）比根长（SRL，$cm\cdot g^{-1}$）

比根长表示的是植物根系（任意级别）单位干重（g）的长度（m）。

测定用 Epson 数字化扫描（Expression 10000XL1.0）对测定完呼吸的各级根系样品进行扫描，扫描根系图像采用 WinRHZO（Pro2004）软件（Regent Instruments Cpmpany，Canada）进行形态特征分析，测量各级根的直径和总长度。

$$比根长=各个根序总长度/生物量干重 \tag{9-3}$$

（六）根体积

研究实践中，根体积的研究对象主要是纤细类型的根系，如禾本科不同作物或不同小麦品种的根体积等，而对粗大类型的根系来说，研究其体积并不具有重要的实际意义。国内外不同学者一般多是研究不同土层中单位体积土壤内的根体积，从而比较根系在土壤剖面中的发展状况，或者研究不同小麦品种单株根体积的差异或不同环境条件、栽培技术措施等对根体积的影响等。

测定根体积一般采用排水法。该法简便易行，实用性强。其具体操作技术是：向一个具溢流管的特制容器中注水，直至水分从溢流管中溢出；将洗净的根系小心地裹在软布中，布外再包吸水纸，然后轻压以吸尽根表面的水分（或者反复用滤纸包裹并轻压几次以吸水亦可）；吸净表面水分以后，将根浸没于上述容器中的水面以下，并用量筒承接从容器中溢出的水分，并计算其体积。所溢出的水分体积即为待测的根系体积。当根量不多时，可直接用量筒测定（根据根量选用 500 mL 或 1000 mL 的量筒），即向量筒中加入适量的水并记下刻度值，然后将吸净表面水分的根样浸没于量筒中，用玻棒小心搅动以排除根间的气泡，再记下刻度值，两次刻度值之差即为根的体积。当根量较庞大时，采用根体积测定装置测定。装置如图 9-21 所示（黄燕湘等，2006）。首先往体积计中加水，水量以能浸没根系为度，调节刻度吸管位置，使水面靠近橡皮管的一端，记下读数，为 A1。然后将吸干水分后的根系浸入体积计中，此时吸管中的液面上升，记下读数，为 A2。取出根系，此时吸管中水面将降至 A1 以下。往体积计中加水，使水面回至 A1 处。最后用移液管加水，使水面自 A1 升至 A2，此时加入的水量即代表被测根系的体积。

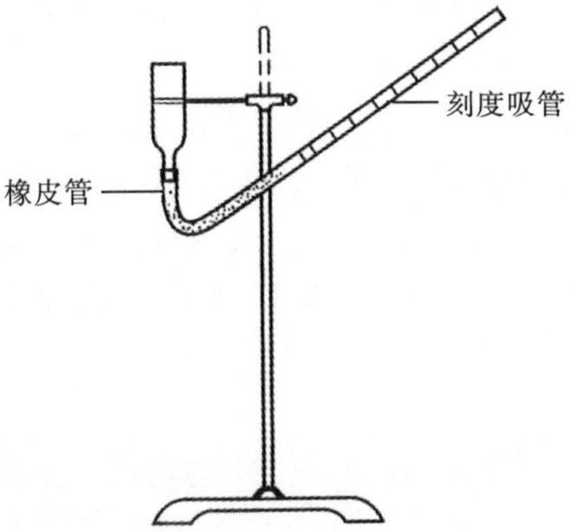

图 9-21　简单的体积计（蔡昆争，2011）

采用此法测定根体积时，最容易引起误差的是对根系表面水分“吸净”标准的掌握程度。经吸水处理以后，如果成束的须根中仍存留有水分，则测定结果被夸大；如果吸水时间过长，引起根系组织收缩，则测定结果被缩小。此外，在采用该法时还需特别注意根间气泡的排除。

（七）根系表面积

根系表面积也是根系生长发育的重要特征之一，它与水分、养分的吸收具有直接而重要的关系。研究中所用到的测定方法主要有以下几种（廖荣伟等，2008）。

1. 直接测量法

这是通过根系平均直径和体积，或通过根系平均直径和总长度而求算出根系表面积的一种方法。虽然结果不太准确，但该法简便、实用、费时少（一般可结合根体积、根直径等测定项目进行）。但是用定容的圆筒测定根体积时，由于根表面上原有大量水膜存在，根中易混有气泡，因此，所测体积结果有误差，并且根越细所测数值越偏大，而通过偏大的体积数据去计算根表面积则很容易产生更大误差。

2. 亚甲基蓝法

根据根系的吸附特性，利用亚甲基蓝染色法直接定量测定根系总表面积和活跃吸收面积。原理：制备一定浓度的亚甲基蓝溶液，用分光光度计记录其光密度值；将洗净的根样浸入溶液中，慢慢转动，停一定时间，待根系充分吸附亚甲基蓝后再记录溶液的光度值，并转换为浓度；最后通过亚甲基蓝溶液初始和最终的浓度差异，求出根所吸附的量。此外，利用亚甲基蓝溶液还可区别出死根与活根的表面积，即将浸过亚甲基蓝溶液的根再转移到氯化钙溶液中，这时死亡根表面的亚甲基蓝便被钙离子置换出来，通过浓度变化便可求出根样中活根的表面积。上述亚甲基蓝法虽然只能粗略地测定根系吸收水分、养分的基本情况，但具有较大的实际意义。

3. 滴定法

其操作方法是：将洗净或风干的根浸于 $3\ mol \cdot L^{-1}$ 的 HCl 溶液中 15s，然后取出淋去溶液，当过量的酸被排干以后，再将根转移到盛有 250mL 蒸馏水的大烧杯中静置 10min；以后每隔 1min 取此溶液 10mL，用 $0.3\ mol \cdot L^{-1}$ 的 NaOH 滴定（用酚酞作为指示剂）；最后以滴定所消耗的 NaOH 的体积（mL）数以表示根系表面积的总量。

4. 重差计法

将盛有黏性硝酸钙溶液的大烧杯置于天平上称重，把干燥的根浸入该溶液约 10s，根取出后重新称量烧杯及溶液的重量，最后根据两次重量差计算出硝酸钙黏附于根表面上的重量，并以此作为根表面积的间接衡量指标。采用该法时必须注意将黏缠在一起类似粗根的细根松散开来，否则会严重影响测定结果。滴定法准确性较高，但重差计法简单易行，适于常规研究。

5. 光电法

根据光电原理测定叶片表面积的仪器设备，也可以用于根表面积的测定。可采用一种根表面积测量器。该测量器的主要部件包括 1 个光源，1 个测定光变换的光电池，1 个测定光电池电流变化的电流计。应用该仪器测定根表面积时，首先用一块已知面积的黑纸调整这台装置，制作标准方程或标准曲线；将根样置于玻璃平板上，并对准测定窗口，这时电流计便显示出读数；利用标准曲线和不同根样的电流读数，计算出根系样品的透射面积；将上述透射面积乘以系数（假定根为圆形，系数为π），便可转换成根系的总表面积。实践证明，光电法快捷、高效，尤其适宜对细根样品的测定，但该法要求根系彼此之间不能重叠，同时也不适宜测定半透明的根样（必须测定时需事先染色）。

（八）根生长速率（$mm\cdot cm^{-3}\cdot d^{-1}$）

要对生长根进行测定，可以在处理之日起，每隔一段时间进行一次取样，测定根系的长度，每处理测量 40 条根。

但如果想动态地收集数据，可以采用微根管法（王孟本等，2010），用 BTC 图像采集系统（美国 Bartz 技术公司生产）进行采样，观测窗面积为 1.8cm×1.4cm，每个微根管收集 91～92 幅图片。用 RooTrack2.0 软件（Craine et al.，1996）对所获图像进行处理，以获取根系长度、直径等数据，分活根（白色与褐色根）和死根（黑色与两次观测期间消失的根）两类。依据微根管号、观测框位置、取样时间、根编号建立根系数据库。

根生长量用根长密度表示：

$$RLD=\frac{RL}{A}\times DOF \tag{9-4}$$

式中，RL——根观测窗中观测到的根长，mm；

A——观测窗面积，cm^2；

DOF——田间深度，cm，一般取值为 0.2～0.3cm。

根净生长量（RLD_{net}，$mm\cdot cm^{-3}$），即 2 次观测期间根长密度的净增加量，按下式计算：

$$RLD_{net}=(RLD_{n+1}-RLD_n) \tag{9-5}$$

式中，RLD_{n+1}、RLD_n 为第 n+1 次与第 n 次观测到的活根根长密度。

RLD_{net} 为正值，说明根的生长量大于死亡量，RLD_{net} 为 0 说明根的生长量等于死亡量，RLD_{net} 为负值说明根的死亡量大于生长量。

根净生长速率（RLD_{NGR}，$mm\cdot cm^{-3}\cdot d^{-1}$），即单位时间（在此为每天）的根长密度净增加量，按下式计算：

$$RLD_{NGR}=\frac{RLD_{net}}{T} \tag{9-6}$$

式中，T——相邻两次观测的间隔天数。

同理，RLD_{NGR} 为正值说明根的生长速率大于死亡速率，RLD_{NGR} 为 0 表示根的生长速率与死亡速率相等，RLD_{NGR} 为负值表示根的死亡速率大于生长速率。

根据式（9-6），即可对一定时期、一定土层深度的根净生长速率进行计算。

（九）WinRHIZO 根系分析系统

WinRHIZO 是一套用于洗根后的专业根系分析系统，可以分析根系长度、直径、面积、体积、根尖记数等，功能强大，操作简单，广泛运用于根系形态和构造研究（图 9-22）。利用 WinRHIZO 利用高质量图形扫描系统提供高分辨率的彩色图像或黑白图像，该扫描系统匹配专门的双光源照明系统，去除了阴影和不均匀现象的影响，有效地保证了图像的质量。采用非统计学方法测量计算出交叉重叠部分根系长度等参量，WinRHIZO 可以读取 TIFF、JPEG 标准格式的图像。

图 9-22 WinRHIZO 根系分析系统

其根系分析系统有基本版、标准版和专业版 WinRHIZO 分析软件，Pro 专业版除了基本的根系指标分析外，还具备如下功能特征。

(1)根系颜色分析：根的长度、面积、体积、根尖计数、根存活数量等研究。

(2)根系链接分析：用于根系分支角度、连通性等形态研究。

(3)根系拓扑分析：链接数量、路径长度等研究(需要根系完整)。

(4)根系分级伸展分析：记录根系整体等级分布情况(需要根系完整)。

二、根系生理指标

(一)根系活力

植物根系是活跃的吸收器官和合成器官，根的生长情况和活力水平直接影响地上部的生长和营养状况及产量水平。根系活力是指根系新陈代谢活动的强弱，是衡量根系功能的主要指标之一，所以研究植物根系生理时，一定要测定根系活力。目前测定根系活力普遍采用的方法是 TTC 法。根对 TTC 还原强度是一种快速测定根系活力的方法，其原理是氯化三苯基四氮唑(TTC)是标准氧化电位为 80mV 的氧化还原色素，溶于水中成无色溶液，但还原后即生成红色而不溶于水的三苯甲腙(TTF)，生成的三苯甲腙比较稳定，不会被空气中的氧自动氧化，所以 TTC 被广泛地用作酶试验的氢受体，植物根系中脱氢酶所引起的 TTC 还原，可因加入琥珀酸，延胡索酸，苹果酸得到增强，而被丙二酸、碘乙酸所抑制。所以，TTC 还原量能表示脱氢酶活性并作为根系活力的指标。

该法所需要的仪器设备主要有分光光度计、恒温水浴、分液漏斗等。一般选取嫩根或根尖部分作为待测样(根段长时应剪切成小段)，称重后迅速投入盛有 0.4%TTC 和 0.1 $mol \cdot L^{-1}$ 磷酸缓冲液(等体积)混合液的具塞试管中，摇动试管使根段全部没入反应液，塞紧试管，黑暗条件下在 37℃恒温水浴中反应一定时间，然后加入 2 $mol \cdot L^{-1}$ 硫酸以终止反应。取出根段，用滤纸或吸水纸吸净反应液，剪碎，加入石英砂或碳酸钙和乙酸乙酯研磨以提取 TTF，将红色抽提液转移至容量瓶中，残渣再用乙酸乙酯抽提，合并抽提液，最后用乙酸乙酯定容，在 485nm 处测定 OD。在不同已知浓度的 TTC 溶液中加入少量 $Na_2S_2O_4$，然后根据 OD 求出标准方程。最后计算出根对 TTC 的还原强度(S)：

$$S = \frac{NV}{WT} \tag{9-7}$$

式中，S——根对 TTC 还原强度，$mg \cdot h^{-1} \cdot g^{-1}$；

N——根据标准方程求出的 TTF 的浓度，$mg \cdot mL^{-1}$；

V——抽提液定容后的体积，mL；

W——样品鲜重，g；

T——反应时间，h。

(二)根毛特性

作物根毛是根表皮细胞特化而成的向外突出、顶端密闭的管状延伸，其功能主要是扩大根的有效吸收面积，增大根所利用的土壤的体积。根毛是作物吸收养分的重要器官，对土壤中短距离运输的营养元素如 P、K 和微量元素等的吸收尤其重要，其吸收功能受土壤养分有效性的调节。

选取根系生长良好、颜色鲜白的根作为根毛形态测定的试验材料。用剪刀剪下根端约 2cm 长的细根，放入事先滴入少许蒸馏水的培养皿中，把培养皿里的根毛放在奥林巴斯 V-ANOX2S 型的显微镜下观察并测量和照相，用显微镜测微尺测量距根端 1cm 处的根毛密度和长度。另外，可在距根冠 3～4 cm 处取大约 0.5 cm 长的根段制成临时切片，在奥林巴斯解剖镜下观察根毛的生长情况并拍照。

(三)根的呼吸

根系与土壤的关系紧密，要测定根系呼吸，就要把它从土壤呼吸中区分出来，但这在技术和方法上一直是个难点。测定的具体方法有室内控制培养法、根系分离测定法、排除根法、树干环剥法、同位素标记法、根生物量外推法等。下面对根系分离测定法做一简单介绍。

根系分离测定法的基本思路是将根和土壤分离后单独对根呼吸进行测定，即把根切断冲洗，或在没有切断根系的情况下测定。根系分离测定方法简便，并且可以测定根系呼吸对温度的响应曲线，但此法对根际环境(如温度、湿度等)的破坏极大，如果是离体测定根系呼吸，则对根的生理影响很大(唐罗忠，2008)。

根系呼吸采用离体根系法测定，将 Li-6400-06 叶室连接到 Li-6400 便携式 CO_2/H_2O 分析系统(LI-CORIne.，Lincoln，NE，USA)测定根系呼吸。将植株完整挖出后，迅速将根系带入有空调控温的室内(温度控制为测定日当时的大气温度)，按直径≤2mm、2mm＜直径≤5mm 和直径＞5mm 三个径级分级，并把根系切面涂抹凡士林(主要是防止产生创伤呼吸)，然后分别放入 Li-6400-06 叶室内，待气体流动稳定后手动读数，测定根系释放的 CO_2 通量。叶室温度设定为土壤温度值，测定环境的湿度为大气湿度，由根系释放的水汽通过 Li-6400 光合作用分析仪的干燥剂吸收，使叶室中的空气湿度保持稳定(任军，2009)。

另外，根系呼吸的具体测定方法还可以采用密闭室碱吸收法。将内盛有 20 mL 1mol/L 的 NaOH 溶液(视呼吸作用强度可适当提高 NaOH 浓度)的玻璃瓶(未封口)和根系放在密闭室中。放置 24 h 后，取出玻璃瓶，用标准盐酸溶液滴定，具体操作视具体情况可进行适当调整。

(四)根水力导度(root hydraulic conductance)

根系的水力导度(*Lpr*)是指单位时间单位面积的水流速率。根系调控植物水分关系的重要部位，水分胁迫时植物根系可以通过调节其生长改变其水力导度来控制水分吸收。

整株根系水力导度可采用压力室(图 9-23)进行测定，将植株的地上部分从中胚轴顶端切去，整株根系放入压力室，在中胚轴处进行密封测定(吴研，2010)。

根系水力导度(*Lpr*)的计算公式为

$$Lpr = V \times S^{-1} \times P^{-1} \times t^{-1} \tag{9-8}$$

式中，*Lpr*——根系水力导度，$m \cdot s^{-1} \cdot MPa^{-1}$；

V——根系在测定的 t(s)时间内的总吸水量(以体积计)，m^3；

S——根系的表面积，m^2；

P——达到出流稳态时的平衡压(即外界所加压力)，MPa；

t——测定时间，s。

图 9-23　植物水势压力室仪

(五)根寿命

根寿命是一条根在土壤中物理意义上或者实际存活的时间。当土壤中的腐解速率很慢时，根的存活对寿命长短的判断极其重要，通常给出一个寿命的平均值或者群体的寿命范围。根的寿命对于根的功能来说可能没有必然的联系(申建波等，2011)。

根寿命是估计根周转的关键，其长短决定了养分和碳消耗与循环的速度。

一个微根管系统典型的组成有：插入土中的微根管，微型彩色摄像头，控制摄像头和调整光源的装置，记录根图像的录像带(或计算机)和观察图像的监视器。将微根管安装一定时间以后，定期对生长在管壁周围的细根进行拍照观察，然后用专业的软件对图片进行处理(史健伟等，2006)。

每隔 20～30 d 用 CI-600 根系动态观测系统(CID Inc，Vancouver，WA，USA，图 9-24)对根系进行扫描，收集的图片再以 CIAS 图像分析软件(CID company，USA)进行分析，对每次新出现的根系进行标记(深度和出现时间)，并测定其直径、长度、颜色和根系。尽管某些根系在其生长过程中可能因为土壤的塌陷或植食性昆虫的取食而突然消失，根系的寿命仍然定义为根系首次出现至消失时的时间(Hendrick et al.，1993；Pregitzer et al.，1993；Wells et al. 2002；于水强等，2007)。

图 9-24 CI-600 根系动态观测系统

三、根系分泌物测定

(一)根系分泌物的定义、组成及作用

根系分泌物是植物根系释放到周围环境中的各种物质的总称。根系分泌物主要包括低分子量的有机无机、离子(如 H^+、Cl^-、NO_3^-、SO_4^{2-}、HPO_4^{2-}、NO_2^-、CO_2、NO、N_2O、C_2H_2、CH_3COO^-、$HCOO^-$等)、高分子量的黏胶物质、维生素、植物激素、根细胞脱落物及其分解产物等。从根系分泌物的总成分来看，细胞脱落物占根系分泌物释放总量的 70%～90%，分泌的黏液占总根系分泌物的 2%～5%，而可溶性物质占 5%～20%(严小龙，2007)。根系分泌物通过改变根际物理、化学或生物学性质来提高土壤养分的生物有效性，改善作物生长，在促进植物对养分的吸收和利用，以及在克服和缓解养分胁迫中具有十分重要的意义。根系分泌物是根际微生物的主要碳源和能源，同时也是植物与根际微生物、植物与土壤和环境因素相互作用的信息物质和决定因素。根系分泌物的种类和数量决定了根际微生物的种类和数量。

(二)根系分泌物的收集、提取

根系分泌物的测定具有特殊性，研究根系分泌物的最大障碍是不能直接从狭小的真实根际环境中获取足够量的根系分泌物。根系分泌物种类繁多、数量差异大，且易分解、易污染，这给根系分泌物的收集与测定带来很大困难。

根据植物根系的培养系统，可将根系分泌物的收集方法分为：溶液培养收集、土培收集及基质培(蛭石培、沙培、琼脂培)收集。根据是否在原位条件下进行又可分为原位收集和扰动收集(严小龙，2007)。根系分泌物的收集在灭菌条件和非灭菌条件两种情况(申建波等，2011)。在灭菌条件下测得的根系分泌物数量能比较准确地反映植物根系分泌的有机物质累积量，而非灭菌条件下测得的根分泌物数量，则更直接地反映了在植物根际的实际水平。

1. 溶液培养收集

溶液培养收集方法是根系分泌物常用的收集方法。该法实验条件容易控制，比较简单，因此得到了广泛的应用。可以在灭菌条件下收集也可以在灭菌条件下收集，在灭菌的条件下收集的根系分泌物代表了根分泌有机物质的积累量，在不灭菌条件下，根系分泌物的有机物质反映了根的自然分泌状况。

在不灭菌条件下收集根系分泌物可按以下步骤进行(图 9-25)。将植物在营养液中培养一段时间，待到收集根系分泌物的时期，将植物从培养液中取出，用清水冲洗根系，将附着的营养液冲洗干净。然后用去离子水洗根，之后将植株根系放入一定体积的去离子水中。收集数小时后，将植物根系取出。然后将收集液进行浓缩，并加入微生物抑制剂，放入-20℃冰柜中备用。除可用去离子水收集外，还可用简单 Ca/B 溶液或特定营养液进行收集。

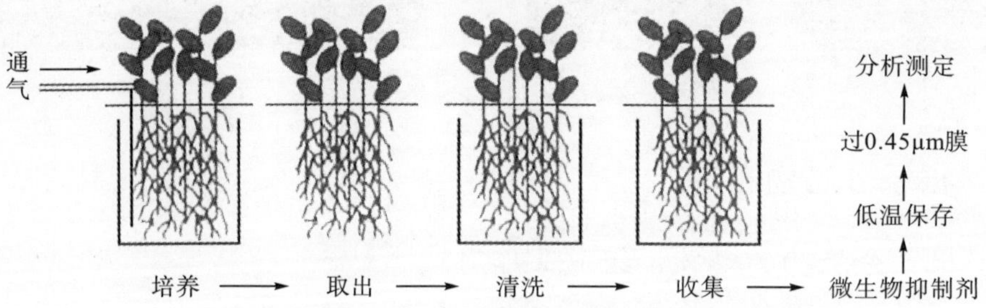

图 9-25　溶液培养条件下根分泌物的收集方法(毛达如，2005)

2. 基质培收集

基质培收集根系分泌物常用的基质有石英砂、琼脂、蛭石、玻璃珠和人造营养土等。由于石英砂本身不含植物生长所需的有效成分，惰性较强，不容易与根系分泌物各组分进行化学反应，因此常被用于根系分泌作用研究。植株苗在石英砂胁迫处理一段时间后，借助一定的压力作用使植株根系和石英砂在蒸馏水或稀释的有机溶剂中短时间浸泡，收集其浸泡液，即得根系分泌物。

3. 培土收集

培土收集是指将植物种植于土壤中，生长一段时间后直接获取根际土壤，将其与无菌水按一定比例混合，震荡或离心，过滤，所得滤液即为根系分泌物。或将生长一段时间后的植株根系，用蒸馏水淋洗，所得根系淋洗物即为根系分泌物。另外，一些学者将阴、阳离子膜和层析滤纸置于根系表面，定期取回，用有机溶剂如甲醇、酒精浸洗，所得溶液即为所收集到的根系分泌物。与溶液培收集方法相比，这种方法所得根系分泌物接近于植物自然生长状态下的实际情况。由于土壤存在机械阻力，根系分泌作用比较旺盛，因而土培条件下单位植株干重产生根系分泌物的量要高于溶液培收集的根系分泌物的量。Ae 等(1990)用营养钵土培鹰嘴豆、大豆、玉米、高粱，发现在缺 P 条件下，其根系分泌物对根际土壤 pH 有显著影响，根接触的土壤 pH 比钵内土 pH 下降 1.5 个单位。

4. **根分泌物连续收集系统**(continuous root exudate trapping system，CRETS)

在沙培或水培中(图 9-26)，利用 Amberlite XAD-4 树脂吸附和收集沙培或水培系统中未受干扰的植物根系分泌物，然后用甲醇洗脱 XAD-4 树脂吸附的根系分泌物，最后测定根系分泌物对其他受体植物的感化活性，或对收集到的根系分泌物进行成分分析和分离鉴定。Amberlite XAD-4 树脂能够吸附植物根所释放的疏水性物质，而不吸附营养液中的无机营养元素，同时又能保持根不被扰动和损害。但 XAD-4 树脂所吸附的有机物质为疏水性根系分泌物，一些可能具有感化作用的亲水性根系分泌物则有可能未被吸附和检测到。

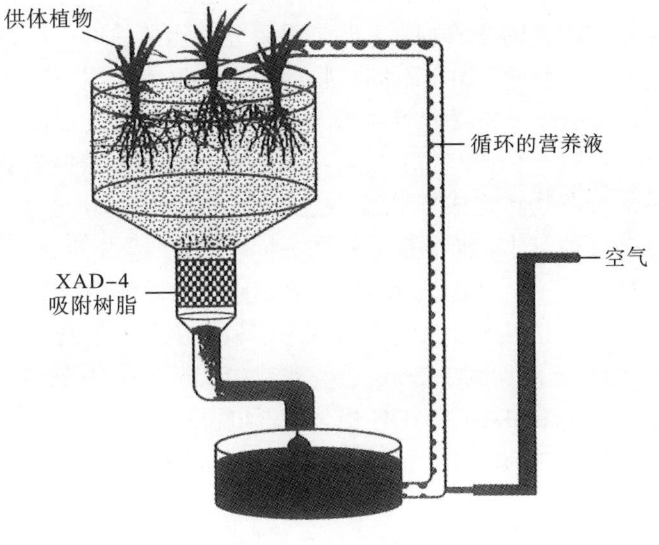

图 9-26　植物根分泌物连续收集系统(Tang et al.，1982)

(三)根系分泌物的分离、测定

1. **根系分泌物的分离**

根系分泌物收集之后，要进一步分离纯化，才能进行有效分析。在分离纯化过程中要根据待测组分的理化及生物学性质，选择合理的分离纯化方法。例如，可根据待测组分与杂质的密度不同，采用离心分离；利用待测组分与杂质在特定溶剂相中分配比例不同，采用萃取方法进行分离；利用待测组分与杂质在分离柱上的吸附能力不同发生交换而达到分离纯化。常用的分离柱填料有树脂、硅胶、纤维素葡聚糖及氧化铝单体等。对于水溶液中有机物质的提取，常用的有机化合物有甲醇、乙醇、乙醚、三氯甲烷、三氯乙酸等。要获得高纯度待测组分，单一分离技术难以对待定根系分泌物组分进行有效分离，常常要采用多种分离技术。

2. **根系分泌物的测定**

分离纯化根系分泌物是为了更好地对未知组分进行鉴定。常用的鉴定技术主要有现代仪器分析方法和生物活性测定方法。

(1)仪器分析方法。用根系分泌物研究的常用仪器有紫外-可见光谱仪、红外光谱仪、毛细管电泳仪、气象色谱仪、液相色谱仪、离子色谱仪、质谱仪和核磁共振仪等。紫外-可见光谱和红外光谱法主要根据待测组分在特定波长条件下产生的特征吸收峰不同而对未知组分进行鉴定，其中红外光谱法能给出待测组分的分子结构信息，包括待测组分的去向和存在的官能团等。质谱仪能与多种色谱仪(高效液相色谱、气象色谱、毛细管电色谱，离子色谱)联用，需样量小、灵敏度高，能对待测组分的功能团进行有效鉴定。核磁共振波谱是结构分析中最理想的方法，它能给出化学位移，自旋偶合裂分模式以及积分线高度等信息，能对分子空间构型及各类结构单元的联结方式进行准确测定，预见性好，但测试成本高。

(2)生物活性分析方法。根际微生物活动所需的能源物质除来源于衰老根系分解外，更大一部分来源于植物根系的分泌物，主要是根系分泌物中的可溶性糖和氨基酸，其含量对根际微生物活性有极大影响。由于不同植物的根系分泌物不同，其根际微生物的种类和数量也会呈现差异。根系分泌物就像培养基一样对微生物具有选择性，因此可根据根际特异菌类的生物量、活性或群落分布对根系分泌物进行定性或定量研究；也可利用某些细菌、真菌和植物幼苗等对分泌物特定成分的敏感性来确定根系分泌物成分。Lahaeurte 等利用一种磷酸盐溶解细菌接种，对玉米根系分泌物进行研究，结果发现磷酸盐溶解菌的活性与玉米根系分泌物中糖的分泌量呈正相关，通过测定磷酸盐溶解菌的活性，可测定根系分泌物中糖的含量。利用酶学方法还可以鉴定植株内部和分泌的有机酸，例如，苹果酸的测定方法是：取 1.0 mL 的待测液加到 1.2 mL 的缓冲液(0.5 $mol \cdot L^{-1}$ 甘氨酸，0.4 $mol \cdot L^{-1}$ 酰阱，pH＝9.0)，100μL 的 40 m $mol \cdot L^{-1}$ NADH 中，在 340 nm 处比色；然后反应混合液在 30℃恒温箱内培养，来回震荡 30min，再加入 3μL 苹果酸脱氢酶，在 340 nm 处比色；NADH 的增加量与样品的苹果酸含量呈正比。柠檬酸测定方法是：取 1.0 mL 的待测液加到 95μL 的缓冲液(1 $mol \cdot L^{-1}$ Tris-HCl，pH＝7.8)，12μL 的 10m $mol \cdot L^{-1}$ NADH，乳酸脱氢酶/苹果酸脱氢酶各 4μL(0.5 $mg \cdot mL^{-1}$)中，在 340 nm 处比色；然后反应混合液加入 4μL 柠檬酸裂解酶，在 340 nm 处比色。NADH 的减少量与样品的柠檬酸含量一致，根据两次吸收度的差值，可计算样品的柠檬酸含量。

(四)根系分泌蛋白质的收集与分析

1.原理及注意事项

蛋白的活性受外界环境的影响很大，而且植物向根际分泌的蛋白含量相对较少，因此收集蛋白的时间不易过短或过长，一般为 24 h。为保持蛋白质的活性，收集后进行的操作均需在冰上进行。

2.步骤

(1)取经过前期处理的甘蔗根(毛状根)，转移到 150 mL 收集液中(现配的正常生长营养液或相应的处理营养液)。

(2)收集 24 h 后收集液通过 0.45 mm 滤膜。然后把过滤后的收集液装入离心管中,4℃/3200 g 离心直至总体积为 250～500μL。

(3)蛋白的含量可通过考马斯亮蓝染色法检测。蛋白的组分可通过跑 SDS 电泳进行简单检测,或通过 2-D 或 MS 进行精确检测。

3.根系分泌有机酸的收集与分析

原理及注意事项如下。

植物生长的介质中往往含有大量的阴阳离子,复杂的阴阳离子的存在会影响有机酸的测定,因此,根部分泌物的收集往往需要进行简化,对于磷处理,适用的收集液为 0.5mM 或 4.3mM $CaCl_2$,pH＝5.8,收集液中加入相应浓度的磷(处理)或不加磷(对照)。由于有机酸的稳定性较差以及收集液离子强度较低,有机酸的收集时间不宜过长,一般控制在 6～12 h。另外,在测量有机酸之前需将溶液中可能影响结果的阴阳离子(如 Ca^{2+}和 Cl^-)去掉。

1)有机酸的收集

取经过前期处理(如缺磷)的植株(毛状根),转移到 150 mL 收集液中(0.5mM 或 4.3mM $CaCl_2$,pH＝5.8,以及相应的磷处理),收集 6～12 h。

2)去除收集液中的阴离子

(1)将收集液通过定性滤纸,除去污染物,如根的碎屑等。

(2)将样品分为两等份(约 50mL/份),将其中的一份储存于-80℃,以作备份。

(3)取其中一份样品,用注射器吸取 25 mL,往阴离子交换柱注入样品,前 1 mL 样品用以润洗离子交换柱,不可收集。所有样品通过交换柱后进行下一步骤,除去样品中的阳离子(注意:0.5mM 的 $CaCl_2$ 收集液可以只使用一个离子交换柱,但是 4.3mM 的 $CaCl_2$ 收集液至少需要 2 个离子交换柱才可将 25 mL 里的阴离子交换完)。

3)去除收集液中的阳离子

如果阴离子对样品的测量影响不大,可跳过阴离子交换步骤,直接过阳离子交换树脂,即:将收集液通过定性滤纸,除去大块固体污染物,如根的碎屑等,将样品分为两等份(约 50mL/份)将其中的一份储存于-80℃,以作备份。另一份将进行以下操作。

(1)称取 2g 阳离子交换树脂,(10 w/v)与干净的 50 mL 左右的收集液[或步骤(2)处理的样品],将离心管固定在摇床上,4℃震荡 5～10 min。

(2)1000 rpm,4℃离心 5～10 min。弃上清。

往离心管加入 20mL 收集液,将离心管固定在摇床上,4℃震荡 5～10 min。

(3)1000 rpm,4℃离心 5～10 min。收集上清。

4)有机酸的冷冻干燥浓缩

(1)将步骤(2)处理后的收集液连同 50 mL 离心管一起放进-80℃冰箱冷冻过夜。

(2)将冷冻后的离心管口用保鲜膜封好,并用橡皮筋固定。然后用图钉在保鲜膜上刺出 5～10 个小孔(注意,动作要快,以免样品解冻,若样品已经解冻,需重新放入冰箱直到冻成冰块)。

(3)上冷冻干燥仪冷冻干燥至体积明显减少(一般冷冻至 1.5mL 左右即可取出)。

(4)将浓缩后的样品置于冰上直至完全溶解(注意:如果不立即测定,可直接储存于-80或-20℃冰箱,直到测定)。

(5)将样品通过 0.45 mm 滤膜,上 HPLC 仪器(注意:过 0.45 mm 滤膜步骤不能省略,否则会破坏仪器)。

5)有机酸标准曲线的制准备

苹果酸标准曲线的制备:

(1)取 3.2 g 苹果酸溶解于 100 mL 相应收集液中,配成 1000 倍的标准曲线母液;

(2)取 20 μL 的标准曲线母液,用相应的收集液定容为 20 mL,配成 32mg/L 的标准曲线样品,充分震荡摇匀;

(3)取 10 mL 32mg/L 的标准曲线样品,用相应的收集液定容为 20 mL,配成 16mg/L 的标准曲线样品,充分震荡摇匀;

(4)取 10 mL 16mg/L 的标准曲线样品,用相应的收集液定容为 20 mL,配成 8mg/L 的标准曲线样品,充分震荡摇匀;

(5)取 10 mL 8mg/L 的标准曲线样品,用相应的收集液定容为 20 mL,配成 4mg/L 的标准曲线样品,充分震荡摇匀;

(6)取 10 mL 4mg/L 的标准曲线样品,用相应的收集液定容为 20 mL,配成 4mg/L 的标准曲线样品,充分震荡摇匀。

另做一份浓度为 0mg/L 的对照样品,即可获得苹果酸标准曲线系列,浓度分别为:0mg/L、2mg/L、4mg/L、8mg/L、16mg/L、32mg/L。

注意事项:制备有机酸的标准曲线所用的制备液应为相应处理中的收集液,有多少个处理,就应有多少条标准曲线。制备好的标准曲线样品需同待测样品一样,通过阴阳离子柱,即样品准备过程中所进行的处理,标准曲线样品也需要做相同的处理。

(五)根系样品树脂包埋及石蜡切片方法

1. 石蜡切片原理

石蜡切片的基本原理是用固定剂固定组织、细胞以及各种亚细胞器,保持组织的微细结构,制成薄片,并用不同的染色方法增加各部分的色差,在显微镜下观察组织、细胞的形态结构,或用化学或物理方法显示组织,细胞内的某些化学成分,并可进行形态和化学成分的定量分析。

2. 方法与步骤

(1)材料的固定:将切取好的材料(根段需切成 1 cm)迅速投入 FAA 固定液(50%或 70%酒精 90 mL+冰醋酸 5 mL+甲醛 5 mL)中,抽真空(固定液中观察不到气泡即可),室温下固定 24 h 以上。

(2)脱水:把固定液倒掉,直接加入 50%酒精脱水 1 h 后,用 75%、85%、95%的酒精依次脱水 1.5 h,之后用 100%的酒精继续脱水三次,每次 1 h。

(3)透明:将脱完水的材料迅速转入 1/2 二甲苯+1/2 纯酒精,1.5 h 后倒掉,加入纯二甲苯(两次),每次 1.5 h,(此步开始将材料换入青霉素小瓶子里,放入 40℃恒温箱,在进行第二次纯二甲苯透明时,在瓶内放一小圆滤纸,材料位于滤纸下部,逐步加入碎石蜡,直到添加在小滤纸上的固定状石蜡不在溶解，证明达到饱和)，40℃恒温箱过夜。

(4) 透蜡：倒掉瓶中的二甲苯和石蜡，加入纯石蜡，放入60℃恒温箱，1.5 h，此步骤重复三次。

(5) 包埋：纸盒(用牛皮纸折叠)放在已经加热的温台上，往纸盒中导入融化的石蜡(预先将固体石蜡65～70℃恒温箱或者加热溶解)，先倒入1/2体积的石蜡，用烧热的镊子搅匀纸盒中的石蜡，迅速轻轻地用镊子夹取材料平放于纸盒底部(注意切面朝下放置)，在用镊子轻轻拨动材料，使之排列整齐。再加入1/2体积的石蜡，蜡块凝固后放入冷水中，1～2 min后捞出(或直接放入4℃冰箱中即可迅速凝固)。

(6) 修蜡：切去组织周围过多的石蜡，在组织周围留有1～2 mm的石蜡边，两边必须平行，然后将已修好的石蜡固定在台木上装在切片机的夹物台上。

(7) 切片制作：将洁净的载玻片涂薄层蛋白甘油放入烤片盒内待用。将切割修整好的蜡块用普通刀片先将蜡块的组织切面暴露出来修平，固定在切片机上的标本台上并拧紧螺旋。蜡块先固定在标本台上切片刀固定于刀台上，拧紧固定刀的螺丝同时调整刀与蜡块的切片距离使刀与蜡块贴紧后再固定刀台螺丝，刀的角度为25°。调节微动装置，调至切片所需厚度(一般为5～7μm)。然后切片，连续切片形成蜡带。

(8) 展片：将载玻片置于摊片机上(40℃)，在载玻片上滴加几滴蒸馏水，然后把切好的蜡带分割后依次铺在水滴上面，待蜡带完全展平，倾斜载玻片，倒弃多余水分，展好的切片在室温下稍微干燥后，放在40℃摊片机上或恒温烤箱中，12～24h，烤干备用。

(9) 脱蜡：取5个染色缸，标记为1～5号，分别倒入TO型生物纸片透明剂，从1号开始，依次在透明剂中脱蜡5次，每次5 min，脱蜡后迅速在载玻片上滴1～2滴中性树脂，从一侧盖上盖玻片(慢放防止产生气泡)，然后在 40℃恒温烤箱过夜烘干。烘干后即可进行观察，若需要做染色处理的样品，在脱蜡后根据需要进行不同的染色处理。

3. 树脂包埋方法

操作步骤如下。

(1) 材料的固定：将切取好的材料(根段需切成1cm)迅速投入FAA固定液中，抽真空(固定液中观察不到气泡即可)，室温下固定数小时至24 h。

(2) 脱水：把固定液倒掉，用70%乙醇脱水2 h，96%乙醇脱水2 h，100%乙醇脱水1 h。

(3) 树脂渗透：脱水完成后，开始加入树脂渗透，100%乙醇和树脂1∶1渗透2 h。纯树脂渗透24 h。

(4) 在包埋剂中加入纯树脂，将渗透好的样品轻轻用镊子放入树脂中，将材料置于合适的位置，放入恒温箱中。

(5) 集合：70 ℃恒温箱集合过夜。

(6) 修片：切去组织周围过多的树脂，切面呈长方形，离材料有一定的距离(距离组织1～2 mm)。

(7) 切片：把包埋的树脂固定在切片机上，切片厚度为2～5μm，连续切片形成条带。

(8) 展片：将载玻片置于摊片机(40℃)上，在载玻片上滴加几滴蒸馏水，然后把切好的条带依次铺在水滴上面，待条带完全展平，倾斜载玻片，倒弃多余水分，展好的切片再放在40℃摊片机上或恒温烤箱中，烤干后可镜检。

第四节 甘蔗根系研究展望

作物根系处在地表以下，相对地上部分来说，研究较为困难，因此仍有许多领域急需开拓。1982 年专门成立了国际根系研究学会(International Society of Root Research，ISRR)，总部在瑞典，它的宗旨是加强根、根际和相关领域方面的联系、合作和研究。日本也专门成立了根系研究学会(Japanese Society of Root Research，JSRR)，定期举行学术会议，大力促进了日本的根系研究，使其在国际上处于先进水平，尤其在作物根系的生理生态方面研究力量较强。将来作物根系的研究将围绕以下方面进行(蔡昆争等，2002)：①作物根系适应逆境胁迫(包括干旱、盐害、离子胁迫、重金属污染、养分亏缺等)的生理生化及分子机理；②作物根系性状的分子标记及根系育种；③超高产作物的根系形态及生理特性及其与地上部分群体光合作用产生能力的关系；④根系研究新方法。除传统根系研究方法如挖掘法、剖面法、盆栽法、土柱法仍在大量使用外，根系研究新方法如微根室法、X 射线断层摄影法、根系三维模拟、同位素示踪法、电子探针等将不断应用于根系的研究。

甘蔗根系深处地下，普遍可达 2～3m 以上，且根较细，容易拉断，研究难度较大，多种原因导致甘蔗根系的研究相对较少。早期文献报道的有关于根系活力、根系生理、激素浸种及地膜覆盖对甘蔗根系生长的影响等方面的研究(莫家让，1978，1981；潘廷国等，1987；文颖等，1989)，随后有少量关于接种固氮菌对甘蔗根系发育及生理特性的影响等报道(王元贞等，1995；黄健，2002；黄杏等，2009)，近年来逐步有关于甘蔗根系养分吸收、根系蛋白、根系性状及根系形态的研究报道(周桂等，2010；徐林等，2011；赵丽萍等，2013，2014，2015，2016)。由此可见甘蔗根系研究虽然进展较慢，但正在逐步走向更加前沿的方向不断发展。随着尖端科研技术的不断前进及应用，其他作物在根系方面的研究方法不断更新，甘蔗根系研究方法可依据自身特点，借鉴其他作物的成功经验，选种适合的先进技术来推进研究的发展前进。同时甘蔗根系在基因方面的研究也相对较少，随着基因组测序技术的不断进步，这同样将是一个重要的发展方向。

主要参考文献

白文明，程维信，李凌浩. 2005.微根窗技术及其在植物根系研究中的应用[J]. 生态学报，25(11)：3076-3081.

蔡昆争，骆世明，段舜山. 2003a.水稻根系的空间分布及其与产量的关系[J]. 华南农业大学学报，24(3)：1-4.

蔡昆争，骆世明，段舜山. 2003b.水稻根系在根袋处理条件下对氮养分的反应[J]. 生态学报，23(6)：1109-1116.

蔡昆争，沈宏. 2002.根：植物与土壤的动态界面——第六届国际根系研究大会介绍[J]. 生态学报，22(1)：139-140.

蔡昆争. 2011.作物根系生理生态学[M]. 北京：化学工业出版社，

迟道才，王瑄，夏桂敏. 2004.水稻根系吸水模型的初步研究[J]. 灌溉排水学报，23(1)：56-58.

单长卷，梁宗锁. 2006.黄土高原刺槐人工林根系分布与土壤水分的关系[J]. 中南林业科技大学学报，26(1)：19-21.

冯斌，杨培岭. 2000.植物根系的分形及计算机模拟[J]. 中国农业大学学报，5(2)：96-99.

黄建辉，韩兴国，陈灵芝. 1999.森林生态系统根系生物量研究进展[J]. 生态学报，19(2)：270-277.

黄健. 2002.甘蔗生长前期乙烯利处理对根系生理及地上部碳氮代谢的影响[D]. 广西大学硕士学位论文.

黄杏，杨丽涛，李杨瑞. 2009.固氮菌接种对甘蔗根系生理特性的影响[J]. 广西农业科学，(03)：233-237.

黄燕湘，罗丽华，何静. 2006，不同类型水稻根系形态特性实验方法的比较与分析[J]. 实验技术与管理，23(7)：24-26.

廖红，戈振扬，戈振扬，等. 2001.水磷耦合胁迫下植物磷吸收的理想根构型：模拟与应用[J]. 科学通报，46(8)：641-646.

廖荣伟，刘晶淼. 2008 .作物根系形态观测方法研究进展讨论[J]. 气象科技，36(4)：429-435.

罗锡文，周学成，严小龙，等. 2004.基于 XCT 技术的植物根系原位形态可视化研究[J]. 农业机械学报，35(2)：104-106.

马元喜. 1999.小麦的根[M]. 北京：中国农业出版社.

毛达如. 2005. 全国高等农业院校教材：植物营养研究方法(第 2 版)[M]. 北京：中国农业大学出版社.

莫家让. 1978.甘蔗根系生理的一些研究[J]. 甘蔗糖业，(10)：4-8.

莫家让. 1981.甘蔗根系活力的研究[J]. 广西植物，(01)：25-30.

潘廷国，王元贞，江鹤基，等. 1987.地膜覆盖对旱地甘蔗的土壤生态环境及苗期根系生长的影响[J]. 福建农学院学报，(1)：32-38.

任军，徐程扬，林玉梅，等. 2009.不同供氮水平下水曲柳(*Fraxinus mandushurica* Rupr.)幼苗根系呼吸季节动态[J]. 生态学报，29(8)：4169-4178.

申建波，毛达如. 2011.植物营养研究方法(第 3 版)[M]. 北京：中国农业大学出版社.

史建伟，于水强，于立忠，等. 2006.微根管在细根研究中的应用[J]. 应用生态学报，17(4)：715-719.

唐罗忠. 2008.土壤中根系呼吸通量的分离测定方法综述[J]. 南京林业大学学报自然科学版，32(2)：97-102.

王进鑫，王迪海，刘广全. 2004.刺槐和侧柏人工林有效根系密度分布规律研究[J]. 西北植物学报，24(13)：2209-2214.

王孟本，荀俊杰，陈建文，等. 2010.晋西北黄土区幼龄柠条细根的净生长速率[J]. 生态学报，30(5)：1117-1124.

王元贞，张木清，柯玉琴，等. 1995.菌根菌接种对甘蔗根系发育的影响[J]. 福建农业大学学报，(03)：319-322.

文颖，吴文涌，刘世杰. 1989.不同浓度乙烯利浸种对砂培甘蔗萌芽及芽鞘和根系生长的影响[J]. 甘蔗糖业，(1).

吴伟明，宋祥甫，邹国燕. 2000.利用水上栽培方法研究水稻根系[J]. 中国水稻科学，14(3)：189-192.

吴妍. 2010.水分胁迫及复水条件下外源 Ca^{2+}对玉米幼苗根系吸水能力的影响[D]. 西北农林科技大学硕士学位论文.

邢国芳，等. 2012.植物根系发育及其激素调控机理[M]. 北京：中国农业科学技术出版社.

徐林，黄海荣，黄玉溢，等. 2011.地下滴灌条件下甘蔗根系和蔗地土壤速效养分分布规律的研究[J]. 广东农业科学，(01).

严小龙. 2007. 根系生物学原理与应用[M]. 北京：科学出版社：31-33.

于贵瑞，王伯伦，刘新安，等. 1993.高产水稻群体根系空间分布数学模型的研究[J]. 辽宁农业科学，(1)：19-24.

于水强，王政权，史建伟，等. 2007.水曲柳和落叶松细根寿命的估计[J]. 植物生态学报，31(1)：102-109.

张喜英. 1999.作物根系与土壤水利用[M]. 北京：气象出版社.

张永清，苗果园. 2006 .根土空间对高粱根系生理特性及产量的影响[J]. 应用生态学报，17(4)：635-639.

赵丽萍，刘家勇，覃伟，等. 2013.甘蔗家系苗期根系性状差异与地上部相关性分析[C]. 中国作物学会学术年会.

赵丽萍，刘家勇，覃伟，等. 2014.甘蔗实生苗根系性状的遗传分析[J]. 湖南农业大学学报(自科版)，40(5)：470-475.

赵丽萍，刘家勇，赵培方，等. 2015.甘蔗家系苗期根系性状与地上部性状研究[J]. 西南农业学报，28(3)：1009-1013.

赵丽萍. 2016.磷对 3 个甘蔗品种(系)根系形态及磷效率的影响[J]. 云南农业大学学报：自然科学，V31(6)：1120-1126

周桂，邹成林，丘立杭，等. 2010 .聚乙二醇胁迫下甘蔗根系蛋白质差异表达图谱分析[J]. 华中农业大学学报，(04)：409-412.

朱桂林，韦文珊，张淑敏，等. 2008，植物地下生物量测定方法概述及新技术介绍[J]. 中国草地学报，30(3)：94-99.

Ae N，Arihara J，Okada K，et al. 1990.Phosphorus uptake by pigeon pea and its role in cropping systems of the Indian subcontinent[J]. Science，248(4954)：477-480.

Andrén O，Elmquist H，Hansson A C. 1996. Recording，processing and analysis of grass root images from a rhizotron[J]. Plant and Soil，185(2)：259-264.

Bates G H. A device for the observation of root growth in the soil [J]. Nature. 1937，139(3527)：966-967.

Böhm W. 1979.Methods of Studying Root Systems[M]. Berlin：Springer-Verlag：1-3.

Clausnitzer V，Hopmans J W. 1994. Simultaneous modeling of transient three-dimensional root growth and soil water flow[J]. Plant and Soil，164(2)：299-314.

Craine J，Tremmel D. 1996.Improvements to the minirhizotron system[J]. Bulletin of the Ecological Society of America，76(4)：234-235.

Diggle A J. 1988. ROOTMAP—a model in three-dimensional coordinates of the growth and structure of fibrous root systems[J]. Plant and Soil，105(2)：169-178.

Gregory P J. 2005.Plant Roots：Growth，Activity and Interactions with the Soil[M]. New Jersey：Wiley-Blackwell.

Hackett C，Rose D. 1972. A model of the extension and branching of a seminal root of barley，and its use in studying relations between root dimensions II. results and inferences from manipulation of the model[J]. Australian Journal of Biological Sciences，25(4)：681-690.

Heeraman D A，Crown P H，Juma N G. 1993. A color composite technique for detecting root dynamics of barley（*Hordeum vulgare* L.）from minirhizotron images[J]. Plant and Soil，157(2)：275-287.

Hendrick R L，Pregitzer K S. 1993. Patterns of fine root mortality in 2 sugar maple forests[J]. Nature，361(6407)：59-61.

Huguenin-Elie O，Kirk G J D，Frossard E. 2003. Phosphorus uptake by rice from soil that is flooded，drained or flooded then drained[J]. European Journal of Soil Science，54(1)：77-90.

Johnson M G，Tingey D T，Phillips D L，et al. 2001. Advancing fine root research with minirhizotrons[J]. Environmental & Experimental Botany，45(3)：263-289.

Kage H，Kochler M，Stützel H. 2004. Root growth and dry matter partitioning of cauliflower under drought stress conditions：measurement and simulation[J]. European Journal of Agronomy，20(4)：379-394.

Kleemola J，Teittinen M，Karvonen T. 1996. Modelling crop growth and biomass partitioning to shoots and roots in relation to nitrogen and water availability，using a maximization principle. II. Simulation of crop nitrogen balance[J]. Plant and Soil，185(1)：99-111.

Lehman V G，Engelke M C. 1991. Heritability estimates of creeping bentgrass root systems grown in flexible tubes[J]. Crop Science，31(6)：1680-1684.

Lynch J P，Kai L N，Davis R D，et al. 1997. SimRoot：modelling and visualization of root systems[J]. Plant and Soil，188(1)：139-151.

Majdi H. 1996. Root sampling methods - applications and limitations of the minirhizotron technique[J]. Plant and Soil，185(2)：255-258.

Morita S，Suga T，Nemoto K. 1988. Analysis on root system morphology using a root length density model ：II. examples of analysis on rice root systems[J]. Japanese Journal of Crop Science，57(4)：749-754.

Morita S，Yamada S，Abe J. 1995. Analysis on root system morphology in rice with reference to varietal differences at ripening stage[J]. Japanese Journal of Crop Science，64(1)：59-65.

Osama K，Onoe M，Yamada H. 1985. NMR imaging formats during root system and soil water content[J]. Environment Control in Biology，23：99-102.

Pagès L，Jordan M O，Picard D. 1989. A simulation model of the three-dimensional architecture of the maize root system[J]. Plant and

Soil，119(1)：147-154.

Pateña G，Ingram K T. 2000. Digital acquisition and measurement of peanut root minirhizotron images[J]. Agronomy Journal，92(3)：541-544.

Poelman G，Brouwer G. 1996. A telescopic method for photographing within 8×8 cm minirhizotrons[J]. Plant and Soil，185(1)：163-167.

Porter J R，Klepper B，Belford R K. 1986. A model（WHTROOT）which synchronizes root growth and development with shoot development for winter wheat[J]. Plant and Soil，92(1)：133-145.

Pregitzer K S，Hendrick R L，Fogel R. The demography of fine roots in response to patches of water andnitrogen[J]. New phytologist，1993，125：575-580.

Smit A L，Bengough A G，Engels C，et al. 2000.Root Methods[M]. Spring Berlin Heidelberg.

Steen E，Atkinson D. 1991. Usefulness of the mesh bag method in quantitative root studies[M]//D. Atkinson (Ed.) Plant Root Growth：An Ecological Perspective. England Oxford：Blackwell Seientific：75-86.

Tanaka S，Yamauchi A，Kono Y. 1995. Easily accessible method for root length measurement using an image analysis system[J]. Japanese Journal of Crop Science，64(1)：144-147.

Tang C S，Young C C. 1982. Collection and identification of allelopathic compounds from the undisturbed root system of bigalta limpograss（*Hemarthria altissima*）[J]. Plant Physiology. 69(1)：155-160.

Taylor H M，Huck M G，Klepper B，et al. 1970. Measurement of soil-grown roots in a rhizotron[J]. Agronomy Journal，62(6)：807-809.

Thorup-Kristensen K，Nielsen N E. 1998. Modelling and measuring the effect of nitrogen catch crops on the nitrogen supply for succeeding crops [J]. Plant & Soil，203(1)：79-89.

Thorupkristensen K. 1998. Root growth of green pea（*Pisum sativum* L.）genotypes[J]. Crop Science，38(6)：1445-1451.

Turman P C，Wiebold W J，Wrather J A，et al. 1995. Cultivar and planting date effects on soybean root growth[J]. Plant and Soil，176(2)：235-241.

Upchurch D R，Ritchie J T. 2010. Root observations using a video recording system in mini-rhizotrons1[J]. Agronomy Journal，75(6)：1009-1015.

Vamerali T，Ganis A，Bona S，et al. 1999. An approach to minirhizotron root image analysis[J]. Plant and Soil，217(1)：183-193.

Waisel Y，Eshel A，Beeckman T，et al. 2002. Plant roots：the hidden half[M]. Third Edition. Florida：Crc Press.

Wells C E，Glenn D M，Eissenstat D M. 2002. Changes in the risk of fine-root mortality with age：a case study in peach，Prunus Persica(*Rosaceae*). Botanical Society of America，89：79-87.

W. E. B. 1962. Root development of field crops[J]. Nature，118(118)：258-259.